ADμC702x 系列嵌入式系统原理及应用

陈 平 罗 晶 编著

北京航空航天大学出版社

内 容 简 介

ADμC702x 系列单片机是美国 ADI 公司出品的高性能微控制器，以 ARM7 为内核，包括 ADμC7019、ADμC7020、ADμC7021、ADμC7022、ADμC7024、ADμC7025、ADμC7026 和 ADμC7027 八种型号。本书结合应用实例重点介绍 ADμC7026 的内部结构、外围接口和开发环境，在软件方面介绍 μC/OS II 嵌入式操作系统向 ADμC7026 上移植的技术问题。书中的应用实例代码已经过作者实际调试。本书对于学习和应用 ADμC702x 的人员有参考价值。

图书在版编目(CIP)数据

ADμC702x 系列嵌入式系统原理及应用/陈平，罗晶编著. —北京：北京航空航天大学出版社，2009.7

ISBN 978-7-81124-609-4

Ⅰ.A… Ⅱ.①陈…②罗… Ⅲ.微型计算机—系统设计 Ⅳ.TP360.21

中国版本图书馆 CIP 数据核字(2009)第 078270 号

ADμC702x 系列嵌入式系统原理及应用

陈 平 罗 晶 编著

责任编辑：胡 敏

*

北京航空航天大学出版社出版发行

北京市海淀区学院路 37 号(100191) 发行部电话：010-82317024 传真：010-82328026

http://www.buaapress.com.cn E-mail:bhpress@263.net

北京时代华都印刷有限公司 印装 各地书店经销

*

开本：787 mm×1 092 mm 1/16 印张：13.75 字数：352 千字

2009 年 7 月第 1 版 2009 年 7 月第 1 次印刷 印数：5 000 册

ISBN 978-7-81124-609-4 定价：25.00 元

前　言

ADμC702x 系列单片机是美国 ADI 公司出品的高性能微控制器，采用 ARM7TDMI 内核，具有 16 位/32 位的精简指令集计算机（RISC）体系结构。ADμC702x 片内有 62 KB 的非易失性闪速/电擦除存储器和 8 KB 的 SRA，可通过 JTAG 端口编译、下载和调试，具有程序加密功能。

ADμC702x 提供了 16 路 12 位的 A/D 转换器、4 路 12 位的 D/A 转换器和三相 16 位 PWM 信号。芯片内具有片内基准电压、温度传感器、电压比较器和可编程逻辑阵列（PLA）。

本书共分 10 章：第 1 章介绍了 ADμC702x 系列单片机的引脚排列和功能；第 2 章介绍了寄存器、存储器的结构，还介绍了程序的加密方法；第 3 章介绍数字I/O 口的基本功能，重点介绍可编程逻辑阵列 PLA 的使用；第 4 章介绍 A/D 转换、D/A转换和 PWM 输出功能及其应用实例；第 5 章介绍了 UART、SPI 和 I^2C 串行接口及其应用实例；第 6 章介绍中断系统与定时器/计数器及其应用实例；第 7 章介绍了芯片在使用的过程中遇到的一些问题，如时钟、复位、重新映射、温度、电源监控以及电路板布线等；第 8 章对用于单片机调试的 μVision3 集成开发环境进行介绍。在单片机上运行嵌入式实时操作系统是当前的一个热点，μC/OS II 是一个著名的嵌入式实时操作系统，本书在第 9 章和第 10 章介绍了 μC/OS II 在 ADμC7026 上的移植及应用。

该书的编写主要由实验室的两位老师及部分研究生完成，其中第 1 章由赵胜求编写，第 2 章由王宁、耿双伟编写，第 3 章由王鹏飞、沙训编写，第 4 章由詹晓丽、蔡陈生编写，第 5 章由姜洋、徐国英编写，第 6 章由魏丽文、陈小祥编写，第 7 章由杨桐、苑士鑫编写，第 8 章由王宁、魏丽文编写，第 9 章由王鹏飞、周卫文编写，第 10 章由王鹏飞编写。全书由陈平、罗晶统稿，罗吉参加了书稿的文字编辑工作。每章后面的应用实例代码都是用 Keil μVision3 开发环境编写，在 ADμC7026 目标板上调试成功。

由于编者水平有限，对于书中存在的不足之处请读者批评指正。

作　者

2009 年 5 月

目　录

第1章 ADμC702x系列微控制器概述

1.1 ADμC702x主要性能特点

ADμC702x 系列微转换器(ADμC7019/7020/7021/7022/7024/7025/7026/7027)是全集成的 12 位数据采集系统,它在单个芯片内包含了一个高性能的多通道 ADC,一个 16 位/32 位微控制器(MCU)和一个闪速/电擦除存储器。

ADC 可以提供最多 16 路的 ADC 输入,包括单端输入模式和差分输入模式。ADC 输入电压是 $0 \sim V_{REF}$。对于不同型号的器件,在芯片上最多有 4 个可利用的 DAC 电压输出缓冲器。DAC 输出电压范围可以通过编程选择三个电压范围中的一个。

ADμC702x 系列微转换器的操作是由一个片内振荡器和锁相环(PLL)产生的 41.78 MHz 的内部高频率时钟引起的。这个时钟是经由一个可编程的时钟分频器来生成的,这也是 MCU 内核的工作频率。微控制器的内核是一个 ARM7TDMI,为 16 位/32 位的精简指令集计算机(RISC)体系结构,可以提供高达 41 Mb/s 的最佳性能。芯片提供一个 8 KB 的 SRAM 和一个 62 KB 的非易失性闪速/电擦除存储器。ARM7TDMI 内核将所有的存储器和寄存器看作一个线性的阵列。

芯片制造厂的软硬件通过 UART 或 I^2C 串行接口支持在线下载,而仿真也同样通过 JTAG 接口实现。这些功能都被纳入一个低成本的、支持这个微控制器系列的 QuickStart™ 开发系统中。

该系列微处理器工作电压的范围是 2.7～3.6 V,并指定了工业温度范围为 −40～+125 ℃。当工作频率为 41.78 MHz 时,其功耗一般是 120 mW。ADμC7019/7020/7021/7022/7024/7025/7026/7027 可利用多种存储器模式和封装。

1.2 ADμC702x引脚的排列和引脚说明

ADμC7026 的原理图如图 1－1 所示。ADμC7019/7020/7021/7022 引脚排列分别如图 1－2～图 1－4 所示。

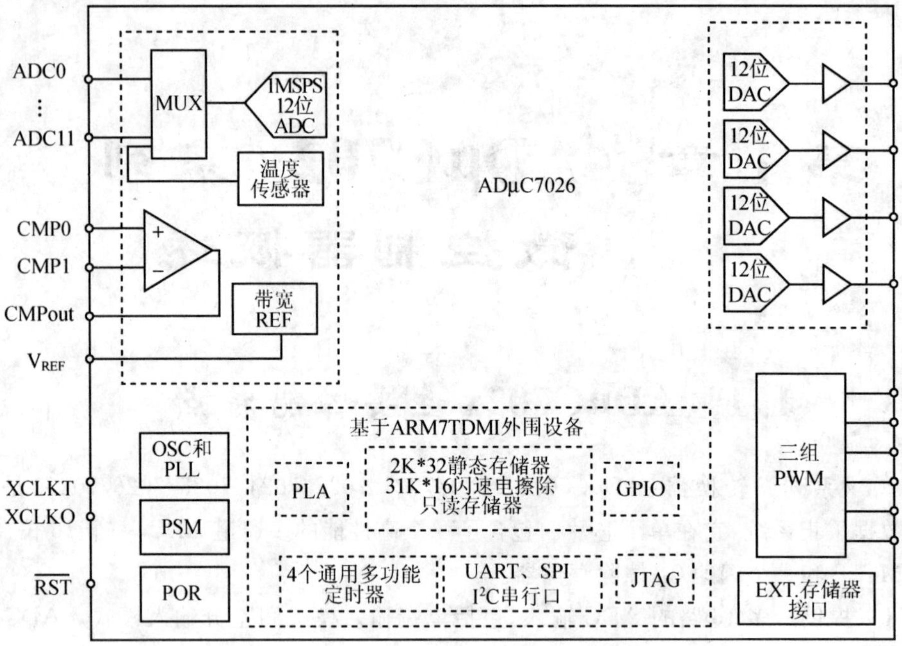

图 1-1　ADμC7026 原理图

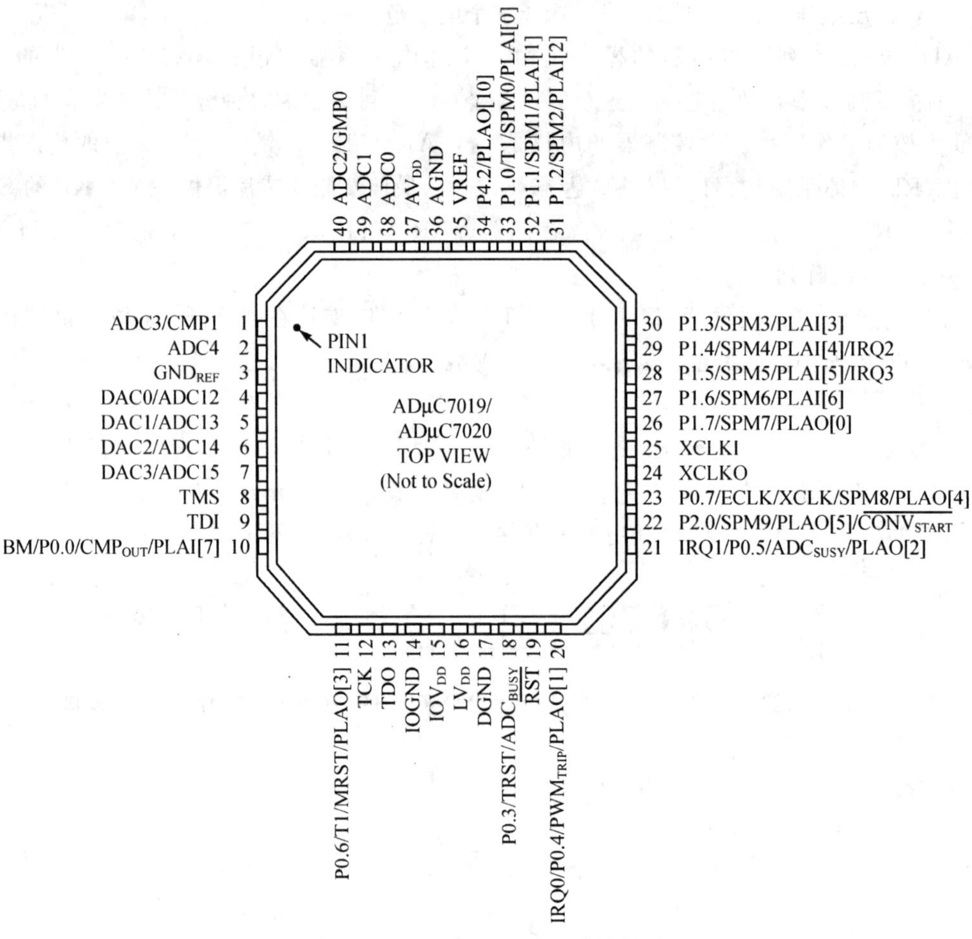

图 1-2　ADμC7019/7020 引脚排列

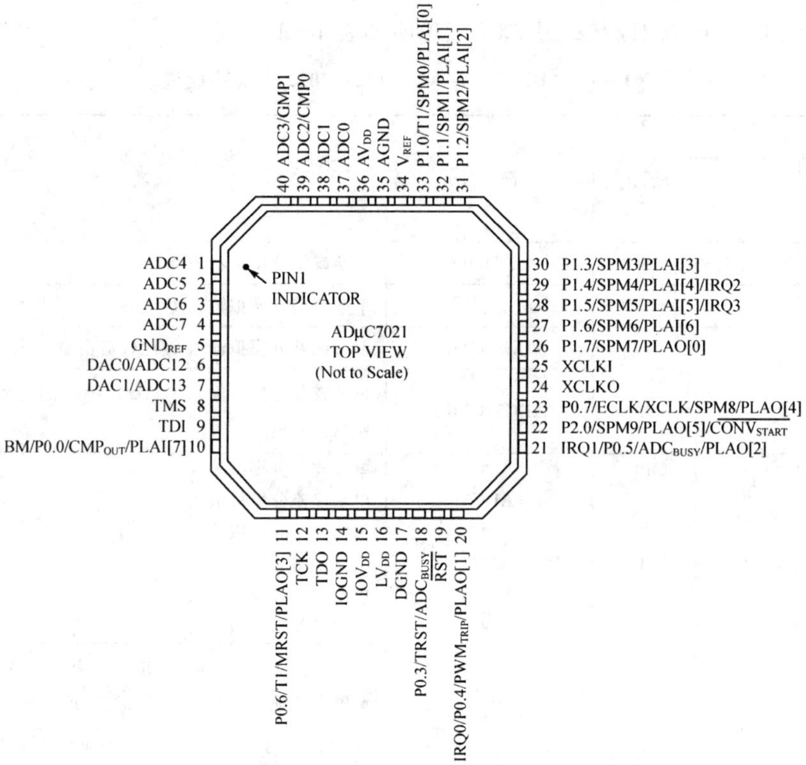

图 1-3　ADμC7021 引脚排列

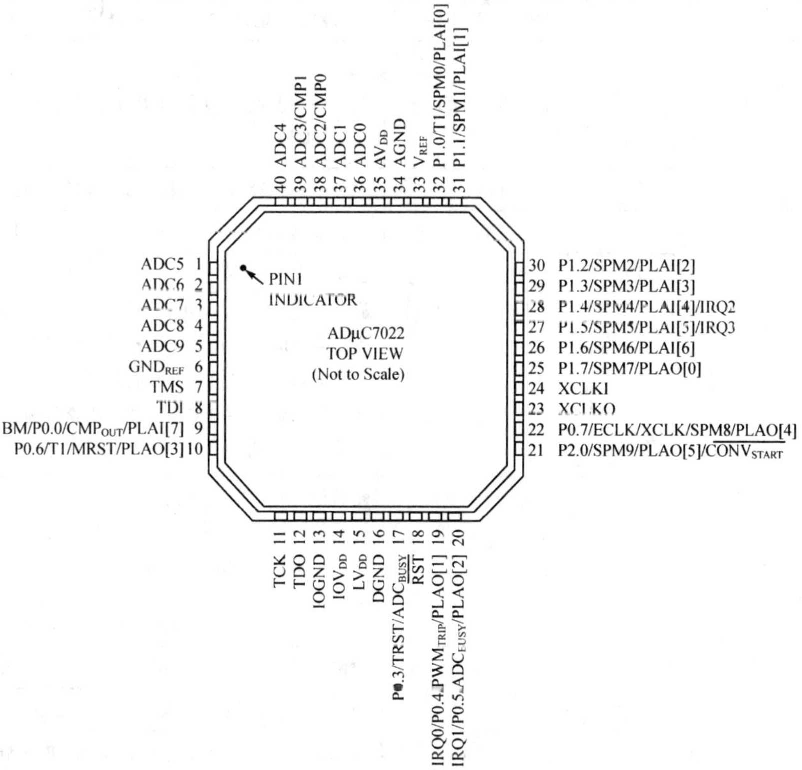

图 1-4　ADμC7022 引脚排列

ADμC7019/7020/7021/7022 引脚功能说明如表 1-1 所列。

表 1-1　ADμC7019/7020/7021/7022 引脚功能说明

引脚编码			符　号	功　能
ADμC 7019/7020	ADμC 7021	ADμC 7022		
38	37	36	ADC0	单端或差分模拟输入 0
39	38	37	ADC1	单端或差分模拟输入 1
40	39	38	ADC2/CMP0	单端或差分模拟输入 2/比较器正输入端
1	40	39	ADC3/CMP1	单端或差分模拟输入 3(ADμC7019 的缓冲器输入)/比较器负输入端
2	1 2 3 4	40 1 2 3 4 5	ADC4 ADC5 ADC6 ADC7 ADC8 ADC9	单端或差分模拟输入 4 单端或差分模拟输入 5 单端或差分模拟输入 6 单端或差分模拟输入 7 单端或差分模拟输入 8 单端或差分模拟输入 9
3	5	6	GND_{REF}	模数转换器 ADC 的地基准点。为实现最佳性能,模拟电源电压接地点应与 I/O 地和数字地分开
4	6		DAC0/ADC12	DAC0 电压输出/单端或差分模拟输入 12
5	7		DAC1/ADC13	DAC1 电压输出/单端或差分模拟输入 13
6			DAC2/ADC14	DAC2 电压输出/单端或差分模拟输入 14
7			DAC3/ADC15	ADμC7020 内部 DAC3 电压输出。在 ADμC7019 内部,此引脚与模拟地/单端或差分模拟输入 15 之间连接一个 10 nF的电容
8	8	7	TMS	检测模式选择,JTAG 检测输入端口。调试及下载通道
9	9	8	TDI	检测数据输入,JTAG 检测输入端口。调试及下载通道
10	10	9	BM/P0.0/ CMP_{OUT}/PLAI[7]	多功能 I/O 引脚 启动模式。对于 ADμC7019/20/21/22,当 BM 引脚被置为低电平时进入串行下载模式;当 BM 通过一个 1 kΩ 的上拉电阻拉至高电平时执行代码 通用输入输出端口 P0.0/电压比较器输出端口/逻辑可编程阵列输入端口 7
11	11	10	P0.6/T1/MR ST/PLAO[3]	多功能引脚,复位后被置为低电平 通用输出端口 P0.6/定时器 1 输入端口/上电复位输出/逻辑可编程阵列输出端口 3
12	12	11	TCK	检测时钟,JTAG 检测输入端口。调试及下载通道
13	13	12	TDO	检测数据输出,JTAG 检测输出端口。调试及下载通道
14	14	13	IOGND	通用 I/O 口接地端,通常与数字地相连
15	15	14	IOV_{DD}	通用 I/O 口的 3.3 V 电压源及片上电压调节器的输入端

续表 1-1

引脚编码			符 号	功 能
ADμC 7019/7020	ADμC 7021	ADμC 7022		
16	16	15	LV_{DD}	片上电压调节器的 2.6 V 输出端，该输出端必须与数字地之间连接一个 0.47 μF 的电容
17	17	16	DGND	逻辑核心接地端
18	18	17	P0.3/TRST /ADC_{BUSY}	通用输入输出端口 P0.3/复位检测，JTAG 检测输入端口/ADC 忙信号输出
19	19	18	$\overline{RST}$	复位端口，低电平有效
20	20	19	IRQ0/P0.4/PWM_{TRIP} /PLAO[1]	多功能输入输出引脚 外部中断请求标志位 0，高电平有效/通用输入输出端口 P0.4 /PWM 外部往返输入/逻辑可编程阵列输出端口 1
21	21	20	IRQ1/P0.5/ ADC_{BUSY}/PLAO[2]	多功能输入输出引脚 外部中断请求标志位 1，高电平有效/通用输入输出端口 P0.5/ADC 忙信号输出/逻辑可编程阵列输出端口 2
22	22	21	P2.0/SPM9/PLAO [5]/$\overline{CONV_{START}}$	多路串行端口 通用输入输出端口 P2.0/通用异步收发器/逻辑可编程阵列输出端口 5/ADC 转换启动输入
23	23	22	P0.7/ECLK/XCLK /SPM8/PLAO[4]	多路串行端口 通用输入输出端口 P0.7/外部时钟信号输出端口/内部时钟信号输入端口/通用异步收发器/逻辑可编程阵列输出端口 4
24	24	23	XCLKO	倒相晶体振荡器输出
25	25	24	XCLKI	倒相晶体振荡器及内部时钟脉冲电路输入端口
26	26	25	P1.7/SPM7 /PLAO[0]	多路串行端口 通用输入输出端口 P1.7/通用异步收发器，串行外围接口/逻辑可编程阵列输出端口 0
27	27	26	P1.6/SPM6 /PLAI[6]	多路串行端口 通用输入输出端口 P1.6/通用异步收发器，串行外围接口/逻辑可编程阵列输入端口 6
28	28	27	P1.5/SPM5/ PLAI[5]/IRQ3	多路串行端口 通用输入输出端口 P1.5/通用异步收发器，串行外围接口/逻辑可编程阵列输入端口 5/外部中断请求标志 3，高电平有效
29	29	28	P1.4/SPM4/ PLAI[4]/IRQ2	多路串行端口 通用输入输出端口 P1.4/通用异步收发器，串行外围接口/逻辑可编程阵列输入端口 4/外部中断请求标志 2，高电平有效
30	30	29	P1.3/SPM3/ PLAI[3]	多路串行端口 通用输入输出端口 P1.3/通用异步收发器，I^2C 1/逻辑可编程阵列输入端口 3
31	31	30	P1.2/SPM2 /PLAI[2]	多路串行端口 通用输入输出端口 P1.2/通用异步收发器，I^2C 1/逻辑可编程阵列输入端口 2

续表 1-1

引脚编码			符　号	功　能
ADμC 7019/7020	ADμC 7021	ADμC 7022		
32	32	31	P1.1/SPM1/PLAI[1]	多路串行端口 通用输入输出端口 P1.1/通用异步收发器，I^2C 0/逻辑可编程阵列输入端口 1
33	33	32	P1.0/T1/SPM0/PLAI[0]	多路串行端口 通用输入输出端口 P1.0/定时器 1 输入/通用异步收发器，I^2C 0/逻辑可编程阵列输入端口 0
34			P4.2/PLAO[10]	通用输入输出端口 P4.2/逻辑可编程阵列输出端口 10
35	34	33	V_{REF}	2.5 V 内部基准电压。当使用内部基准时，该引脚须连接一个 0.47 μF 的电容
36	35	34	AGND	模拟地。模拟电路的地基准点
37	36	35	AV_{DD}	3.3 V 模拟电源

ADμC7024/ADμC7025 引脚排列如图 1-5 所示。

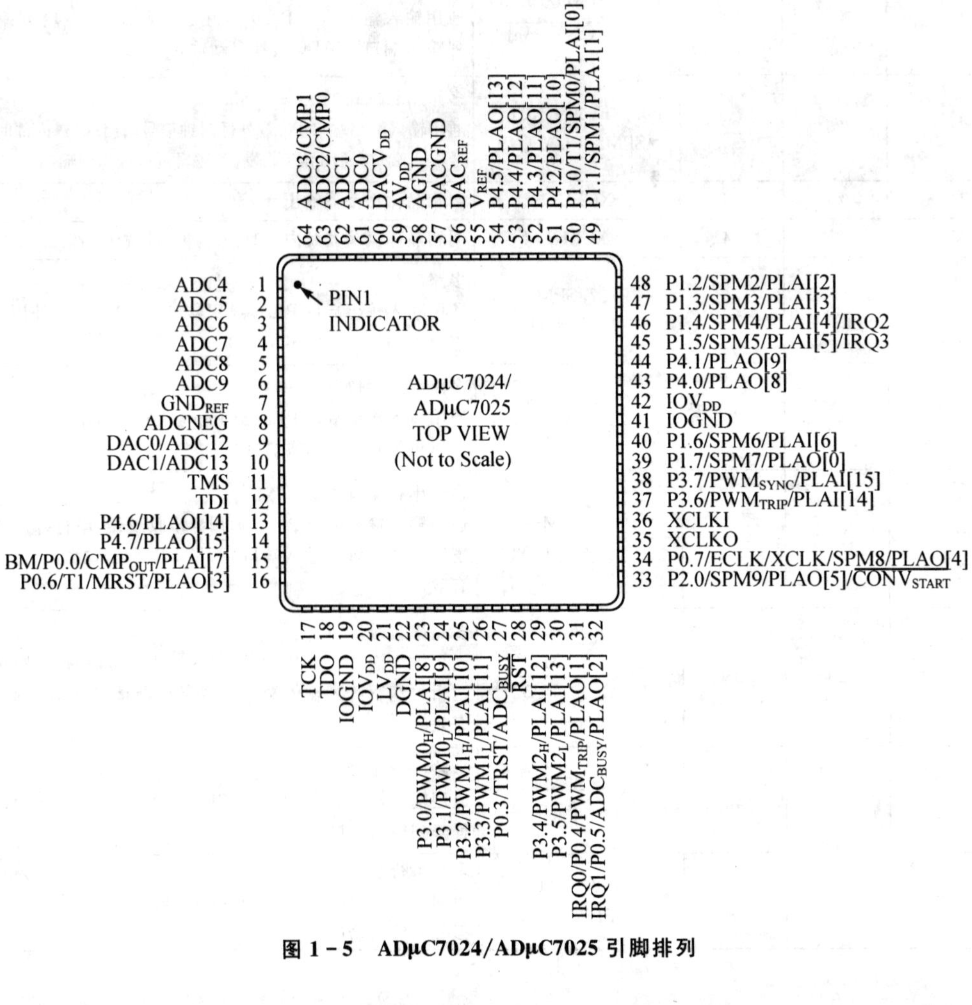

图 1-5　ADμC7024/ADμC7025 引脚排列

ADμC7024/7025引脚功能说明如表1-2所列。

表1-2 ADμC7024/7025引脚功能描述

引脚编号	类 型	功 能
1	ADC4	单端或差分模拟输入4
2	ADC5	单端或差分模拟输入5
3	ADC6	单端或差分模拟输入6
4	ADC7	单端或差分模拟输入7
5	ADC8	单端或差分模拟输入8
6	ADC9	单端或差分模拟输入9
7	GND_{REF}	模数转换器ADC的地基准点。为实现最佳性能，模拟电源电压接地点应与I/O地和数字地分离开
8	ADCNEG	ADC在拟微分模式下的负模拟输入或偏置电压，转换时该引脚须与信号地连接。偏置电压必须在0～1 V之间
9	DAC0/ADC12	DAC0电压输出/单端或差分模拟输入12。ADμC7025内部不存在DAC输出端口
10	DAC1/ADC13	DAC1电压输出/单端或差分模拟输入13。ADμC7025不存在DAC输出端口
11	TMS	JTAG检测输入端口，检测模式选择。调试及下载通道
12	TDI	JTAG检测输入端口，检测数据输入。调试及下载通道
13	P4.6/PLAO[14]	通用输入输出端口P4.6/逻辑可编程阵列输出端口14
14	P4.7/PLAO[15]	通用输入输出端口P4.7/逻辑可编程阵列输出端口15
15	BM/P0.0/ CMP_{OUT}/ PLAI[7]	多功能I/O引脚 启动模式。对于ADμC7024/7025来说，当BM引脚被置为低电平时进入串行下载模式；当BM通过一个1 kΩ的上拉电阻拉至高电平时执行代码 通用输入输出端口P0.0/电压比较器输出端口/逻辑可编程阵列输入端口7
16	P0.6/T1/MRST/ PLAO[3]	多功能引脚，复位后被置为低电平 通用输出端口P0.6/定时器1输入端口/上电复位输出/逻辑可编程阵列输出端口3
17	TCK	检测时钟，JTAG检测输入端口。调试及下载通道
18	TDO	检测数据输出，JTAG检测输出端口。调试及下载通道
19	IOGND	通用I/O接地端，通常同数字地相连
20	IOV_{DD}	通用I/O的3.3 V电压源及片上电压调节器的输入端
21	LV_{DD}	片上电压调节器2.6 V输出端。该输出端必须与数字地之间连接一个0.47 μF的电容
22	DGND	逻辑核心接地端
23	P3.0/$PWM0_H$ /PLAI[8]	通用输入输出端口P3.0/PWM相位0高压侧输出/逻辑可编程阵列输入端口8
24	P3.1/$PWM0_L$ /PLAI[9]	通用输入输出端口P3.1/PWM相位0低压侧输出/逻辑可编程阵列输入端口9

续表 1-2

引脚编号	类 型	功 能
25	P3.2/$PWM1_H$/PLAI[10]	通用输入输出端口 P3.2/PWM 相位 1 高压侧输出/逻辑可编程阵列输入端口 10
26	P3.3/$PWM1_L$/PLAI[11]	通用输入输出端口 P3.3/PWM 相位 1 低压侧输出/逻辑可编程阵列输入端口 11
27	P0.3/TRST/ADC_{BUSY}	通用输入输出端口 P0.3/复位检测,JTAG 检测输入端口/ADC 忙信号输出
28	$\overline{RST}$	复位端口,低电平有效
29	P3.4/$PWM2_H$/PLAI[12]	通用输入输出端口 P3.4/PWM 相位 2 高压侧输出/逻辑可编程阵列输入端口 12
30	P3.5/$PWM2_L$/PLAI[13]	通用输入输出端口 P3.5/PWM 相位 2 低压侧输出/逻辑可编程阵列输入端口 13
31	IRQ0/P0.4/PWM_{TRIP}/PLAO[1]	多功能输入输出引脚 外部中断请求标志位 0,高电平有效/通用输入输出端口 P0.4/PWM 外部往返输入/逻辑可编程阵列输出端口 1
32	IRQ1/P0.5/ADC_{BUSY}/PLAO[2]	多功能输入输出引脚 外部中断请求标志位 1,高电平有效/通用输入输出端口 P0.5/ADC 忙信号输出/逻辑可编程阵列输出端口 2
33	P2.0/SPM9/PLAO[5]/$\overline{CONV_{START}}$	多路串行端口 通用输入输出端口 P2.0/通用异步收发器/逻辑可编程阵列输出端口 5/ADC 转换启动输入
34	P0.7/ECLK/XCLK/SPM8/PLAO[4]	多路串行端口 通用输入输出端口 P0.7/外部时钟信号输出端口/内部时钟信号输入端口/通用异步收发器/逻辑可编程阵列输出端口 4
35	XCLKO	倒相晶体振荡器输出
36	XCLKI	倒相晶体振荡器及内部时钟脉冲电路输入端口
37	P3.6/PWM_{TRIP}/PLAI[14]	通用输入输出端口 P3.6/ PWM 外部往返输入/逻辑可编程阵列输入端口 14
38	P3.7/PWM_{SYNC}/PLAI[15]	通用输入输出端口 P3.7/ PWM 同步脉冲信号/逻辑可编程阵列输入端口 15
39	P1.7/SPM7/PLAO[0]	多路串行端口 通用输入输出端口 P1.7/通用异步收发器,串行外围接口/逻辑可编程阵列输出端口 0
40	P1.6/SPM6/PLAI[6]	多路串行端口 通用输入输出端口 P1.6/通用异步收发器,串行外围接口/逻辑可编程阵列输入端口 6
41	IOGND	通用 I/O 口接地端,通常同数字地相连

续表 1-2

引脚编号	类 型	功 能
42	IOV_{DD}	通用 I/O 口的 3.3 V 电压源及片上电压调节器的输入端
43	P4.0/PLAO[8]	通用输入输出端口 P4.0/逻辑可编程阵列输出端口 8
44	P4.1/PLAO[9]	通用输入输出端口 P4.1/逻辑可编程阵列输出端口 9
45	P1.5/SPM5/PLAI[5]/IRQ3	多路串行端口 通用输入输出端口 P1.5/通用异步收发器，串行外围接口/逻辑可编程阵列输入端口 5/外部中断请求标志 3，高电平有效
46	P1.4/SPM4/PLAI[4]/IRQ2	多路串行端口 通用输入输出端口 P1.4/通用异步收发器，串行外围接口/逻辑可编程阵列输入端口 4/外部中断请求标志 2，高电平有效
47	P1.3/SPM3/PLAI[3]	多路串行端口 通用输入输出端口 P1.3/通用异步收发器，I^2C 1/逻辑可编程阵列输入端口 3
48	P1.2/SPM2/PLAI[2]	多路串行端口 通用输入输出端口 P1.2/通用异步收发器，I^2C 1/逻辑可编程阵列输入端口 2
49	P1.1/SPM1/PLAI[1]	多路串行端口 通用输入输出端口 P1.1/通用异步收发器，I^2C 0/逻辑可编程阵列输入端口 1
50	P1.0/T1/SPM0/PLAI[0]	多路串行端口 通用输入输出端口 P1.0/定时器 1 输入/通用异步收发器，I^2C 0/逻辑可编程阵列输入端口 0
51	P4.2/PLAO[10]	通用输入输出端口 P4.2/逻辑可编程阵列输出端口 10
52	P4.3/PLAO[11]	通用输入输出端口 P4.3/逻辑可编程阵列输出端口 11
53	P4.4/PLAO[12]	通用输入输出端口 P4.4/逻辑可编程阵列输出端口 12
54	P4.5/PLAO[13]	通用输入输出端口 P4.5/逻辑可编程阵列输出端口 13
55	V_{REF}	2.5 V 内部基准电压。当使用内部基准时，该引脚须连接一个 0.47 μF 的电容
56	DAC_{REF}	DAC 外部基准电压。范围：DACGND～$DACV_{DD}$
57	DACGND	DAC 接地端，通常与模拟地相连接
58	AGND	模拟地。模拟电路的地基准点
59	AV_{DD}	3.3 V 模拟电源
60	$DACV_{DD}$	DAC 电压源，为 3.3 V，通常与模拟电源 V_{DD} 相连接
61	ADC0	单端或差分模拟输入 0
62	ADC1	单端或差分模拟输入 1
63	ADC2/CMP0	单端或差分模拟输入 2/比较器正输入端
64	ADC3/CMP1	单端或差分模拟输入 3/比较器负输入端

ADμC7026/7027 引脚排列如图 1-6 所示。

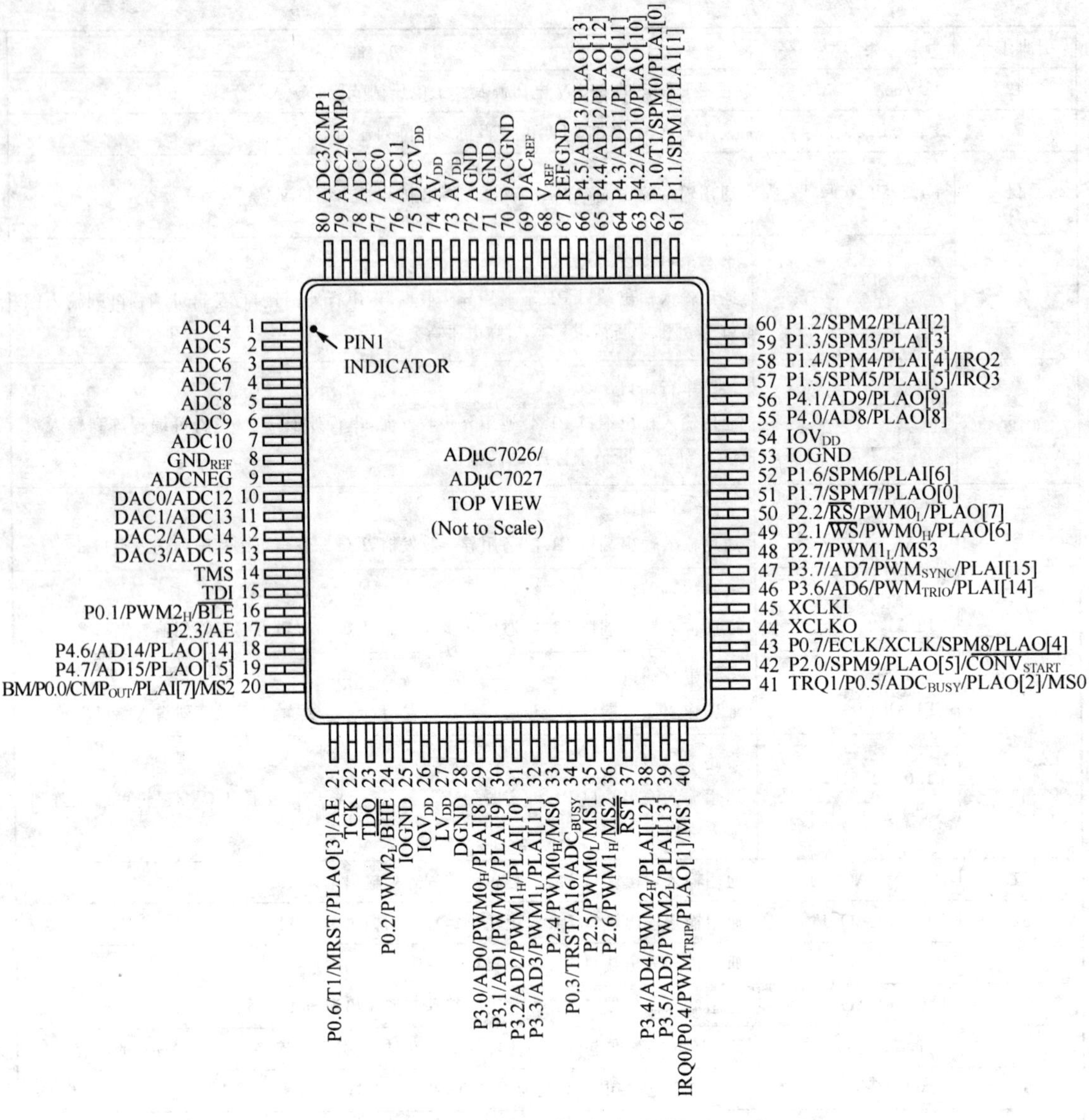

图 1-6　ADμC7026/7027 引脚排列

ADμC7026/7027 引脚功能说明如表 1-3 所列。

表 1-3　ADμC7026/7027 引脚功能说明

引脚编号	符　号	功　能
1	ADC4	单端或差分模拟输入 4
2	ADC5	单端或差分模拟输入 5
3	ADC6	单端或差分模拟输入 6
4	ADC7	单端或差分模拟输入 7
5	ADC8	单端或差分模拟输入 8
6	ADC9	单端模拟输入或差分模拟输入 9

续表 1-3

引脚编号	符 号	功 能
7	ADC10	单端或差分模拟输入 10
8	GND_{REF}	ADC 的地基准点。为实现最佳性能,模拟电源电压接地点应与 I/O 地和数字地分离开
9	ADCNEG	ADC 在拟微分模式下的负模拟输入或偏置电压,转换时该引脚须与信号地连接。偏置电压必须在 0~1 V 之间
10	DAC0/ADC12	DAC0 电压输出/单端或差分模拟输入 12。ADμC7027 不存在 DAC 输出端口
11	DAC1/ADC13	DAC1 电压输出/单端或差分模拟输入 13。ADμC7027 不存在 DAC 输出端口
12	DAC2/ADC14	DAC2 电压输出/单端或差分模拟输入 14。ADμC7027 不存在 DAC 输出端口
13	DAC3/ADC15	DAC3 电压输出/单端或差分模拟输入 15。ADμC7027 不存在 DAC 输出端口
14	TMS	JTAG 检测输入端口,检测模式选择。调试及下载通道
15	TDI	JTAG 检测输入端口,检测数据输入。调试及下载通道
16	P0.1/$PWM2_H$ /$\overline{BLE}$	通用输入输出端口 P0.1/PWM 相位 2 高压侧输出/外部存储器低位使能端
17	P2.3/AE	通用输入输出端口 P2.3/外部存储器通道使能端
18	P4.6/AD14/ PLAO[14]	通用输入输出端口 P4.6/外部存储器接口/逻辑可编程阵列输出端口 14
19	P4.7/AD15/ PLAO[15]	多用输入输出端口 P4.7/外部存储器接口/逻辑可编程阵列输出端口 15
20	BM/P0.0 /CMP_{OUT} /PLAI[7]/MS2	多功能 I/O 引脚 启动模式。对于 ADμC7026/ADμC7027,当 BM 引脚被置为低电平时进入串行下载模式;当 BM 通过一个 1 kΩ 的上拉电阻拉至高电平时执行代码/通用输入输出端口 P0.0/电压比较器输出端口/逻辑可编程阵列输入端口 7/外部存储器选择 2
21	P0.6/T1/MRST /PLAO[3]/AE	多功能引脚,复位后被置为低电平 通用输出端口 P0.6/定时器 1 输入端口/上电复位输出端口/逻辑可编程阵列输出端口 3
22	TCK	检测时钟,JTAG 检测输入端口。调试及下载通道
23	TDO	检测数据输出,JTAG 检测输出端口。调试及下载通道
24	P0.2/$PWM2_L$/ $\overline{BHE}$	通用输入输出端口 0.2/PWM0 相位 2 低压侧输出/外部存储器高位使能端
25	IOGND	通用 I/O 口接地端,通常同数字地相连
26	IOV_{DD}	通用 I/O 口的 3.3V 电压源及片上电压调节器的输入端
27	LV_{DD}	片上电压调节器 2.6 V 输出端。该输出端必须与数字地之间连接一个 0.47 μF 的电容
28	DGND	逻辑核心接地端
29	P3.0/AD0/$PWM0_H$ /PLAI[8]	通用输入输出端口 P3.0/外部存储器接口/PWM 相位 0 高侧输出/逻辑可编程阵列输入端口 8

续表 1-3

引脚编号	符　号	功　能
30	P3.1/AD1/$PWM0_L$/PLAI[9]	通用输入输出端口 P3.1/外部存储器接口/PWM 相位 0 低侧输出/逻辑可编程阵列输入端口 9
31	P3.2/AD2/$PWM1_H$/PLAI[10]	通用输入输出端口 P3.2/外部存储器接口/PWM 相位 1 高压侧输出/逻辑可编程阵列输入端口 10
32	P3.3/AD3/$PWM1_L$/PLAI[11]	通用输入输出端口 P3.3/外部存储器接口/PWM 相位 1 低压侧输出/逻辑可编程阵列输入端口 11
33	P2.4/$PWM0_H$/MS0	通用输入输出端口 P2.4/ PWM 相位 0 高压侧输出/外部存储器选择 0
34	P0.3/TRST/A16/ADC_{BUSY}	通用输入输出端口 P0.3/复位检测,JTAG 检测输入端口/ADC 忙信号输出
35	P2.5/$PWM0_L$/MS1	通用输入输出端口 P2.5/PWM 相位 0 低压侧输出/外部存储器选择 1
36	P2.6/$PWM1_H$/MS2	通用输入输出端口 P2.6/ PWM 相位 1 高压侧输出/外部存储器选择 2
37	$\overline{RST}$	复位端口,低电平有效
38	P3.4/AD4/$PWM2_H$/PLAI[12]	通用输入输出端口 P3.4/外存储器接口/PWM 相位 2 高压侧输出/逻辑可编程阵列输入端口 12
39	P3.5/AD5/$PWM2_L$/PLAI[13]	通用输入输出端口 P3.5/外存储器接口/PWM 相位 2 低压侧输出/逻辑可编程阵列输入端口 13
40	IRQ0/P0.4/PWM_{TRIP}/PLAO[1]/MS1	多功能输入输出引脚 外部中断请求标志位 0,高电平有效/多用输入输出端口 P0.4 /PWM 外部往返输入/逻辑可编程阵列输出端口 1/外存储器选择 1
41	IRQ1/P0.5/ADC_{BUSY}/PLAO[2]/MS0	多功能输入输出引脚 外部中断请求标志位 1,高电平有效/多用输入输出端口 P0.5/ADC 忙信号输出/逻辑可编程阵列输出端口 2/外存储器选择 0
42	P2.0/SPM9/PLAO[5]/$\overline{CONV_{START}}$	多路串行端口 通用输入输出端口 P2.0/通用异步收发器/逻辑可编程阵列输出端口 5/ADC 转换启动输入
43	P0.7/ECLK/XCLK/SPM8/PLAO[4]	多路串行端口 通用输入输出端口 P0.7/外部时钟信号输出端口/内部时钟信号输入端口/通用异步收发器/逻辑可编程阵列输出端口 4
44	XCLKO	倒相晶体振荡器输出
45	XCLKI	倒相晶体振荡器及内部时钟脉冲电路输入端口
46	P3.6/PWM_{TRIP}/AD6/PLAI[14]	通用输入输出端口 P3.6/ PWM 外部往返输入/外存储器接口/逻辑可编程阵列输入端口 14
47	P3.7/PWM_{SYNC}/AD7/PLAI[15]	通用输入输出端口 P3.7/ PWM 同步脉冲信号/外存储器接口逻辑可编程阵列输入端口 15

续表 1-3

引脚编号	符　号	功　能
48	P2.7/PWM1$_L$/MS3	通用输入输出端口 P2.7/PWM 相位 1 低压侧输出/外部存储器选择 3
49	P2.1/$\overline{WS}$/PWM0$_H$/PLAO[6]	通用输入输出端口 P2.1/外存储器写控制/PWM 相位 0 高压侧输出/逻辑可编程阵列输出端口 6
50	P2.2/$\overline{RS}$/PWM0$_L$/PLAO[7]	通用输入输出端口 P2.2/外存储器读控制/PWM 相位 0 低压侧输出/逻辑可编程阵列输出端口 7
51	P1.7/SPM7/PLAO[0]	多路串行端口 通用输入输出端口 P1.7/UART,SPI/逻辑可编程阵列输出端口 0
52	P1.6/SPM6/PLAI[6]	多路串行端口 通用输入输出端口 P1.6/UART,SPI/逻辑可编程阵列输入端口 6
53	IOGND	通用 I/O 接地端,通常同数字地相连
54	IOV$_{DD}$	片上电压调节器输入端,通用输入输出端口 3.3 V 参考电压
55	P4.0/AD8/PLAO[8]	通用输入输出端口 P4.0/外存储器接口/逻辑可编程阵列输出端口 8
56	P4.1/AD9/PLAO[9]	通用输入输出端口 P4.1/外存储器接口/逻辑可编程阵列输出端口 9
57	P1.5/SPM5/PLAI[5]/IRQ3	通用输入输出端口 P1.5/UART,SPI/逻辑可编程阵列输入端口 5/外部中断标志位 3
58	P1.4/SPM4/PLAI[4]/IRQ2	通用输入输出端口 P1.4/UART,SPI/逻辑可编程阵列输入端口 4/外部中断标志位 2
59	P1.3/SPM3/PLAI[3]	通用输入输出端口 P1.3/UART,I^{2}C1 /逻辑可编程阵列输入端口 3
60	P1.2/SPM2/PLAI[2]	通用输入输出端口 P1.2/UART,I^{2}C1 /逻辑可编程阵列输入端口 2
61	P1.1/SPM1/PLAI[1]	通用输入输出端口 P1.1/UART,I^{2}C0 /逻辑可编程阵列输入端口 1
62	P1.0/T1/SPM0/PLAI[0]	通用输入输出端口 P1.0/定时器 1 输入端/UART,I^{2}C0/逻辑可编程阵列输入端口 0
63	P4.2/AD10/PLAO[10]	通用输入输出端口 P4.2/外存储器接口/逻辑可编程阵列输出端口 10
64	P4.3/AD11/PLAO[11]	通用输入输出端口 P4.3/外存储器接口/逻辑可编程阵列输出端口 11
65	P4.4/AD12/PLAO[12]	通用输入输出端口 P4.4/外存储器接口/逻辑可编程阵列输出端口 12
66	P4.5/AD13/PLAO[13]	通用输入输出端口 P4.5/外存储器接口/逻辑可编程阵列输出端口 13

续表 1-3

引脚编号	符　号	功　能
67	REFGND	参考地，通常与模拟地相连
68	V_{REF}	2.5 V 内部基准电压。当使用内部基准时，该引脚须连接一个 0.47 μF 的电容
69	DAC_{REF}	DAC 外部基准电压。范围：DACGND 至 $DACV_{DD}$
70	DACGND	DAC 接地端，通常与模拟地相连接
71,72	AGND	模拟地。模拟电路的地基准点
73,74	AV_{DD}	3.3 V 模拟电源
75	$DACV_{DD}$	DAC 电压源，为 3.3 V，通常与模拟电源 V_{DD} 相连接
76	ADC11	单端或差分模拟输入 11
77	ADC0	单端或差分模拟输入 0
78	ADC1	单端或差分模拟输入 1
79	ADC2/CMP0	单端或差分模拟输入 2/比较器正输入端
80	ADC3/CMP1	单端或差分模拟输入 3/比较器负输入端

1.3　本章小结

本章主要介绍了 ADμC702x 系列微控制器的主要功能、引脚排列和引脚功能。

第 2 章　寄存器、存储器及其扩展

2.1　ARM 寄存器

ADμC702x 采用 ARM7TDMI 内核，ARM7TDMI 处理器一共有 37 个寄存器，即 31 个通用寄存器和 6 个状态寄存器。由于用户并不能同时对以上的 37 个寄存器进行访问，因而处理器的工作模式和状态决定了用户能够访问的寄存器。每种工作模式和工作状态都使用专有的寄存器组。例如：当在用户级模式下编程时，15 个通用 32 位寄存器（R0～R14）、程序计数器（R15）和当前程序状态寄存器（CPSR）是可用的，其他寄存器仅用于系统设计和异常处理。当一个异常操作发生时，一些标准寄存器被属于该异常操作模式下专有的寄存器组所替代。所有的异常操作模式都有替代堆栈指针寄存器（R13）和程序链接寄存器（R14）的寄存器组。快速中断模式需要更多的寄存器（R8～R12）进行快速中断处理。这就意味着，中断处理过程不需要保存和恢复这些寄存器就可以进行，因而在中断处理过程中节省了关键的时间。ARM 处理器各种模式下可访问的寄存器如图 2-1 所示。

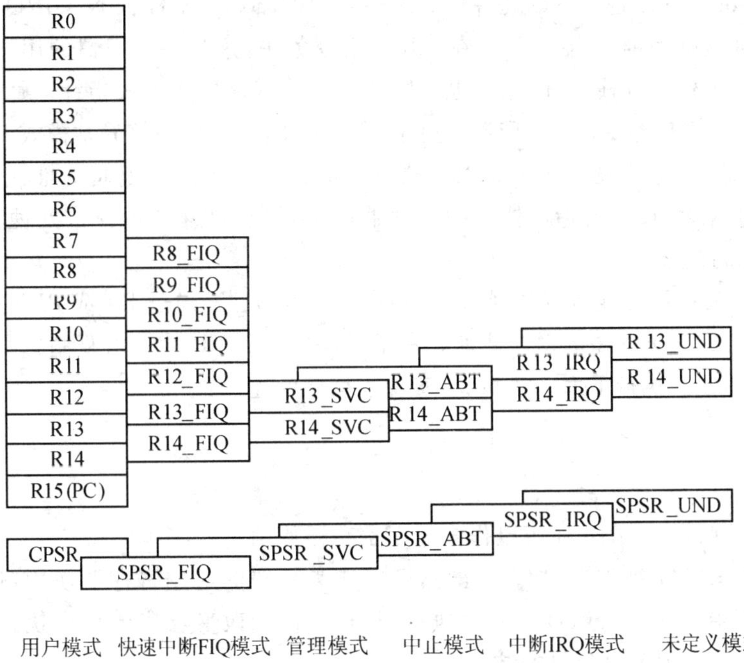

图 2-1　各种处理器模式下的寄存器

Thumb 状态下的寄存器集是 ARM 状态下寄存器集的子集。用户可以直接访问 8 个通用寄存器（R0～R7）、PC、SP、LR 和 CPSR。每种特殊模式都有一组 SP、LR 和 SPSR。对于 31 个通用的寄存器，可分为以下三类：未分组寄存器（R0～R7）、分组寄存器（R8～R14）、程序计数器 PC(R15)。

1. 未分组寄存器

未分组寄存器包括 R0～R7。对于每一个未分组寄存器来说,在所有处理器模式下指的都是相同的物理寄存器。在异常中断造成处理器模式切换时,由于不同模式都使用相同的物理寄存器,将可能造成寄存器数据的破坏。未分组寄存器没有用于特别的用途,因此,任何处理器模式下都可以使用未分组寄存器。

2. 分组寄存器

分组寄存器可以分成两组:一组为分组寄存器 R8～R12,另一组为分组寄存器 R13、R14。

对于分组寄存器 R8～R14 来说,每个寄存器对应两组不同的物理寄存器。一组是快速中断模式 FIQ 下的分组寄存器 R8～R14,寄存器分别被记作 R8_FIQ～R12_FIQ。在 FIQ 模式下使用 R8_FIQ～R12_FIQ 处理程序,可以不必保存和恢复中断现场,从而使 FIQ 中断处理更加快速。另一组是除 FIQ 模式外的其他分组寄存器 R8_USR～R12_USR。

对于分组寄存器 R13、R14,它们分别对应 6 个不同的物理寄存器,其中用户模式和系统模式共用一个寄存器,另外的 5 个对应于其余的 5 种处理器模式。异常模式下进行 R13、R14 访问时需要特别指定某种模式下的某个寄存器。R13、R14 的使用模式区分如下:

```
R13_<mode>
R14_<mode>
```

其中,<mode>可以是以下的几种模式之一:USR、SVC、ABT、UND、IRQ 和 FIQ。

寄存器 R13 被称为堆栈指针 SP。在 ARM 指令集中,这是一种习惯的用法,没有任何指令强制性使用 R13 作为堆栈指针,用户也可以定义其他寄存器为堆栈指针。每一种异常模式都拥有自身的物理寄存器 R13,使用时,程序初始化 R13,使其指向该异常模式专用的栈地址。当进入异常模式时,可以将需要使用的其他寄存器的值保存在 R13 所指的堆栈中。当程序退出异常模式时,保存在 R13 所指堆栈中的寄存器值被弹出,这样使得异常处理程序保存了中断处理程序的运行现场。

寄存器 R14 又被称为连接寄存器 LR(Link Register)。当通过 BL 或 BLX 指令调用子程序时,R14 被设置成该子程序的返回地址。在子程序中,当把 R14 的值复制到程序计数器 PC 中时,子程序即返回。执行下面一条指令,实现子程序的返回:

```
MOV PC,LR
BX LR
```

当然,在其他状态下,R14 还可以作为通用寄存器使用。

程序计数器 R15 又被称为 PC。它虽然可以作为一般的通用寄存器使用,但是有一些指令在使用 R15 时有一定的特殊性。程序执行时,R15 值的改变会影响程序执行的顺序,这可能会导致程序执行出现不可预料的结果。

3. 程序状态寄存器

在所有的处理器模式下,都可以访问当前程序状态寄存器 CPSR。当前程序状态寄存器 CPSR 包含条件码标志、中断禁止位、当前处理器模式及其他状态和控制信息。

每一种异常模式都有一个程序状态保存寄存器 SPSR。当异常中断发生时,SPSR 用于保存当前程序状态寄存器 CPSR 的状态。在异常中断退出时，可以用 SPSR 中保存的值来恢复 CPSR 的状态。用户模式和系统模式不属于异常中断模式，因此它们没有相应的 SPSR。当在用户模式和系统模式下强行访问 SPSR 时，就会产生不可预知的后果。CPSR 和 SPSR 的格式如图 2－2 所示。

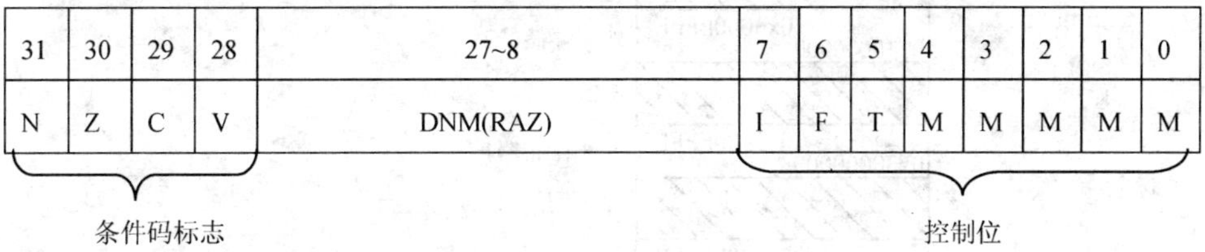

图 2－2　CPSR 和 SPSR 的格式

(1) 条件码标志

N　Negative　　如果结果是负数则置位

Z　Zero　　如果结果是零则置位

C　Carry　　如果发生进位则置位

V　oVerflow　　如果发生溢出则置位

(2) 控制位

最低 8 位 I、F、T、M[4：0]位用做控制位。当异常出现时，改变控制位；当处理器在特殊模式下时，也可以由软件改变。

中断禁止位：I＝1，禁止 IRQ 中断；F＝1，禁止 FIQ 中断。

T 位：T＝0，指示执行 ARM 状态；T＝1，指示执行 Thumb 状态。

模式位：M0、M1、M2、M3、M4 是模式位。这些位决定处理器的工作模式，如表 2－1 所列。

表 2－1　ARM 处理器工作模式的切换

CPSR[4：0]	模　式	CPSR[4：0]	模　式
10000	用户	10111	中止
10001	FIQ	11011	未定义
10010	IRQ	11111	系统
10011	管理		

2.2　ADμC7026 的存储器组织

ADμC702x 具有两个独立的存储器模块：8 KB 的静态存储器 SRAM 和 64 KB 的片内闪速/电擦除(FLASH/EE)存储器。其中 62 KB 的 FLASH/EE 存储空间供用户使用，其余的 2 KB用于存放出厂配置引导程序。两个模块的存储器空间如图 2－3 所示。

需要指出的是：在默认状态下，复位后 FLASH/EE 存储器地址为 0x00000000。通过清除重映射寄存器 REMAP 的 0 位，将 SRAM 重新映射到地址 0x00000000 位。重映射功能在下面的 FLASH/EE 存储器部分有更详细的介绍。

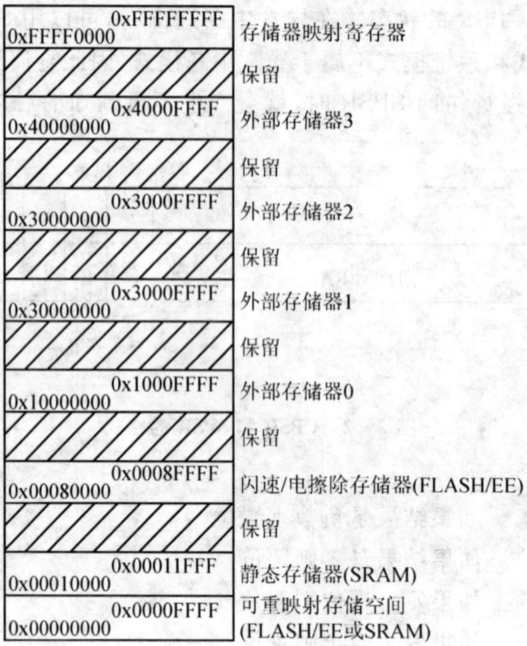

图 2-3　存储器空间

1. 存储器的访问方式

ARM7 体系结构把存储器空间看作是 2^{32} 个 8 字节的线性地址空间,该线性空间内存储器不同模块的映射图如图 2-4 所示。

ADμC7026 存储器结构配置为小终端模式。也就是说,数据最低有效字节位于最低位的物理地址,数据最高有效字节位于最高位的物理地址。

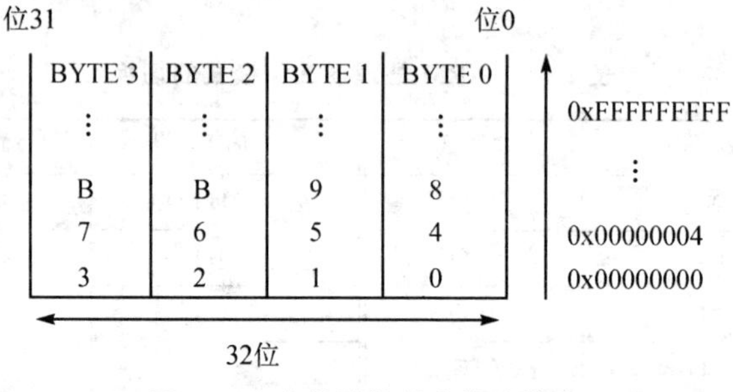

图 2-4　存储器的最小终端模式

2. 静态存储器

用户使用 8 KB 的 SRAM,其由 2 048 个 32 位双字节构成。ARM 模式下,如果 SRAM 阵列定义为 32 位存储器阵列,处理器可直接以 41.78 MHz 频率访问 SRAM。更多的关于 SRAM 存取时间的详细资料,在本书后面的 SRAM 和 FLASH/EE 执行时间部分进一步介绍。

2.3 寄存器

存储器映射寄存器(MMR)地址空间被映射到存储器阵列的最上面两页,可由间接寻址方式通过 ARM7 寄存器组进行访问。MMR 地址空间提供了 CPU 与所有片内外围设备间的一种接口。MMR 简称寄存器。在图 2-5 中,所有阴影位置都是系统保留的地址空间,用户软件不可访问。附录中显示了完整的 MMR 内存映射图。

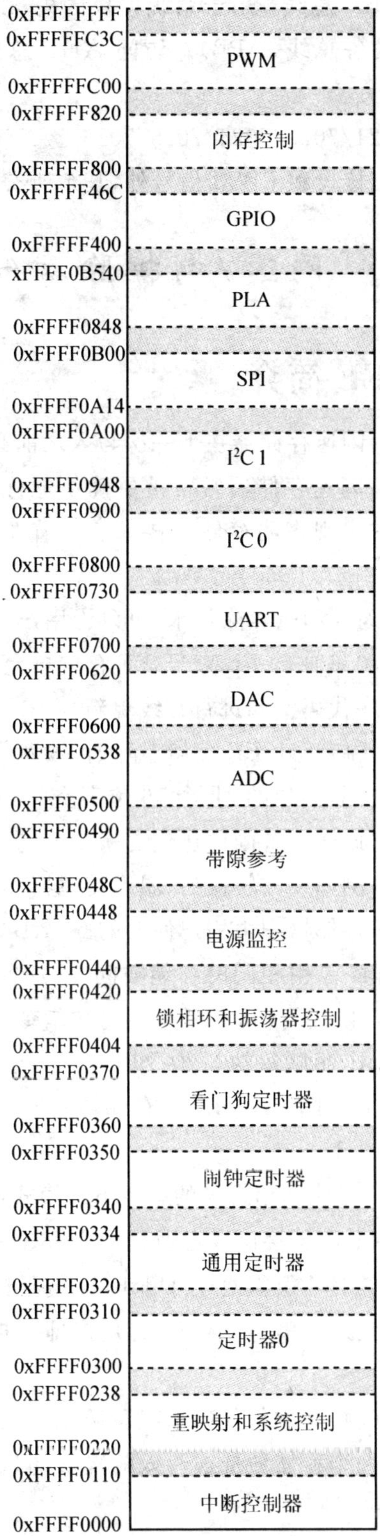

图 2-5 存储器映射寄存器

MMR 的读/写访问时间依赖于高级微处理器总线体系机构(AMBA)中用于处理外围设备的总线。处理器有两条 AMBA 总线：用于系统模块的先进的高性能总线(AHB)，用于低性能外围设备的先进的外围设备总线(APB)。访问 AHB 总线需要一个时钟周期，而访问 APB 需要两个时钟周期。

所有 ADμC7019/7020/7021/7022/7024/7025/7026/7027 中，除了 FLASH/EE 存储器，通用外围设备输入输出(GPIO)接口和 PWM 信号外，其余所有的外围设备都使用 APB 总线。

2.4 闪速/电擦除存储器

2.4.1 FLASH/EE 简介

同电擦除只读存储器一样，闪速存储器在下一次写入之前必须将当前内容擦除，并且可在系统内进行字节级编程。为此，闪速存储器常常被更确切地称为闪速/电擦除(FLASH/EE)存储器。FLASH/EE 存储器的出现表明存储器技术已向着非易失、在线可编程、高密度、廉价的理想存储器迈出了更近的一步。

ADμC7026 内包含了片内闪存和电擦除技术，可以为用户提供非易失性的、可在线重新编程的存储空间。集成在 ADμC7026 中的 FLASH/EE 存储器允许用户在不替换远程操作节点上单次编程器件的情况下对程序代码空间进行在线更新。

ADμC7026 带有 64 KB 的 FLASH/EE 存储器阵列，被划分为 32k 个 16 位字空间。低位的 31k 个 16 位字空间供用户使用，高位的 1k 个 16 位字空间为片内处理器预留，内含永久嵌入式固件，提供在线串行下载。该嵌入式固件还包含一个上电配置程序，用以向各种各样的外部标定设备下载工厂标定参数(例如模数转换器、温度传感器和带隙参考电源等)，其对用户编码而言是隐藏的。FLASH/EE 存储器中由用户使用的 62 KB 被用作代码和非易失数据存储器。在 ARM 模式下，数据与程序占用相同的存储空间，不加区分。FLASH/EE 存储器的真实存储字长为 16 位，即在 ARM 模式下(32 位指令)，每次指令读取均要访问两次 FLASH/EE 存储器。因此，当从 FLASH/EE 存储器执行指令时，为了获得最快的存取速率，推荐使用 Thumb 模式。在 Thumb 模式下，对 FLASH/EE 存储器的最快存取速率为 41.78 MHz，而在完全 ARM 模式下仅为 20.89 MHz。

62 KB 的 FLASH/EE 存储器能利用提供的串行下载模式或 JTAG 模式进行在线编程。

ADμC7026 通过标准 UART 串行接口或者通过 I^2C(Inter-Integrated Circuit)口，使下载代码变得更加便利。如果器件的 BM 引脚通过外部 1 kΩ 电阻拉至低电平，则上电或复位后器件自动进入串行下载模式。一旦进入串行下载模式，用户即可把代码下载到 62 KB 的程序存储器阵列。

JTAG 协议通过片内 JTAG 接口进行代码下载和调试。在 JTAG 模式中，每个单独的存储地址可以被写入两次。如果一个存储地址被写入的次数超过两次，那么存储器中的数据将被破坏。

JTAG 的协议手册详细介绍可以访问：www.analog.com/microconverter。

2.4.2 FLASH/EE 控制接口

串/并行和 JTAG 编程模式均要用到 FLASH/EE 存储器控制接口。它包括下面将要介绍的 8 个存储器寄存器：FEESTA、FEEMOD、FEECON、FEEDAT、FEEADR、FEESIGN、FEEPRO、FEEHIDE。

1. FEESTA 寄存器

FEESTA 寄存器如表 2-2 所列。

表 2-2　FEESTA 寄存器

名　称	地　址	默认值	访问方式
FEESTA	0xFFFFF800	0x20	R

FEESTA 是只读寄存器，表征 FLASH/EE 存储器控制接口的状态，具体说明如表 2-3 所列。

表 2-3　FEESTA MMR 各位的功能说明

位	描　述
6～15	保留
5	释放控制使能命令。当控制命令为 0x07，0x08 和 0x09 时此位有效，其余无效
4	保留
3	中断状态位。中断发生时（一个命令结束，或者 FEEMOD 寄存器的 FLASH/EE 中断使能位被设定）自动置位，当读取 FEESTA 寄存器时被清零
2	占线标志。当控制器忙时自动置位，不忙时自动清零
1	指令失败标志。当指令执行失败时自动被置位，当读取 FEESTA 寄存器时自动被清零
0	指令成功标志。当指令执行成功时自动被置位，当读取 FEESTA 寄存器时自动被清零

2. FEEMOD 寄存器

FEEMOD 寄存器如表 2-4 所列。

表 2-4　FEEMOD 寄存器

名　称	地　址	默认值	访问方式
FEEMOD	0xFFFFF804	0x0000	R/W

FEEMOD 寄存器用来设定 FLASH/EE 控制接口的控制模式，其具体说明如表 2-5 所列。

3. FFECON 寄存器

FFECON 寄存器如表 2-6 所列。

FEECON 是一个 8 位的命令寄存器。具体说明如表 2-7 所列。

表 2-5 FEEMOD 各位的功能说明

位	描 述
9～15	保留
8	保留，此位必须一直为 0
5～7	保留，除了设定密码时，此位必须一直为 0
4	中断使能位，通过用户置位来使能 FLASH/EE 中断，当一条指令完成时产生中断，用户清零禁止 FLASH/EE 中断
3	擦除/写命令保护。用户置位使能擦除/写命令，用户清零禁止擦除/写命令
0～2	保留，这些位必须一直为 0

表 2-6 FFECON 寄存器

名 称	地 址	默认值	访问方式
FEECON	0xFFFFF808	0x07	R/W

表 2-7 FEECON 指令功能描述

代 码	指 令	描 述
0x00[1]	空	复制
0x01[1]	只读	16 位的数据通过 FEEADR 的索引载入 FEEDAT 中
0x02[1]	只写	在 FEEDAT 的地址索引下，对 FEEDAT 进行写入，此操作大约需要 20 μs
0x03[1]	擦除/写	擦除 FEEADR 所指定的页，并在 FEEADR 所指定的位置写入 FEEDAT，此操作大约需要 20 ms
0x04[1]	校验	校验 FEEDAT 中的数据是否包含在 FEEADR 所指定的地址中，比较结果返回到 FEESAT 的第 1 位
0x05	擦除	擦除 FEEDAR 所指的页
0x06	全部擦除	擦除 62 KB 的用户存储空间，2 KB 的内核程序被保护，此操作耗时 2.48 s
0x07	释放读/写命令	默认命令，禁止写操作，该操作耗时两个机械周期
0x08	释放读命令	写操作最多能处理 16 位的 8 个数据，最多耗时 8×20 μs
0x09	擦除释放读/写命令	自动擦除写入的索引所指的页，不需要运行擦除命令就可以，就可以页进行写入，这个命令对页进行擦除耗时 20 ms，每个数据的写入耗时 20 μs
0x0A	保留	保留
0x0B	信号	给出在 24 位的 FEESIGN MMR 寄存器中的 64 KB 的闪速/电擦除(FLASH/EE)存储器的信号，这个操作耗时 32 778 时钟周期
0x0C	保护	这个指令只能运行一次，只有在进行整体擦除(0x06)或者使用密码时才能保存或者删除 FEEPRO 的值
0x0D	保留	保留
0x0E	保留	保留
0x0F	引脚	无操作，产生中断

注：1. 在执行这些指令当中的任何一个时，FEECON 寄存器总是立即读取 0x07。

4. FEEDAT 寄存器

FEEDAT 是 16 位的数据寄存器，如表 2-8 所列。

表 2-8　FEEDAT 寄存器

名　称	地　址	默认值	访问方式
FEEDAT	0xFFFFF80C	0xXXXX	R/W

5. FEEADR 寄存器

FEEADR 是 16 位的地址寄存器，如表 2-9 所列。

表 2-9　FEEADR 寄存器

名　称	地　址	默认值	访问方式
FEEADR	0xFFFFF810	0x0000	R/W

6. FEESIGN 寄存器

FEESIGN 寄存器里是 24 位的信号代码，如表 2-10 所列。

表 2-10　FEESIGN 寄存器

名　称	地　址	默认值	访问方式
FEESIGN	0xFFFFF818	0xFFFFFF	R

7. FEEPRO 寄存器

FEEPRO 寄存器如表 2-11 所列。

表 2-11　FEEPRO 寄存器

名　称	地　址	默认值	访问方式
FEEPRO	0xFFFFF81C	0x00000000	R/W

FEEPRO 存储寄存器(MMR)提供了即时的保护，它不需要任何软件的密码，具体说明如表 2-13 所列。

8. FEEHIDE 寄存器

FEEHIDE 寄存器如表 2-12 所列。

表 2-12　FEEHIDE 寄存器

名　称	地　址	默认值	访问方式
FEEHIDE	0xFFFFF820	0xFFFFFFFF	R/W

FEEHIDE 向 MMR 寄存器的复位提供保护，需要软件密码。具体说明如表 2-13 所列。

表 2-13　FEEPRO 和 FEEHIDE 主存寄存器的位描述

位	描　述
31	读保护，用户置 0 则保护所有代码，置 1 则允许读取代码
0～30	对 0～3 页、116～119 页、120～123 页进行写保护，用户置 0 则进行写保护，置 1 则允许对页进行写入

2.4.3 FLASH/EE 执行时间

由于 FLASH/EE 为 16 位宽，且对 16 位字的读取时间是 22 ns，故一个周期内无法完成一次 FLASH/EE 存储器操作(CD=0 时，可在一个周期内完成对 SRAM 的操作)，当然，访问 CD 位的值会有时间延迟。

在 ARM 模式下指令为 32 位，当 CD=0 时，任何一条指令读取都需要两个时钟周期。而在 Thumb 模式下指令是 16 位的，任何一条指令读取只需要一个时钟周期。在执行指令时，包括使用 FLASH/EE 存储器对数据进行存储时，两种模式耗时是一样的。

如果要执行的指令是控制流向指令，则需要增加一个时钟周期来对程序计数器中的新地址进行解码，在这种情况下将需要 4 个时钟周期将新的指令装入流水线。核内寄存器中的数据处理指令不需要任何额外的时钟周期，但是若指令处理的是 FLASH/EE 存储器的数据时，则需增加一个时钟周期对数据的地址进行解码，同时增加二个时钟周期从 FLASH/EE 存储器中获取 32 位数据。另外，在取下一条指令之前，也必须增加一个时钟周期。数据转移指令比较复杂，总结如表 2-14 所列。

表 2-14 ARM/Thumb 模式的执行周期

指　令	取指周期	空闲时间	数据访问	空闲时间
LD[1]	2/1	1	2	1
LDH	2/1	1	1	1
LDM/PUS	2/1	N^2	$2\times N^2$	N^1
H	2/1	1	2×20 μs	1
STR[1]	2/1	1	20 μs	1
STRH	2/1	N^1	$2\times N\times 20$ μs[1]	N^1

注：1. SWAP 指令将 LD 指令和 STR 指令一起读取总共消耗 8 个时钟周期加上 40 μs。

2. N 是在各种 load/store 指令中下载或者保存的数据的数量($1<N\leqslant 16$)。

2.4.4 FLASH/EE 的可靠性与安全性

1. 可靠性

ADμC7026 上的 FLASH/EE 存储器的优点是：耐重复擦写和数据保持时间长。耐重复擦写的能力主要体现在闪速/电擦除(FLASH/EE)存储器可以进行反复的编程、读写和擦除，一个单独的耐力周期由如下四个独立的顺序事件组成：

① 初始页擦除序列。

② 读取/验证序列当中 FLASH/EE 存储器阵列单元。

③ 字节的程序顺序存储。

④ 再次的读取/验证阵列的循环持久力。

在可靠性鉴定当中，每个位于 FLASH/EE 存储器当中顶、中、下三页的半字(16 位宽)存储空间被反复地写入 0x0000 到 0xFFFF 10 000 次。器件的 FLASH/EE 存储器持久力鉴定严格参照 JEDEC(电子工程设计发展联合会议)寿命保存标准 A117，分别从工业温度－40～

+25 ℃ 和 +25～+125 ℃来进行的。鉴定结果表明，在给定的温度下，最低可以重复写入10 000次。

FLASH/EE存储器的数据保持能力是通过其对编程数据随着时间推移的保留能力来判定的。同样，鉴定结果表明器件完全符合相应的正式JEDEC（电子工程设计发展联合会议）在具体的温度点（TJ=85 ℃）下保存寿命的标准A117。作为鉴定进程的一部分，如前所述，FLASH/EE存储器在数据保持能力被特征化之前，其反复测试必须在耐力极限内。这就意味着FLASH/EE存储器在每次被重新写入程序后，是完全能保证其指定的保留时间的。还应该指出的是，基于0.6 eV的活化能量，保持时限随着温度TJ升高而降低，如图2-6所示。

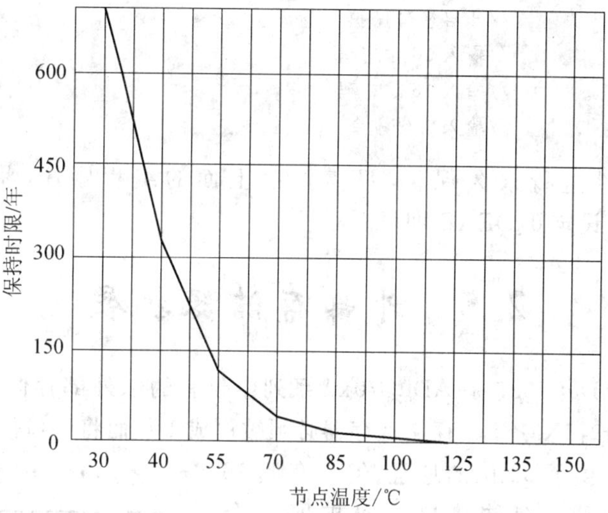

图2-6 闪速/电擦除(FLASH/EE)存储器的保持力

2. 安全性

FLASH/EE存储器可以由用户进行读/写保护。寄存器EEPRO/FEEHIDE的位31（见表2-13）保护其62 KB通过JTAG进行读取，在并行编程模式时也是如此。寄存器的另外31位对FLASH/EE空间进行写保护，每位保护4页，也就是2 KB。写保护对各种访问方式均有效。

三种级别的保护

① 通过对FEEHIDE寄存器写操作直接建立或者撤消保护，复位之后保护将不被保留。

② 保护可以通过FEEPRO寄存器进行设定，它要在对保护命令（0x0C）进行保存或复位之后才能生效。FEEPRO寄存器通过设定密码来避免直接访问。一旦密码被设定，此后要对FEEPRO寄存器进行修改时就必须输入密码。采用整体擦除可将密码还原为0xFFFF，但是这也会擦除所有的用户代码。

③ 闪存可以通过对FEEPRO寄存器设定一组特殊的值：0xDEADDEAD来进行永久的保护。但是此时FEEPRO寄存器不允许重新输入密码对其进行修改。

写入密码的顺序是：

① 将与保护页的FEEPRO寄存器中相对应的位进行写入。

② 通过设定 FEEMOD 的第 6 位(第 5 位必须为零)使密码生效。

③ 在 FEEADR 和 FEEDAT 中写入一个 32 位的密码。

④ 在 FEECON 中执行写入密码命令 0x0C,然后通过监控 FEESAT 等待读取成功。

⑤ 器件复位。

要撤消或修改保护时,也需要类似的操作过程,但要修改 FEEPRO 值。如果密码的值设定为 0xDEAD,那么存储保护将不能被撤消,除非对器件以非保护的方式全部擦除,但此时用户的代码也全部被擦除了。

关于密码的设定方式举例如下(对存储器的 4～7 页写入保护):

```
FEEPRO = 0xFFFFFFFD;          //选择 4～7 页保护
FEEMOD = 0x48;                //开启密码保护
FEEADR = 0x1234;              //输入 16 位密码
FEEDAT = 0x5678;              //输入 16 位密码
FEECON =  0x0C;               //输入密码命令
```

如果要是对器件进行永久保护,只需按照上面的编程顺序,将 FEEADR 设定为 0xDEAD, FEEDAT 设定 0xDEAD 即可。

2.5 外部存储器扩展

ADμC7026 和 ADμC7027 是 ADμC70xx 系列中仅有的以外部存储接口为特色的芯片。在使用外部引脚端口时,XMCFG 存储寄存器必须被设成 1 从而将端口使能。

尽管器件内部提供了 32 位的地址,但只有低 16 位地址用于外部引脚。存储接口可以扩展 4 个 128 KB的异步存储器(SRAM 或/和 EEPROM)。外部存储器连接所需的引脚如表 2-15 所列。

在进行外部存储器扩展时,有 4 个外部存储器区域可用,每个存储器区域的大小为 128 KB,最大可到 64k × 16 或者 128k × 8,如表 2-16 所列。芯片通过引脚 MS[3:0]进行片选,以选择相应的外部存储区域。这些引脚信号允许对外部存储器的特殊区域进行访问。当通过 8 位的存储器访问 128 KB 的外部存储空间时,需要使用一条额外的地址线(A16),如图 2-7 所示。

表 2-15 外部存储器接口引脚

位	作 用
AD[15:0]	地址/数据总线
A16	8 位存储器扩充编址
MS[3:0]	存储器选择插脚
WR	写控制
RS	读控制
AE	地址锁存
BHE,BLE	位写容量

表 2-16 存储器区域

起始地址	终止地址	容 量
0x10000000	0x1000FFFF	外部存储器 0
0x20000000	0x2000FFFF	外部存储器 1
0x30000000	0x3000FFFF	外部存储器 2
0x40000000	0x4000FFFF	外部存储器 3

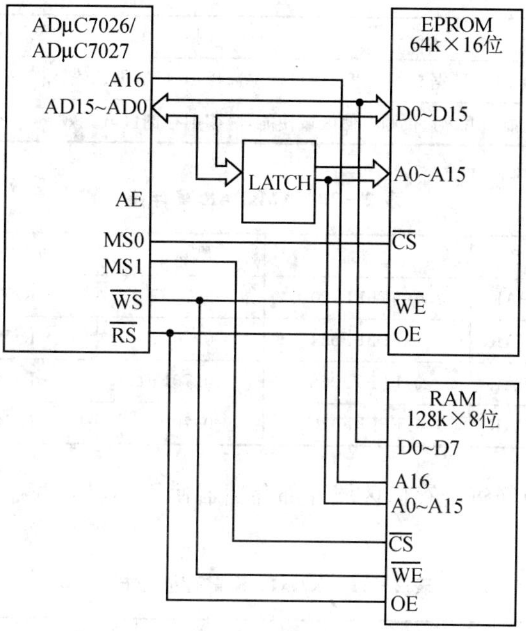

图 2-7　外部数据/程序存储器扩展电路

每个外部存储器区域能通过 3 个主存寄存器 XMCFG、XMxCON 和 XMxPAR 进行配置。XMCFG 寄存器和 XMxCON 寄存器分别如表 2-17 和表 2-18 所列。

表 2-17　XMCFG 寄存器

名　称	地　址	默认值	访问方式
XMCFG	0xFFFFF000	0x00	R/W

XMCFG 置 1 可使能对外部存储器的访问。要注意的是，必须在任何端口引脚作为外部存储器访问引脚之前置 1，相应引脚也必须分别通过 GPxCON 寄存器被使能。

表 2-18　XMxCON 寄存器

名　称	地　址	默认值	访问方式
XM0CON	0xFFFFF010	0x00	R/W
XM1CON	0xFFFFF014	0x00	R/W
XM2CON	0xFFFFF018	0x00	R/W
XM3CON	0xFFFFF01C	0x00	R/W

XMxCON 是每个存储区域的控制寄存器，决定着存储区域是否有效，并且控制着数据总线的宽度。XMxCON 寄存器位说明如表 2-19 所列。XMxRAR 如表 2-20 所列。

表 2-19 XMxCON 寄存器位说明

位	说 明
1	选择 8 位和 16 位数据总线宽度。用户置位选择 16 位数据总线,清零选择 8 位数据总线
0	存储区域使能。用户置位则存储区域使能,清零则存储区域无效

表 2-20 XMxPAR 寄存器

名 称	地 址	默认值	访问方式
XM0PAR	0xFFFFF020	0x70FF	R/W
XM1PAR	0xFFFFF024	0x70FF	R/W
XM2PAR	0xFFFFF028	0x70FF	R/W
XM3PAR	0xFFFFF02C	0x70FF	R/W

XMxPAR 为定义访问每个存储区域外部存储器使用协议的寄存器。XMxPAR 寄存器位描述如表 2-21 所列。

表 2-21 XMxPAR 寄存器位描述

位	说 明
15	写字节选通脉冲使能。该位只在两个 8 位存储器使用相同的存储区域时使用。用户置位则 A0 的输出和 WR 的输出相连。这允许字节在不使用 BHE 和 BLE 信号的情况下具备写的能力。用户清零则使用 BHE 和 BLE 信号
12～14	地址锁存器选通脉冲上等待状态的个数
11	保留
10	附加地址保持时间。用户置位使额外保持时间失效。清零则将使在读和写状态的地址保持一个时钟周期
9	附加的读取总线过渡时间。用户通过置位使附加的读取总线过渡时间失效。若用户清零则在读选通脉冲(RS)之后首先激活一个附加的时钟脉冲
8	附加的写总线过渡时间。用户置位使附加的总线过渡时间失效。若用户清零则在写选通脉冲(WS)之后首先激活一个附加的时钟脉冲
4～7	待写状态的个数。选择加到写选通脉冲 WS 的长度的等待状态的个数。0x0 是 1 个时钟周期,0xF 是 16 个时钟周期(默认值)
0～3	待读状态的个数。选择加到读选通脉冲 RS 的长度的等待状态的个数。0x0 是 1 个时钟周期,0xF 是 16 个时钟周期(默认值)

图 2-8～图 2-11 分别给出了几种状况下外部存储器读周期和写周期的时序图。

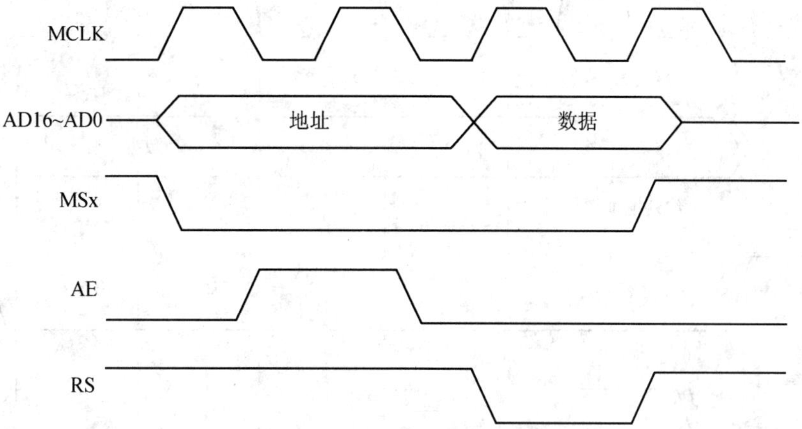

图 2－8　外部存储器读周期时序图

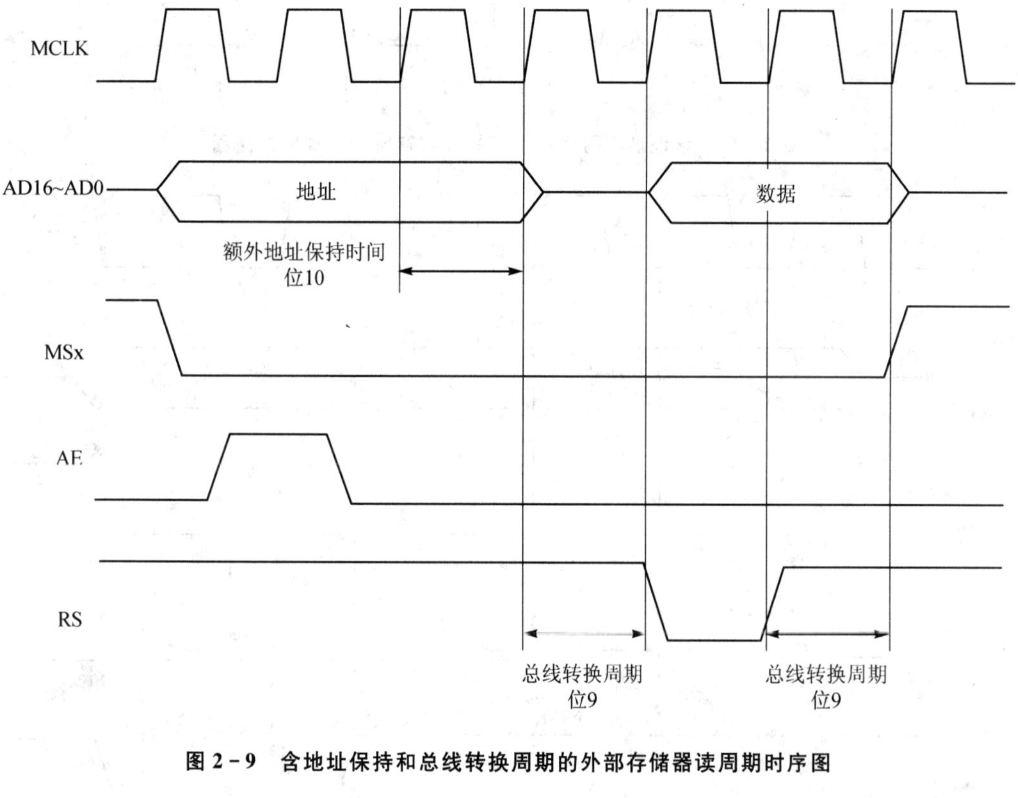

图 2－9　含地址保持和总线转换周期的外部存储器读周期时序图

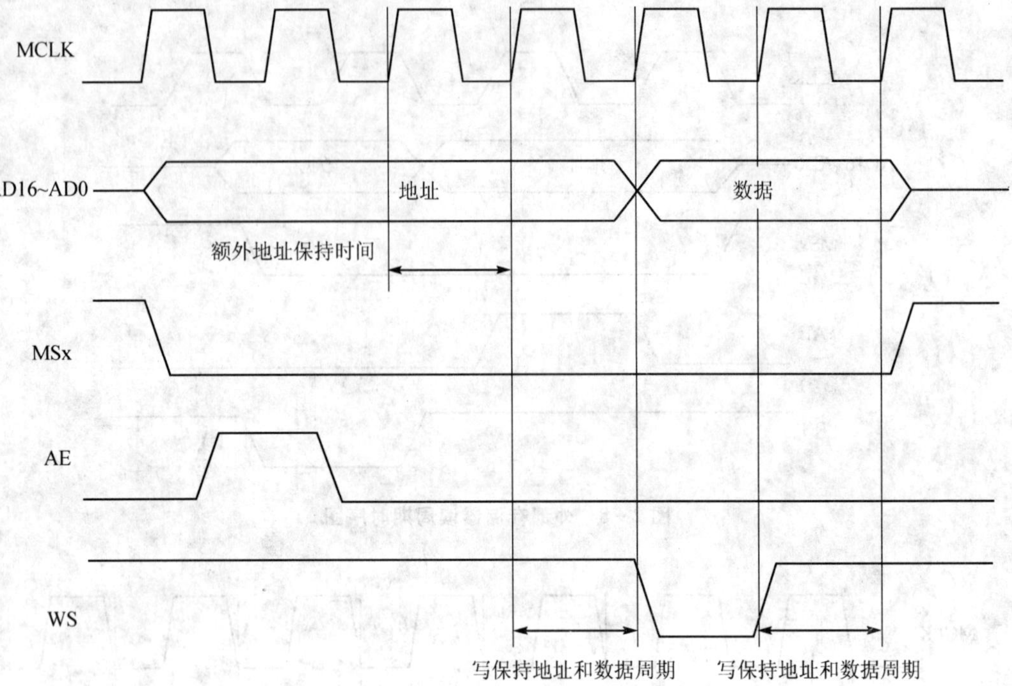

图 2-10　含地址与写保持周期的外部存储器写周期时序图

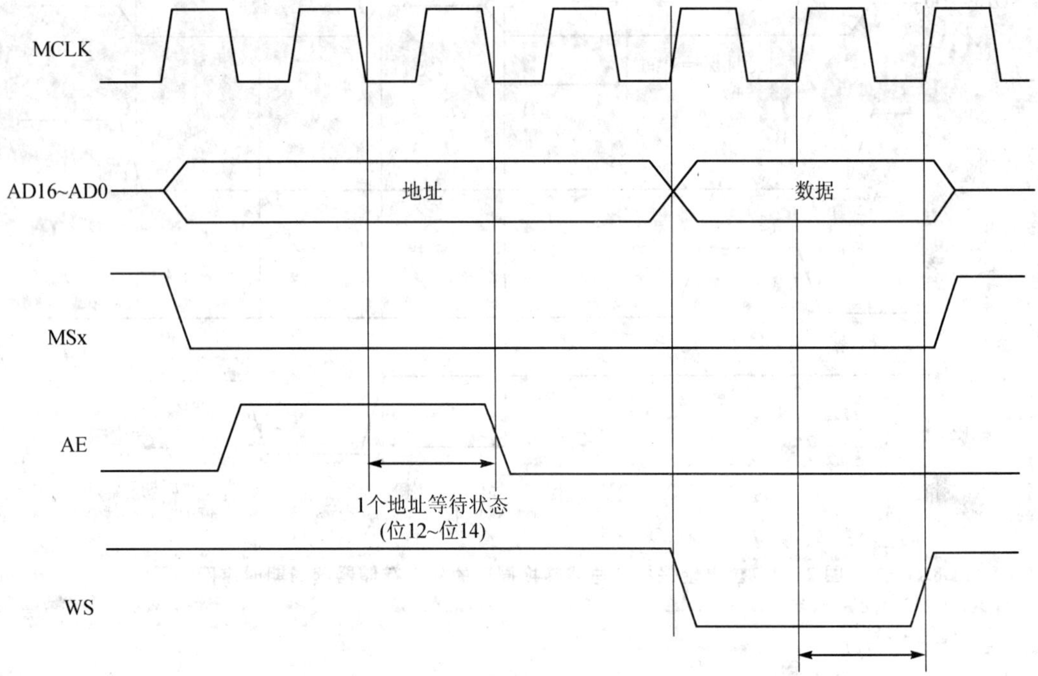

图 2-11　含等待状态的外部存储器写周期时序图

2.6　本章小结

本章主要介绍了 ADμC702x 系列微控制器的寄存器和存储器组织，讨论了闪速/电擦除存储器的控制接口、执行时间、可靠性和安全性，最后介绍了外部存储器的扩展方法。在附录中给出了完整的存储寄存器列表。

第3章 数字I/O接口

3.1 概 述

ADμC702x芯片有多个双向复用I/O(GPIO)引脚，以ADμC7026为例，它有40个双向复用I/O(GPIO)引脚，所有引脚的耐压为5 V，也就是说通用I/O口支持5 V作为输入电压。一般情况下，许多GPIO引脚都存在复用功能。默认情况下，GPIO引脚设定为GPIO模式。

所有GPIO引脚都有一个内部上拉电阻(约100 kΩ)，而且驱动能力为1.6 mA。

注意：同一时刻只能有20个GPIO在1.6 mA的电流下驱动。另外，P0.0、P0.4、P0.5、P0.6、P0.7和P1的8个GPIO可通过编程实现上拉。

40个GPIO可分为5组：P0～P4，每个端口由4～5个寄存器来选择各个端口的工作模式。

注意：复位时内核将P0.6从默认设置(MRST)改变为GPIO模式。此时，如果MRST用于外部电路，则应使用外部上拉电阻保证P0.6的电平在内核转换模式时不会下降。例如，如果在休眠状态用到MRST(power)，则可在GP0CON寄存器中重新设置。

即使引脚被设置为非GPIO的模式，任何GPIO的输入电平也可在任意时刻从GPxDAT寄存器中读取。PLA的输入一直处于激活状态。

3.2 GPIO寄存器功能描述

如3.1节介绍，ADμC702x芯片的I/O(GPIO)引脚都是双向复用。GPIO引脚功能描述如表3-1所列。

表3-1 GPIO引脚功能描述

端 口	引 脚	设 置			
		00	01	10	11
0	P0.0	GPIO	CMP	MS2	PLAI[7]
	P0.1	GPIO	$PWM2_H$	BLE	
	P0.2	GPIO	$PWM2_L$	BHE	
	P0.3	GPIO	TRST	A16	ADC_{BUSY}
	P0.4	GPIO/IRQ0	PWM_{TRIP}	MS1	PLAO[1]
	P0.5	GPIO/IRQ1	ADC_{BUSY}	MS0	PLAO[2]
	P0.6	GPIO/T1	MRST	AE	PLAO[3]
	P0.7	GPIO	ECLK/XCLK[1]	SIN	PLAO[4]

续表 3-1

端　口	引　脚	设　置			
		00	01	10	11
1	P1.0	GPIO/T1	SIN	SCL0	PLAI[0]
	P1.1	GPIO	SOUT	SDA0	PLAI[1]
	P1.2	GPIO	RTS	SCL1	PLAI[2]
	P1.3	GPIO	CTS	SDA1	PLAI[3]
	P1.4	GPIO/IRQ2	RI	CLK	PLAI[4]
	P1.5	GPIO/IRQ3	DCD	MISO	PLAI[5]
	P1.6	GPIO	DSR	MOSI	PLAI[6]
	P1.7	GPIO	DTR	CSL	PLAO[0]
2	P2.0	GPIO	$\overline{CONV_{START}}$[2]	SOUT	PLAO[5]
	P2.1	GPIO	PWM0H	WS	PLAO[6]
	P2.2	GPIO	$PWM0_L$	RS	PLAO[7]
	P2.3	GPIO		AE	
	P2.4	GPIO	$PWM0_H$	MS0	
	P2.5	GPIO	$PWM0_L$	MS1	
	P2.6	GPIO	$PWM1_H$	MS2	
	P2.7	GPIO	$PWM1_L$	MS3	
3	P3.0	GPIO	$PWM0_H$	AD0	PLAI[8]
	P3.1	GPIO	$PWM0_L$	AD1	PLAI[8]
	P3.2	GPIO	$PWM1_H$	AD2	PLAI[10]
	P3.3	GPIO	$PWM1_L$	AD3	PLAI[11]
	P3.4	GPIO	$PWM2_H$	AD4	PLAI[12]
	P3.5	GPIO	$PWM2_L$	AD5	PLAI[13]
	P3.6	GPIO	PWM_{TRIP}	AD6	PLAI[14]
	P3.7	GPIO	PWM_{SYNC}	AD7	PLAI[15]
4	P4.0	GPIO		AD8	PLAO[8]
	P4.1	GPIO		AD9	PLAO[9]
	P4.2	GPIO		AD10	PLAO[10]
	P4.3	GPIO		AD11	PLAO[11]
	P4.4	GPIO		AD12	PLAO[12]
	P4.5	GPIO		AD13	PLAO[13]
	P4.6	GPIO		AD14	PLAO[14]
	P4.7	GPIO		AD15	PLAO[15]

注：1. 当设定为模式 1 时，P0.7 默认为 ECLK，或固有时钟输出。要想设定 P0.7 为时钟输入，PLLCON 中对应的 MDCLK 位必须设为 11。

2. $\overline{CONV_{START}}$在 P2.0 的所有模式中都有效。

GPIO 有五个相关的寄存器,各寄存器相关的功能如下。

1. GPxCON 寄存器

GPxCON 寄存器如表 3-2 所列。

表 3-2　GPxCON 寄存器

名　称	地　址	默认值	访问方式
GP0CON	0xFFFFF400	0x00000000	R/W
GP1CON	0xFFFFF404	0x00000000	R/W
GP2CON	0xFFFFF408	0x00000000	R/W
GP3CON	0xFFFFF40C	0x00000000	R/W
GP4CON	0xFFFFF410	0x00000000	R/W

GPxCON 寄存器为端口 x 的控制寄存器,用于选择端口 x 各引脚的功能,描述如表 3-3 所列。

表 3-3　GPxCON 存储寄存器位描述

位	描　述	位	描　述
31～30	保留	15～14	保留
29～28	选择 Px.7 引脚功能	13～12	选择 Px.3 引脚功能
27～26	保留	11～10	保留
25～24	选择 Px.6 引脚功能	9～8	选择 Px.2 引脚功能
23～22	保留	7～6	保留
21～20	选择 Px.5 引脚功能	5～4	选择 Px.1 引脚功能
19～18	保留	3～2	保留
17～16	选择 Px.4 引脚功能	1～0	选择 Px.0 引脚功能

例如:欲使 P1.2 作为逻辑可编程阵列 PLA 的输入引脚使用,在表 3-1 中查找相应的列,可知需将 GP1CON 中对应的 P1.2 的功能选择位置为"11",这时,应将 GP1CON 的值置为 0x0300。

2. GPxPAR 寄存器

GPxPAR 寄存器如表 3-4 所列。

表 3-4　GPxPAR 寄存器

名　称	地　址	默认值	访问方式
GP0PAR	0xFFFFF42C	0x20000000	R/W
GP1PAR	0xFFFFF43C	0x00000000	R/W
GP2PAR	0xFFFFF45C	0x00222222	R/W

GPxPAR 用于设定端口 0、端口 1 和端口 3 的参数。GPxPAR 寄存器位描述如表 3-5 所列。**注意**,在改变 GPxPAR 寄存器的内容后 GPxDAT 寄存器必须被写入。

表 3-5　GPxPAR 寄存器位描述

位	描　述	位	描　述
31～29	保留	15～13	保留
28	选择 Px.7 上拉无效	12	选择 Px.3 上拉无效
27～25	保留	11～9	保留
24	选择 Px.6 上拉无效	8	选择 Px.2 上拉无效
23～21	保留	7～5	保留
20	选择 Px.5 上拉无效	4	选择 Px.1 上拉无效
19～17	保留	3～1	保留
16	选择 Px.4 上拉无效	0	选择 Px.0 上拉无效

3. GPxDAT 寄存器

GPxDAT 寄存器如表 3-6 所列。

表 3-6　GPxDAT 寄存器

名　称	地　址	默认值	访问方式
GP0DAT	0xFFFFF420	0x000000XX	R/W
GP1DAT	0xFFFFF430	0x000000XX	R/W
GP2DAT	0xFFFFF440	0x000000XX	R/W
GP3DAT	0xFFFFF450	0x000000XX	R/W
GP4DAT	0xFFFFF460	0x000000XX	R/W

GPxDAT 是端口 x 的设置和数字寄存器。设置端口 x 的 GPIO 引脚的方向，设为输出时，可通过对该寄存器赋值来设置引脚输出值；设为输入时，可通过寄存器读取引脚输入值。GPxDAT 寄存器位描述如表 3-7 所列。

表 3-7　GPxDAT 寄存器位描述

位	描　述
31～24	数据方向。用户置 1 则 GPIO 引脚为输出，用户清零则 GPIO 引脚为输入
23～16	端口 x 的输出数据
15～8	反映复位时端口 x 引脚电平（只读）
7～0	端口 x 的输入数据（只读）

4. GPxSET 寄存器

GPxSET 寄存器如表 3-8 所列。

GPxSET 是端口 x 的置位寄存器。设置 GPxSET 的值可置位相应的 GPIO 位。GPxSET 寄存器位描述如表 3-9 所列。

表 3-8　GPxSET 寄存器

名　称	地　址	默认值	访问方式
GP0SET	0xFFFFF424	0x000000XX	W
GP1SET	0xFFFFF434	0x000000XX	W
GP2SET	0xFFFFF444	0x000000XX	W
GP3SET	0xFFFFF454	0x000000XX	W
GP4SET	0xFFFFF464	0x000000XX	W

表 3-9　GPxSET 寄存器位描述

位	描　述
31～24	保留
23～16	数据端口 x 设置位。用户置 1 可设置端口 x 位，同时也设置 GPxDAT 存储寄存器中的相应位，用户清零不影响数据输出
15～0	保留

5. GPxCLR 寄存器

GPxCLR 寄存器如表 3-10 所列。

表 3-10　GPxCLR 寄存器

名　称	地　址	默认值	访问方式
GP0CLR	0xFFFFF428	0x000000XX	W
GP1CLR	0xFFFFF438	0x000000XX	W
GP2CLR	0xFFFFF448	0x000000XX	W
GP3CLR	0xFFFFF458	0x000000XX	W
GP4CLR	0xFFFFF468	0x000000XX	W

GPxCLR 是端口 x 数据清零寄存器。设置 GPxCLR 的值可清零相应的 GPIO 位。GPxCLR 寄存器位描述如表 3-11 所列。

表 3-11　GPxCLR 寄存器位描述

位	描　述
31～24	保留
23～16	数据端口 x 数据清零位。用户置 1 端口 x 位清零，同时也对 GPxDAT 寄存器中的相应位清零，用户清零不影响数据输出
15～0	保留

3.3 可编程逻辑阵列 PLA

每一片 ADμC702x 包含两个独立模块，每个模块有 8 个 PLA 元件，这两个独立模块中各个元件的输入、输出可交互连接使用。

每个 PLA 元件都是由图 3-1 所示的几个部分构成。包括两个多路选择器 Mux0 和 Mux1、一个两输入查询表和一个双稳态触发器。每个 PLA 元件中的多路选择器 0、1 的输入可使用各个 PLA 元件的输出，有四种选择。通过配置查询表能产生任何基于两种输入逻辑的输出功能。另外，每个多路选择器的输入、输出、查询表的逻辑功能以及是否需要旁路触发器都可以在 PLAELMx 寄存器中设定。

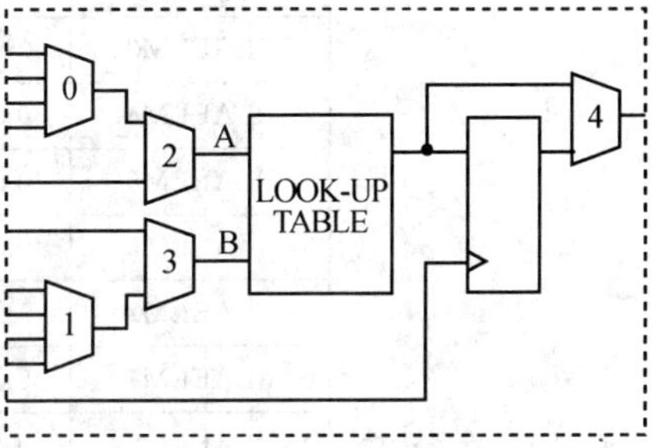

图 3-1　PLA 元件结构图

对于 PLA，每个 ADμC702x 都有 30 个 GPIO 引脚有效。其中 16 个是输入引脚，14 个是输出引脚。这些引脚在使用 PLA 前需要在 GPxCON 寄存器中进行配置。注意比较器的输出为 16 个输入引脚之一。

PLA 通过一系列的用户寄存器进行配置。PLA 的输出能被回传至内部中断系统，或作为 ADC 的 CONVSTART 信号，也可以传至一个寄存器或是 16 个输出引脚之一。

两个模块可以通过以下方式相互连接：

元件 15(模块 1)的输出可反馈至元件 0(模块 0)的多路选择器 Mux0 中的输入 0。

元件 7(模块 0)的输出可反馈至元件 8(模块 1)的多路选择器 Mux0 中的输入 0。

表 3-12 列出了 PLA 元件的输入输出引脚。

表 3-12　元件的输入输出引脚

PLA 模块 0			PLA 模块 1		
元件	输入	输出	元件	输入	输出
0	P1.0	P1.7	8	P3.0	P4.0
1	P1.1	P0.4	9	P3.1	P4.1
2	P1.2	P0.5	10	P3.2	P4.2
3	P1.3	P0.6	11	P3.3	P4.3
4	P1.4	P0.7	12	P3.4	P4.4
5	P1.5	P2.0	13	P3.5	P4.5
6	P1.6	P2.1	14	P3.6	P4.6
7	P0.0	P2.2	15	P3.7	P4.7

PLA 的功能可通过配置本节介绍的 22 个存存器实现。

1. PLAELMx 寄存器组

PLAELMx 寄存器组如表 3-13 所列。

表 3-13 PLAELMx 寄存器组

名 称	地 址	默认值	访问方式
PLAELM0	0xFFFF0B00	0x0000	R/W
PLAELM1	0xFFFF0B04	0x0000	R/W
PLAELM2	0xFFFF0B08	0x0000	R/W
PLAELM3	0xFFFF0B0C	0x0000	R/W
PLAELM4	0xFFFF0B10	0x0000	R/W
PLAELM5	0xFFFF0B14	0x0000	R/W
PLAELM6	0xFFFF0B18	0x0000	R/W
PLAELM7	0xFFFF0B1C	0x0000	R/W
PLAELM8	0xFFFF0B20	0x0000	R/W
PLAELM9	0xFFFF0B24	0x0000	R/W
PLAELM10	0xFFFF0B28	0x0000	R/W
PLAELM11	0xFFFF0B2C	0x0000	R/W
PLAELM12	0xFFFF0B30	0x0000	R/W
PLAELM13	0xFFFF0B34	0x0000	R/W
PLAELM14	0xFFFF0B38	0x0000	R/W
PLAELM15	0xFFFF0B3C	0x0000	R/W

PLAELMx 是元件 0～15 的控制寄存器。用于设定每个元件的各个多路选择器的输入，选择查询表中的功能，以及选择旁路还是使用双稳态多谐振荡器。PLAELMx 寄存器位描述如表 3-14 所列。

表 3-14 PLAELMx 寄存器位描述

位	二进制数值	描 述
31～11		保留
10～9		MUX(0)控制(见反馈控制表 3-15)
8～7		MUX(1)控制(见反馈控制表 3-15)
6		MUX(2)控制。用户置 1，选择 MUX(0)输出；用户清零，从 PLADIN 选择位值
5		MUX(3)控制。用户置 1，选择 MUX(0)输出；用户清零，从 PLADIN 选择位值
4～1		查询表控制
	0000	0
	0001	非
	0010	B 与非 A
	0011	非 A
	0100	A 与非 B
	0101	非 B
	0110	异或

续表 3-14

位	二进制数值	描 述
	0111	与非
	1000	与
	1001	异或非
	1010	B
	1011	非 A 或 B
	1100	A
	1101	A 或非 B
	1110	或
	1111	1
0		MUX(4)控制。用户置 1,旁路多谐振荡器;用户清零,选择多谐振荡器(默认清零)

2. PLACLK 寄存器

PLACLK 寄存器的反馈配置如表 3-15 所列。PLACLK 寄存器如表 3-16 所列。

表 3-15 反馈配置

位	值	PLAELM0	PLAELM1~7	PLAELM8	PLAELM9~15
10~9	00	元件 15	元件 0	元件 7	元件 8
	01	元件 2	元件 2	元件 10	元件 10
	10	元件 4	元件 4	元件 12	元件 12
	11	元件 6	元件 6	元件 14	元件 14
8~7	00	元件 1	元件 1	元件 9	元件 9
	01	元件 3	元件 3	元件 11	元件 11
	10	元件 5	元件 5	元件 13	元件 13
	11	元件 7	元件 7	元件 15	元件 15

表 3-16 PLACLK 寄存器

名 称	地 址	默认值	访问方式
PLACLK	0xFFFF0B40	0x00	R/W

PLACLK 是模块 0 和模块 1 上双稳态多谐振荡器的时钟选择寄存器，PLACLK 寄存器的位描述如表 3-17 所列。

表 3-17 PLACLK 寄存器的位描述

位	二进制数值	描 述
7		保留
6~4		模块 1 时钟源选择
	000	引脚 P0.5 上的 GPIO 时钟信号
	001	引脚 P0.0 上的 GPIO 时钟信号

续表 3-17

位	二进制数值	描　述
	010	引脚 P0.7 上的 GPIO 时钟信号
	011	HCLK
	100	OCLK(32.768 kHz)
	101	定时器 1 溢出
	其他	保留
3		保留
2～0		单元模块 0 时钟源选择
	000	引脚 P0.5 上的 GPIO 时钟信号
	001	引脚 P0.0 上的 GPIO 时钟信号
	010	引脚 P0.7 上的 GPIO 时钟信号
	011	HCLK
	100	OCLK(32.768 kHz)
	101	定时器 1 溢出
	其他	保留

3. PLAIRQ 寄存器

PLAIRQ 寄存器如表 3-18 所列。

表 3-18　PLAIRQ 寄存器

名　称	地　址	默认值	访问方式
PLAIRQ	0xFFFF0B44	0x00000000	R/W

PLAIRQ 使能 IRQ0 和(或)IRQ1，并选择中断请求端 IRQ 的源。PLAIRQ 寄存器位描述如表 3-19 所列。

表 3-19　PLAIRQ 存储寄存器位描述

位	二进制数值	描　述
15～13		保留
12		PLA 中断请求位 IRQ1 使能位。用户置位则使 IRQ1 的中断源来自 PLA。用户清零则使 IRQ1 的中断源不来自于 PLA
11～8		PLA 中断请求位 IRQ1 的源
	0000	PLA 元件 0
	0001	PLA 元件 1
	⋮	⋮
	1111	PLA 元件 15
7～5		保留
4		PLA 中断请求位 IRQ0 使能位。用户置位则使 IRQ0 的输出来自 PLA。用户清零则使 PLA 输出不来自 IRQ0
3～0		PLA 中断请求位 IRQ0 的源
	0000	PLA 元件 0
	0001	PLA 元件 1
	1111	PLA 元件 15

4. PLAADC 寄存器

PLAADC 寄存器如表 3－20 所列。

表 3－20　PLAADC 寄存器

名　称	地　址	默认值	访问方式
PLAADC	0xFFFF0B48	0x00000000	R/W

PLAADC 用于决定是否用 PLA 的输出来启动模数转换器，PLAADC 寄存器位描述如表 3－21 所列。

表 3－21　PLAADC 寄存器位描述

位	二进制数值	描　述
31～5		保留
4		ADC 起始转换器使能位。用户置位则使 ADC 起始转换信号来自于 PLA，用户清零则不使 ADC 起始转换信号来自于 PLA
3～0		ADC 起始转换器的源
	0000	PLA 元件 0
	0001	PLA 元件 1
	⋮	⋮
	1111	PLA 元件 15

5. PLADIN 寄存器

PLADIN 寄存器如表 3－22 所列。

表 3－22　PLADIN 寄存器

名　称	地　址	默认值	访问方式
PLADIN	0xFFFF084C	0x00	R/W

PLADIN 为 PLA 的数据输入寄存器，PLADIN 寄存器位描述如表 3－23 所列。

表 3－23　PLADIN 寄存器位描述

位	描　述
31～16	保留
15～0	元件 15～0 的输入位

6. PLADOUT 寄存器

PLADOUT 寄存器如表 3－24 所列。

表 3－24　PLADOUT 寄存器

名　称	地　址	默认值	访问方式
PLADOUT	0xFFFF0B50	0x00000000	R

PLADOUT 为 PLA 的数据输出寄存器。此寄存器不断被更新，PLADOUT 寄存器位描述如表 3－25 所列。

表 3-25 PLADOUT 寄存器位描述

位	描 述
31～16	保留
15～0	元件 15～0 的输出位

7. PLALCK 寄存器

PLALCK 寄存器如表 3-26 所列。

表 3-26 PLALCK 寄存器

名 称	地 址	默认值	访问方式
PLALCK	0xFFFF0B54	0x00	W

PLALCK 为 PLA 的锁选项。位 0 只被写入一次。当置位时，它不允许修改除 PLADIN 之外的任何 PLA 寄存器。

ADI 公司同时提供了图形化开发工具 PLATool 用于开发逻辑可编程阵列，用该工具对 PLA 的各个元件中的多路选择器的输入、输出进行配置后，即可生成相应的 C 代码，C 代码包含了相应的 PLA 寄存器的值，给开发工作带来了很大的便利。

3.4 PLA 工具

PLA(可编程逻辑阵列)工具是一种图形工具，能够方便地对 PLA 进行配置。

本节中使用 PLA 工具生成的代码与 3.5 小节应用代码实例中的 PLAinit.c 相对应。当引脚 P1.2 为高电平且 PLADIN 寄存器的位 2 被置位时，A/D 转换开始。注意：在通过 PLA 的输出启动 A/D 转换前，必须对 ADC 进行参数配置。下面应用的例子是代码实例的一部分。在 PLA 工具帮助项(PLAtool help)中有更多的实例。

3.4.1 PLA 工具启用

选择"开始"|ADμC702x|PLAtool 选项，或者从路径 C:\ADμC702x\PLAtool\下运行 PLAtool.exe 文件，选择相应器件号，如图 3-2 所示。

图 3-2 PLA 器件选择

以 ADμC7024 为例，选择器件号 ADμC7024，单击 OK，此时将会出现如图 3-3 所示窗口。

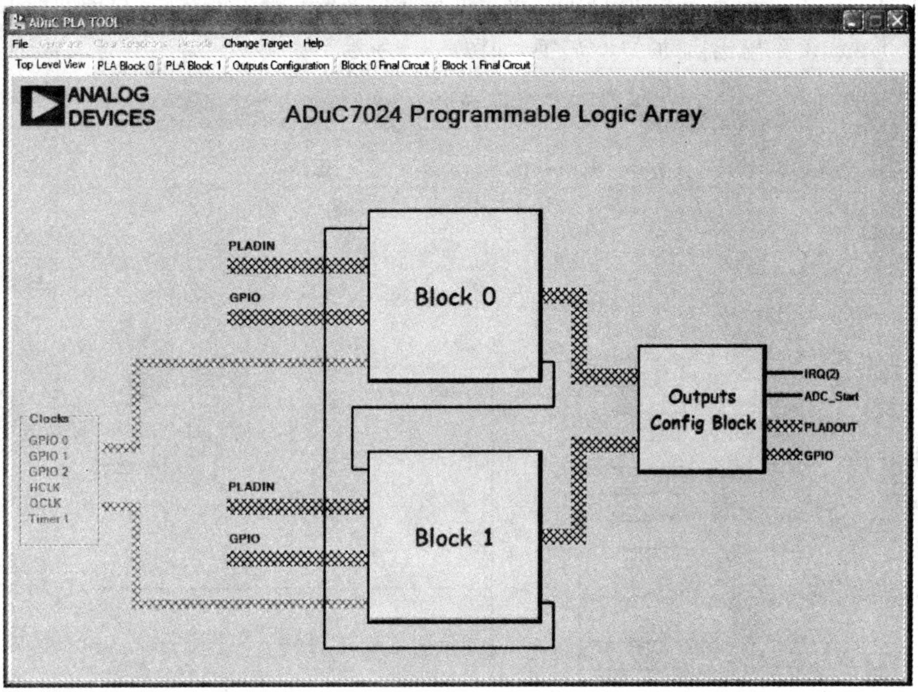

图 3-3　ADμC7024 可编程逻辑阵列的选择

3.4.2　逻辑门及输出设置

选择 Block0，窗口显示如图 3-4 所示。

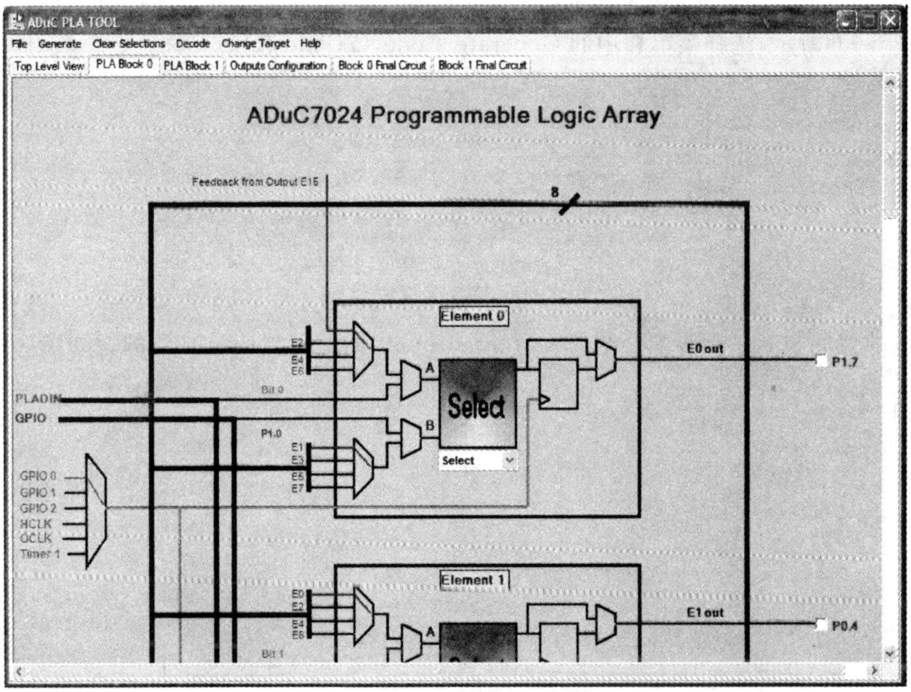

图 3-4　ADμC7024 可编程逻辑阵列

多路复用器 A 连接位 2 总线，即 PLADIN 寄存器中的第 2 位的值，多路复用器 B 连接引脚 P1.2，element2 选中逻辑与门 AND。将多谐振荡器旁路。选择 Output 界面并向下滚动页面，使用 element2 的输出启动 ADC 转换，如图 3-5 所示。

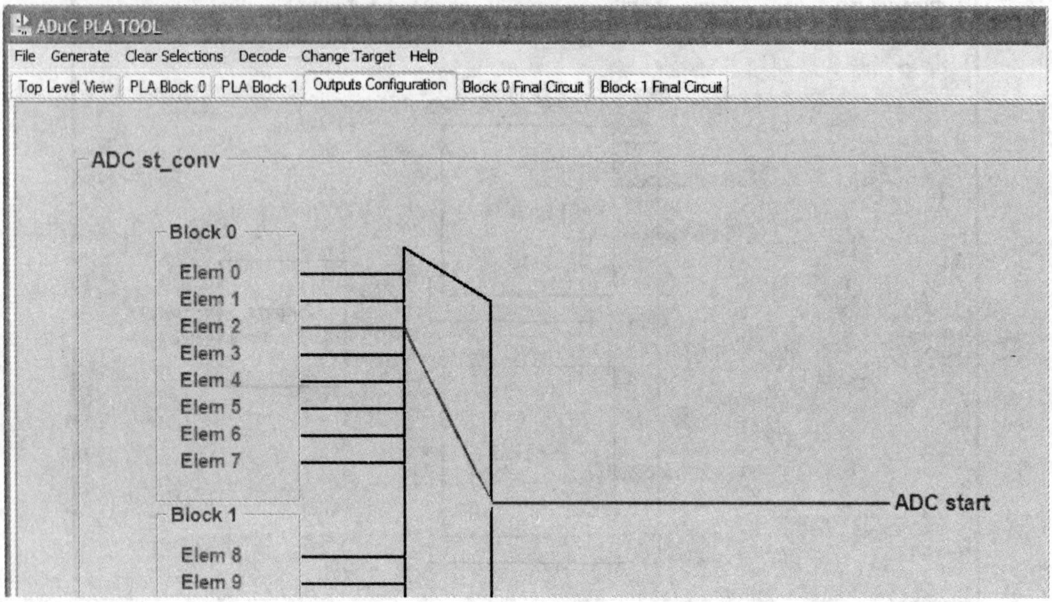

图 3-5　ADμC7024 可编程逻辑阵列配置

此时，已经完成了本章 3.5 小节中的 PLA 配置。

3.4.3　C 代码的生成

如图 3-6 所示，选择菜单栏中的 Generate|Code|C Code 选项。

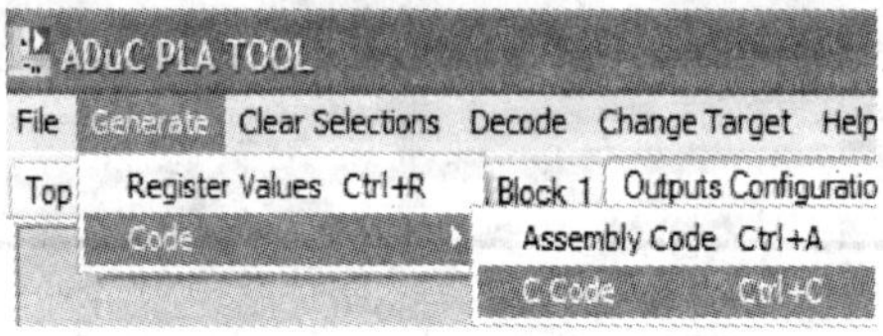

图 3-6　选择生成 C 代码

生成的代码与 3.5 小节中介绍的 plaInitialize()中的配置代码是一致的。如图 3-7 为生成的 C 代码。

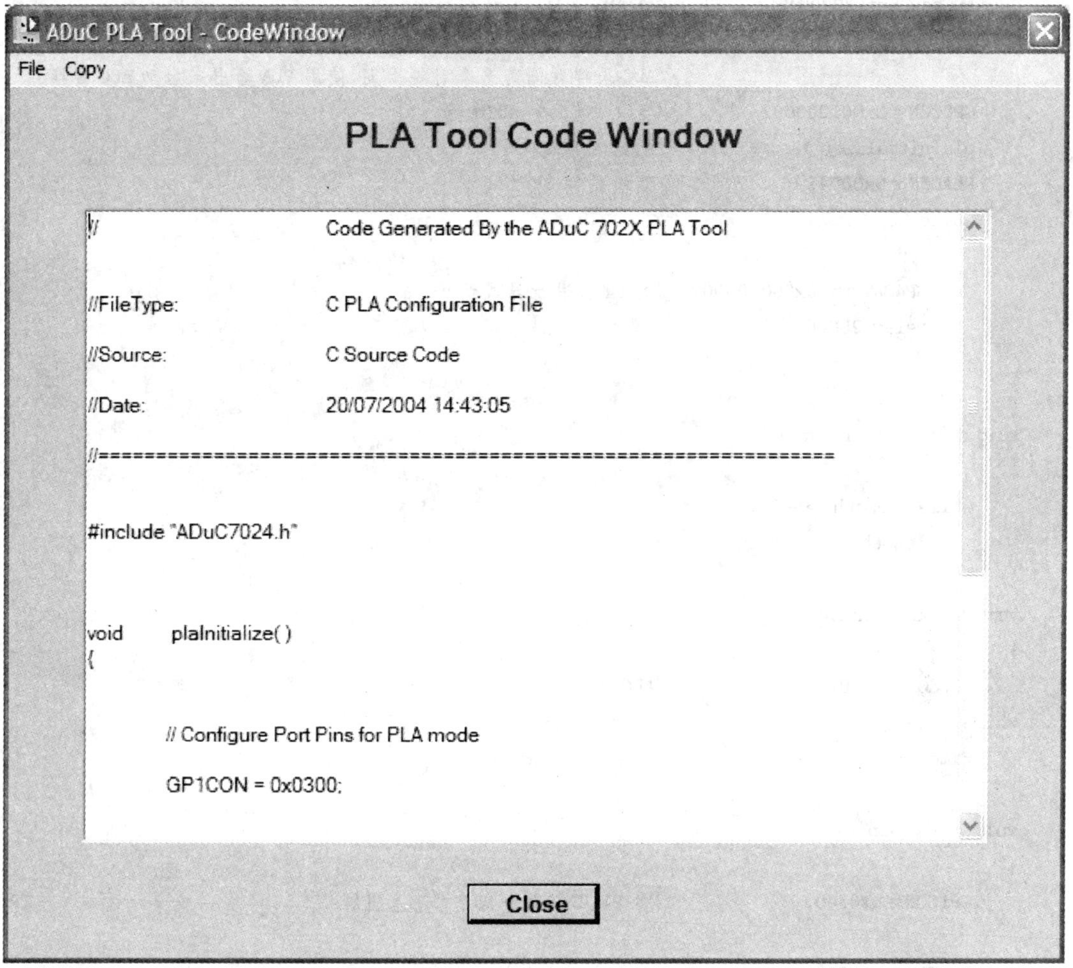

图 3-7　生成的 C 代码

3.5　应用举例

下面通过一个简单的例子说明逻辑可编程阵列 PLA 的使用。该示例中，对 PLA 中的元件 2 进行配置，将 P1.2 与 PLADIN 寄存器中第 2 位的值进行与运算，作为元件 2 的输入，同时旁路掉双稳态多谐振荡器，产生元件 2 的输出。使用元件 2 的输出来启动 A/D 转换。

```
# include<ADuC7024.h>
extern void plaInitialize( );
void ADCpoweron(int);
void delay (int);
int main(void)
{
GP4DAT = 0x04000000;      //P4.2 定义为输出。在 ADuC7026 开发板上，P4.2 接有 LED 指示灯
    REFCON = 0x1;
```

```
    ADCpoweron(20000);          //给 ADC 上电
ADCCON = 0x4E5;                 //使能 ADC 转换,启用 ADCbusy 引脚,设定转换的时钟频率为 fADC/2,
                                //ADC 采样时间为 2 个时钟周期,使用 PLA 输出来启动 ADC 转换
    GP0CON = 0x00100000;        //定义 P0.5 为 ADCbusy
    plaInitialize( );           //初始化 PLA
    PLADIN = 0x0004;            //使能元件 2
    while (1)
    {
        GP4DAT ^= 0x00040000;   //对 P4.2 进行异或运算
        delay(20000);
    }
}
void delay (int length)
{
    while (length >= 0)
        length--;
}
void ADCpoweron(int time)
{
    ADCCON = 0x20;              //ADC 上电
while (time >= 0)               //等待 ADC 充分上电
    time--;
}
void    plaInitialize()
{
    GP1CON = 0x0300;            //将 P1.2 配置为 PLA 的输入引脚

    PLAELM2 = 0x0031;           //配置元件 2 的逻辑功能
    PLACLK = 0x0000;            //选择 P0.5 引脚作为 PLA 的时钟信号
    PLAADC = 0x0012;            //从 PLA 中元件 2 的输出来启动 ADC 转换
}
```

3.6 本章小结

本章对 ADμC702x 的 I/O 引脚做了详细介绍,并重点介绍了引脚复用的功能,另外还对 ADμC702x 的 PLA 单元进行了说明,最后,给出了逻辑可编程阵列 PLA 使用的应用实例,读者可以在该实例的基础上结合要实现的目标来编写自己的程序。

第 4 章　A/D 及 D/A 接口

ADμC7026 中集成了一个 12 位 16 路 A/D 转换器。此模块可在 2.7～3.6 V 电压下工作，在时钟频率为 41.78 MHz 时，可提供高达 1 MSPS 的数据量。此模块为用户提供多通路复用器、差分跟踪保持电路、片内参考电压和模—数转换器。

该 ADC 由基于两个电容 DAC 的 12 位逐次逼近转换器组成。根据输入信号的形式，ADC 有三种不同的工作模式：

① 完全差分模式，用于稳定的小信号。

② 单端模式，用于任何单端信号。

③ 伪差分模式，用于任何单端信号，利用伪差分输入信号抑制共模信号。

当转换器工作在单端模式或伪差分模式时，转换器模拟输入电压范围为 0～V_{REF}。在完全差分模式下，输入信号必须稳定在共模电压 V_{CM} 附近，转换器模拟输入电压范围为 0～AV_{DD}，并且最大幅度不超过 $2V_{REF}$，稳定信号在完全差分模式下的例子如图 4-1 所示。

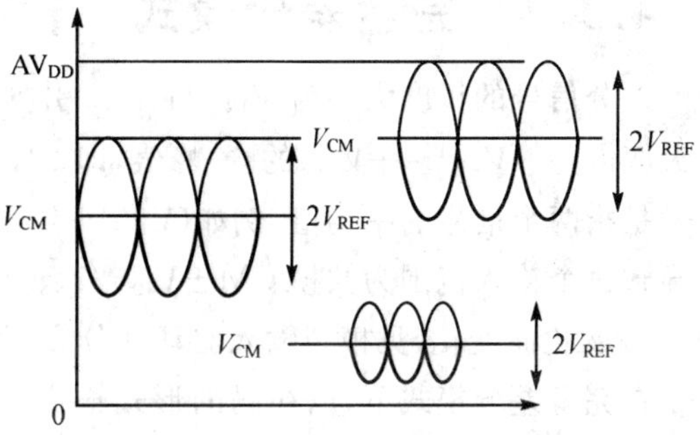

图 4-1　稳定信号在完全差分模式下的例子

ADμC7026 片内提供一个高精度、低漂移、出厂已校准的 2.5 V 参考电压。也可以引入一个外部参考，这将在后面的带隙参考部分具体介绍。

单一的或连续的转换模式可以由软件启动。一个周期的 ADC 转换触发信号可以由一个外部的 $\overline{CONV}_{START}$ 引脚信号、片内 PLA 产生的输出电平信号或是一个 Timer0 或 Timer1 的溢出信号产生。前端 ADC 多路复用器可以发送一个与热力学温度成比例的电压信号，将该信号作为 ADC 输入，用于测量芯片的温度，其精度可达±3 ℃。

4.1　ADC 的传递函数

4.1.1　伪差分和单端模式

在伪差分和单端模式下，输入电压范围是 0～V_{REF}，输出编码为标准二进制码。其中，当 V_{REF} =2.5 V 时，1 LSB=FS/4 096 或 2.5 V/4 096=0.61 mV 或 610 μV。理想的代码跳变发生在连续的整值 LSB 值的中间（即 1/2LSB、3/2LSB、5/2LSB、……、FS-3/2LSB），理想的输入输出传递特性如图 4-2 所示。

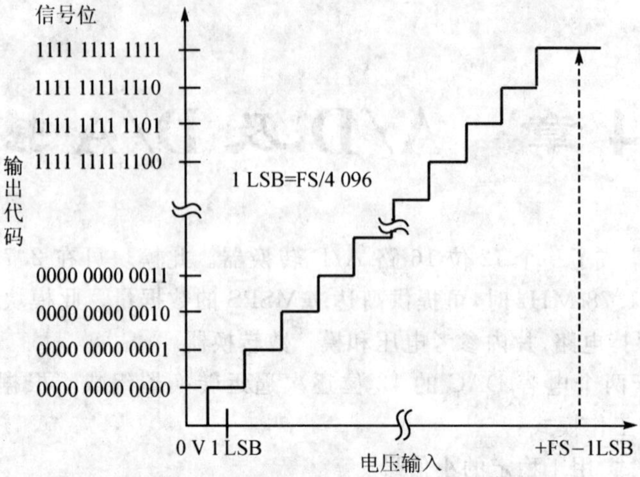

图 4-2　伪差分模式或单端模式的 ADC 传递函数

4.1.2　完全差分模式

差分信号的幅度大小为 V_{IN+} 与 V_{IN-} 引脚信号的差值，即 $V_{IN+}-V_{IN-}$。所以，差分信号的最大幅度是 $-V_{REF}\sim+V_{REF}$ 的峰-峰值，即 $2\times V_{REF}$，这是不考虑共模信号(CM)的情况。共模信号是指两个信号的平均值，例如 $(V_{IN+}+V_{IN-})/2$，也就是两个输入信号的平均电压。这种模式导致每个输入范围为共模 $CM\pm V_{REF}/2$。这种电压信号必须由外部设置，并且其输入范围随 V_{REF} 变化而变化(见模拟输入驱动部分介绍)。

在完全差分模式下，以补码的形式输出。其中，当 $V_{REF}=2.5$ V 时，$1LSB=2V_{REF}/4\ 096$ 或 2×2.5 V/4 096=1.22 mV。设计的代码跳变发生在连续的整值 LSB 值的中间(即 1/2LSB、3/2LSB、5/2LSB、……、FS-3/2LSB)。理想的输入、输出传递特性如图 4-3 所示。

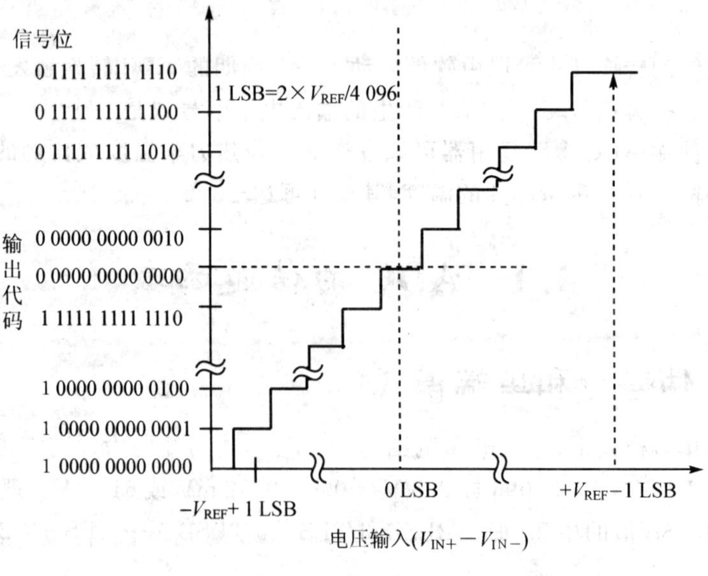

图 4-3　差分模式的 ADC 传递函数

4.2 ADC 的基准参考电压和标准

4.2.1 基准参考电压

每个 ADμC7026 提供 2.5V 的片内带隙参考电压，它可应用于 ADC 和 DAC。这个内部参考电压也可出现在 V_{REF} 引脚。当使用内部参考时，在外部 V_{REF} 引脚与地(AGND)之间必须接入一个 0.47 μF 电容以确保在 ADC 转换期间的稳定性和快速响应。该参考电压也可连接到外部 V_{REF} 引脚，作为系统其他电路的参考电压。由于 V_{REF} 输出的驱动能力较低，输出应设置一个外部缓冲器。一个可编程的选择方式允许 V_{REF} 引脚接入外部参考电压。REFCON 寄存器如表 4－1 所列。

表 4－1 REFCON 参考电压控制寄存器

名 称	地 址	默认值	访问方式
REFCON	0xFFFF048C	0x00	R/W

带隙参考电压控制寄存器 REFCON 如表 4－2 所列。

表 4－2 REFCON 寄存器位描述

位	描 述
7～2	保留
1	内部参考掉电使能位。用户置位，使内部参考电压工作在断电模式，并且可用作外部参考电压。用户清零，使内部参考工作在正常模式，可用其进行 ADC 转换
0	内部参考输出使能位。用户置位，连接内部 2.5 V 参考电压到 V_{REF} 引脚。此参考电压可被外部电路使用，但需要缓冲器驱动。用户清零，断开参考电压与 V_{REF} 引脚的连接

4.2.2 典型应用

当对 ADC 控制寄存器和通道选择寄存器完成配置后，ADC 开始转换模拟输入信号，在 ADC 数据寄存器中提供一个 12 位的数据。最高 4 位为符号位。12 位转换数据存放于 16～27 位，如图 4－4 所示。另外，需要注意的是，在完全差分输入模式下，转换数据由补码格式表示，而在伪差分模式和单端输入模式下，转换数据由标准的二进制格式表示。

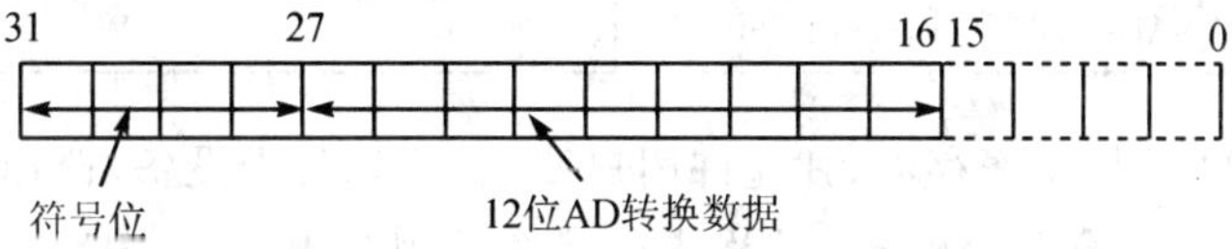

图 4－4 ADC 转换数据格式

在 DACxDAT 中，用的是相同的格式，这样大大简化了软件编程。

4.2.3 电流消耗

ADC 处于等待状态时，即上电而不进行转换，一般消耗 640 μA 电流。内部参考电流外加 140 μA。在 AD 转换期间，额外的电流为 0.3 μA 乘以采样频率(单位为 kHz)。

4.2.4 时 序

图 4-5 给出了 ADC 时序波形。用户通过配置 ADCCON 寄存器，可控制 ADC 时钟速度和采样时钟的数量。默认情况下，采样时间为 8 个时钟周期且时钟分频器值为 2。其他时钟(如位校验或写操作)的数量设置为 19，这样就形成了 774 kSPS 的采样速度。对于温度传感器的转换，ADC 采样时间自动设置为 16 个时钟周期，ADC 时钟分频器设置为 32。

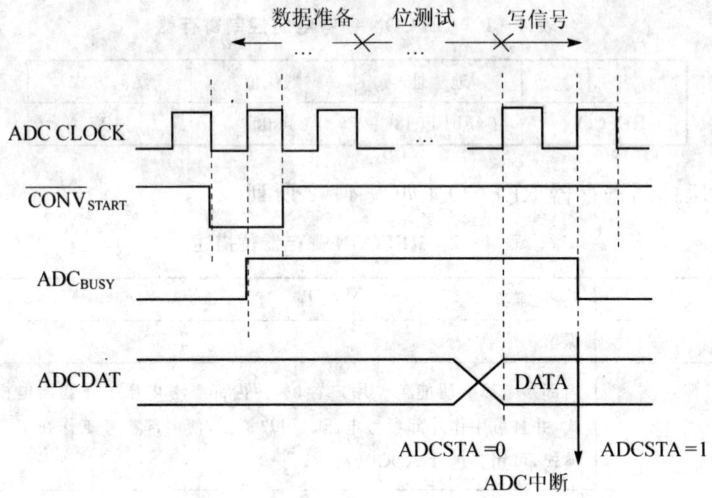

图 4-5 ADC 时序图

4.2.5 寄存器接口

ADC 的控制与配置是由下面描述的 8 个寄存器共同完成的。

1. ADC 控制寄存器(ADCCON)

ADC 控制寄存器如表 4-3 所列。

表 4-3 ADC 控制寄存器(ADCCON)

名 称	地 址	默认值	访问方式
ADCCON	0xFFFF0500	0x0600	R/W

ADCCON 是 ADC 控制寄存器，其允许用户使能 ADC 外围设备，选择 ADC 运行模式(单端模式、伪差分模式和完全差分模式)以及选择转换类型。表 4-4 具体介绍了 ADCCON 各位的定义。

表 4-4　ADCCON 寄存器位描述

位	值	描　述
15～13		保留
12～10		ADC 时钟速率 f_{ADC}
	000	$f_{ADC}/1$ 外部时钟频率小于 41.78 MHz 经分频器后，可获得 1 MSPS 的 ADC 时钟
	001	$f_{ADC}/2$（默认值）
	010	$f_{ADC}/4$
	011	$f_{ADC}/8$
	100	$f_{ADC}/16$
	101	$f_{ADC}/32$
9～8		ADC 采样时间
	00	2 个时钟
	01	4 个时钟
	10	8 个时钟
	11	16 个时钟
7		转换启动使能。用户可设置此位启动任意形式的转换命令。用户清除该位停止一个启动转换，但当 ADC 进行连续转换时，清除此位不起作用
6		使能 ADC_{BUSY}，用户可设置该位使能 ADC_{BUSY} 引脚
5		ADC 电源控制 用户设置此位使 ADC 工作在常规模式，ADC 必须上电至少 5 μs 后，才能进行正确的转换。清除该位使 ADC 模块掉电
4～3		转换模式
	00	单端模式
	01	差分模式
	10	伪差分模式
	11	保留
2～0		转换类型
	000	使能 $\overline{CONV_{START}}$ 引脚，作为一个转换启动信号
	001	使能 Timer1 作为一个转换启动信号
	010	使能 Timer0 作为一个转换启动信号
	011	仅使用软件启动转换。转换结束后设置为 000。软件启动转换后，ADCCON 寄存器的位 7 需要清零，以避免由 $\overline{CONV_{START}}$ 引脚再次触发转换
	100	连续软件转换
	101	PLA 转换
	其他	保留

2. ADC 正向通道选择寄存器(ADCCP)

ADC 正向通道选择寄存器如表 4-5 所列。

表 4-5　ADC 正向通道选择寄存器(ADCCP)

名　称	地　址	默认值	访问方式
ADCCP	0xFFFF0504	0x00	R/W

ADCCP 是一个 ADC 正向通道选择寄存器。表 4-6 具体介绍了该寄存器各位的描述。

表 4-6　ADCCP 寄存器位描述

位	值	描　述
7～5		保留位
4～0		正向通道选择位
	00000	ADC0
	00001	ADC1
	00010	ADC2
	00011	ADC3
	00100	ADC4
	00101	ADC5
	00110	ADC6
	00111	ADC7
	01000	ADC8
	01001	ADC9
	01010	ADC10
	01011	ADC11
	01100	DAC0/ADC12
	01101	DAC1/ADC13
	01110	DAC2/ADC14
	01111	DAC3/ADC15
	10000	温度传递器
	10001	模式地 AGND(自诊断模式)
	10010	内部参考(自诊断模式)
	10011	$AV_{DD}/2$
	其他	保留

3. ADC 负向通道选择寄存器(ADCCN)

ADC 负向通道选择寄存器如表 4-7 所列。

表 4-7 ADC 负向通道选择寄存器(ADCGN)

名 称	地 址	默认值	访问方式
ADCCN	0xFFFF0530	0x0200	R/W

ADCCN 是一个 ADC 负向通道选择寄存器。表 4-8 具体介绍了该寄存器各位的描述。

表 4-8 ADCCN 寄存器位描述

位	值	描 述
7~5		保留位
4~0		负向通道选择位
	00000	ADC0
	00001	ADC1
	00010	ADC2
	00011	ADC3
	00100	ADC4
	00101	ADC5
	00110	ADC6
	00111	ADC7
	01000	ADC8
	01001	ADC9
	01010	ADC10
	01011	ADC11
	01100	DAC0/ADC12
	01101	DAC1/ADC13
	01110	DAC2/ADC14
	01111	DAC3/ADC15
	10000	内部参考(自诊断模式)
	其他	保留

例：选择 ADC 正向通道 ADC6，设置 ADC 时钟频率为 $f_{ADC}/2$，采样时间为 16 个时钟，ADC 速率为 1 MSPS，工作在伪差分模式，软件启动转换。程序如下：

```
ADCCP = 0x06;
ADCCON = 0x7E3;
```

4. ADC 状态寄存器(ADCSTA)

ADC 状态寄存器(ADCSTA)如表 4-9 所列。

表 4-9 ADC 状态寄存器(ADCSTA)

名 称	地 址	默认值	访问方式
ADCSTA	0xFFFF050C	0x00	R

ADCSTA 是一个 ADC 状态寄存器，用来指示一个 ADC 转换数据已经准备好了。ADC

状态寄存器只包含一位有效位,ADCSTA.0 用来表征 ADC 的状态。在 ADC 转换完成后,该位置位,同时产生一个 ADC 中断。通过读 ADC 数据寄存器(ADCDAT),该位可自动清零。当 ADC 正在进行数据转换时,ADC 状态可以从外部 ADC_{BUSY} 引脚读取。转换过程中,该引脚处于高电平。当转换结束后,ADC_{BUSY} 变为低电平。如果在 ADC 控制寄存器(ADCCON)中使能该功能,在 P0.5 引脚可观测到 ADC 状态。

5. ADC 数据寄存器(ADCDAT)

ADC 数据寄存器(ADCDAT)如表 4-10 所列。

表 4-10 ADC 数据寄存器(ADCDAT)

名 称	地 址	默认值	访问方式
ADCDAT	0xFFFF0510	0x00000000	R

ADCDAT 是一个 ADC 数据寄存器,保存 12 位 ADC 数据(如图 4-4 所示)。

6. ADC 复位寄存器(ADCRST)

ADC 复位寄存器(ADCRST)如表 4-11 所列。

表 4-11 ADC 复位寄存器(ADCRST)

名 称	地 址	默认值	访问方式
ADCRST	0xFFFF0514	0x00	R/W

ADCRST 是 ADC 数字接口复位寄存器。向该寄存器写入任意值,复位所有 ADC 寄存器为默认值。

7. ADC 增益校正寄存器(ADCGN)

ADC 增益校正寄存器(ADCGN)如表 4-12 所列。

表 4-12 ADC 增益校正寄存器(ADCGN)

名 称	地 址	默认值	访问方式
ADCGN	0xFFFF0530	0x0200	R/W

ADCGN 是一个 10 位的增益校正寄存器。

8. ADC 偏移校正寄存器(ADCOF)

ADC 偏移校正寄存器(ADCOF)如表 4-13 所列。

表 4-13 ADC 偏移校正寄存器(ADCOF)

名 称	地 址	默认值	访问方式
ADCOF	0xFFFF0534	0x0200	R/W

ADCOF 是一个 10 位的偏移校正寄存器。

4.2.6 校 准

在默认情况下,厂家将设置值写入 ADC 偏移校正寄存器(ADCOF)和增益校正寄存器

(ADCGN)，对部分寄存器试验操作，在端点误差和线性度方面，都得到了最优的性能。如果系统需要校正，可以通过修改偏移量和增益系数来改善端点误差。但要注意，对 ADCOF 和 ADCGN 出厂设定值的任何修改都会降低 ADC 线性度。

对系统偏移误差进行修正，ADC 通道的输入级必须接模拟地(AGND)。通过修改 ADCOF 的值，执行一个连续软件触发的 ADC 转换循环，直到 ADC 数据寄存器读取代码为 0～1。偏移误差的数字修正将有 0.25LSB 的分辨率和 V_{REF} 的±3.125％变化范围。

对系统增益误差修正，ADC 输入级必须连接到 V_{REF}。通过修改 ADCOF 的值，执行一个连续软件触发的 ADC 转换循环，直到 ADC 数据寄存器读取代码为 4 094～4 095。类似于偏移量校正，对增益误差校正，有 0.25LSB 的分辨率和 V_{REF} 的±3.125 ％变化范围。

4.3　ADC 的工作模式和驱动

4.3.1　AD 转换器的运行

ADC 是一种对输入采样电压进行逐次逼近(SAR)的体系结构。这种结构可以在三种不同的模式下运行，即差分模式、伪差分模式和单端模式。

1. 差分模式

ADμC026 有一个基于两个电容式 DAC 结构的逐次逼近型 ADC。图 4－6 和图 4－7 分别显示了 ADC 在采样阶段和转换阶段的 ADC 简化图。ADC 模块由逻辑控制单元，逐次逼近型模块(SAR)及两个电容式 DAC 共同组成。在图 4－6(采样阶段)中，SW3 闭合，SW1 和 SW2 在 A 位置，使比较器保持在一个稳定的状态，并且采样电容阵列在输入端获得差分信号。

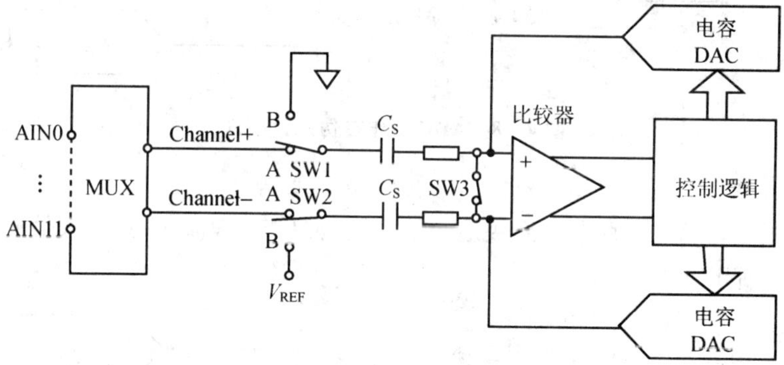

图 4－6　ADC 采样阶段

如图 4－7 所示，当 ADC 启动一个转换时，SW3 打开，然后 SW1 和 SW2 移到 B 位置，这样就使得比较器失去平衡。一旦转换开始，两个输入端都被断开。控制逻辑单元和电压重新分配 DAC，用于增加或减少采样电容阵列的固定电压值，从而使比较器重新回到平衡状态。当比较器再一次达到平衡状态时，转换过程结束。控制逻辑单元产生 ADC 的输出编码。驱动 V_{IN+} 和 V_{IN-} 引脚的各路电路的输出阻抗必须匹配；否则，两输入存在不同的电压建立时间，导致错误。

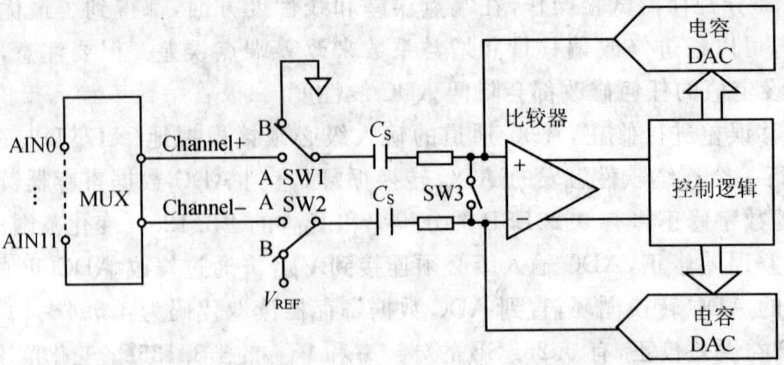

图 4-7　ADC 转换阶段

2. 伪差分模式

在伪差分模式下，Channel -连接到 V_{IN-} 引脚。SW2 在 A 位置（Channel -）和 B 位置（V_{REF}）之间转换，V_{IN-} 引脚必须接地或低电平，V_{IN+} 引脚的输入信号可在 V_{IN-} ～（V_{REF} + V_{IN-}）之间变化，如图 4-8 所示。注意选择 V_{IN-} 使 $V_{REF}+V_{IN-}$ 的值不超过 AV_{DD}。

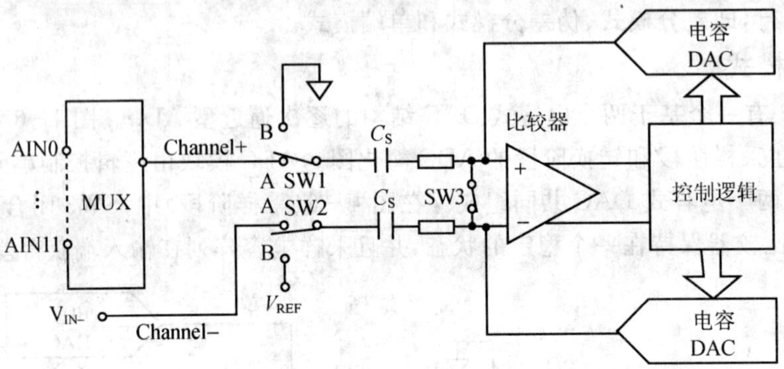

图 4-8　ADC 工作在伪差分模式

3. 单端模式

在单端模式下，SW2 一直在内部接地。V_{IN-} 引脚悬空。V_{IN+} 引脚输入信号范围为 0 V～V_{REF}，如图 4-9 所示。

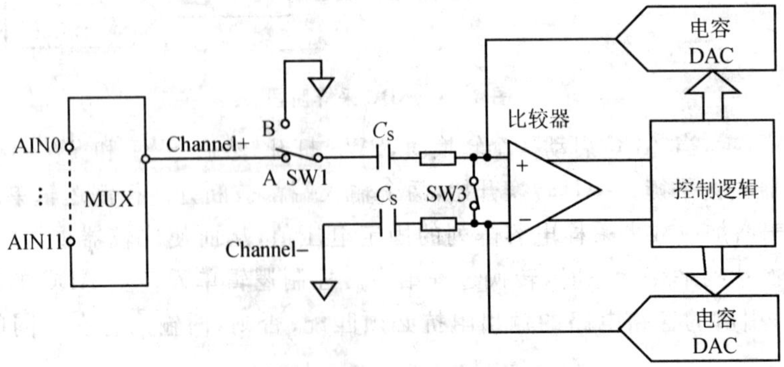

图 4-9　ADC 工作在单端模式

4.3.2　模拟输入电路结构

图 4－10 是 ADC 模拟输入结构的等效电路。4 个二极管给模拟输入提供了电压钳位保护(ESD)——“静电放电保护”。一定要注意确保模拟输入信号不能超过“钳位电压”300 mV；否则会使这些二极管正向偏置，开始进入深度导通状态。在不引起不可恢复损坏的情况下，这些二极管可流过高达 10 mA 的电流。

在图 4－10 中，电容 C1 一般为 4 pF，可归类于引脚电容。电阻为集中等效电阻，由开关的本身电阻组成。这些电阻的值一般为 100 Ω。电容 C2 是 ADC 采样电容，一般容量为 16 pF。

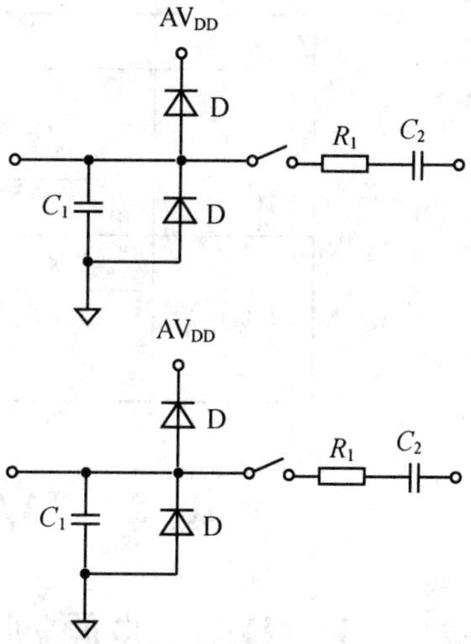

(转换阶段，开关打开；跟踪阶段，开关闭合)

图 4－10　等效模拟输入电路

对于 AC(交流或模拟控制器)应用系统，在相关模拟输入引脚推荐使用 RC 低通滤波器，用以滤除模拟输入信号的高频谐波。在一些对谐波失真和信噪比要求苛刻的应用中，模拟输入应由低阻抗电源驱动。高电源阻抗对 ADC 的 AC 性能影响很大，因此有必要使用一个输入缓冲放大器。运算放大器的选择就是一种特殊的应用。图 4－11 和图 4－12 给出了一个 ADC 前端应用的例子。

当不采用放大器驱动模拟输入时，电源阻抗值应限制到小于 1 kΩ。最大的源阻抗值决定于可允许的所有谐波失真(THD)的值。THD 随着电源阻抗的增加而增加，并且性能下降。

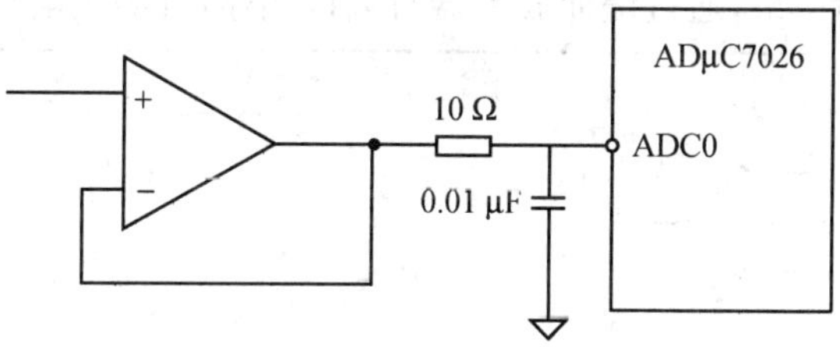

图 4－11　带有缓冲器的单端/伪差分输入

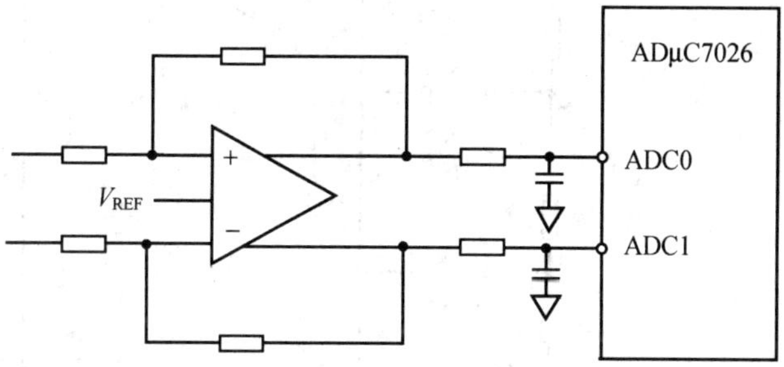

图 4－12　带缓冲器的差分输入

4.3.3 模拟输入驱动

ADC 的基准电压可以由内部或外部的参考电压提供。在差分模式下，对共模输入信号 V_{CM}要有一定的限制。共模信号由参考电压值和提供的电压值决定，该值用于保证信号在钳位电压内。表 4-14 给出了一些情况下的 V_{CM}最小值和 V_{CM}最大值。

表 4-14 V_{CM}范围

AV_{DD}/V	V_{REF}/V	V_{CM}最小值/V	V_{CM}最大值/V	峰-峰值/V
3.3	2.5	1.25	2.05	2.5
	2.048	1.024	2.276	2.048
	1.25	0.75	2.55	1.25
3.0	2.5	1.25	1.75	2.5
	2.048	1.024	1.976	2.048
	1.25	0.75	2.25	1.25

4.4 DAC 输出及 PWM 输出

4.4.1 DAC 的原理与应用

ADμC7026 集成了 4 个 12 位电压输出的 DAC，每个 DAC 都有一个可以驱动 5 kΩ/100 pF的缓冲器。它有三个可选择的量程，0 V～V_{REF}（内部带隙 2.5 V 参考电压），0 V～DAC_{REF}和 0 V～AV_{DD}。DAC_{REF}同外部的 DAC 参考电压是等效的，其信号的范围为 0 V～AV_{DD}。它们采用电阻串网络，通过缓冲放大器与端口相连，其等效电路如图 4-13 所示。

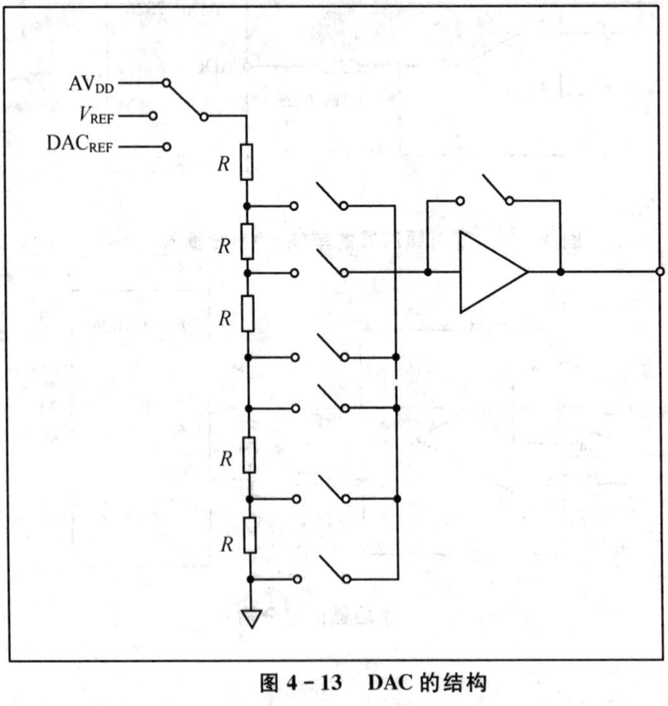

图 4-13 DAC 的结构

如图 4－13 所示，用户可以通过软件编程来选择参考源（AV_{DD}，V_{REF} 或 DAC_{REF}）。DAC 输出缓冲放大器的显著特点是一个输出级器件。也就意味着，空载状态下，输出在 AV_{DD} 和地时波动都低于 5 mV。除了数字量 0～100 和在 0～AV_{DD} 模式中的 3 995～4 095 的代码范围，通过完全传递函数，DAC 的线性度要求可以得到保证。

由于输出放大器的饱和特性，在靠近地和 AV_{DD} 附近线性度降低，其影响如图 4－14（忽略偏移和增益误差），图中的虚线表示理想传递函数，实线表示由于输出放大器的饱和特性，传递函数在端点表现出非线性。图 4－14 只表示 0～AV_{DD} 模式下的传递函数。在 0～V_{REF} 和 0～DAC_{REF} 模式中（$V_{REF} < AV_{DD}$ 或 $DAC_{REF} < AV_{DD}$），底部的非线性是一样的，上面部分的传递函数同理想的传递函数一样，终端没有非线性。

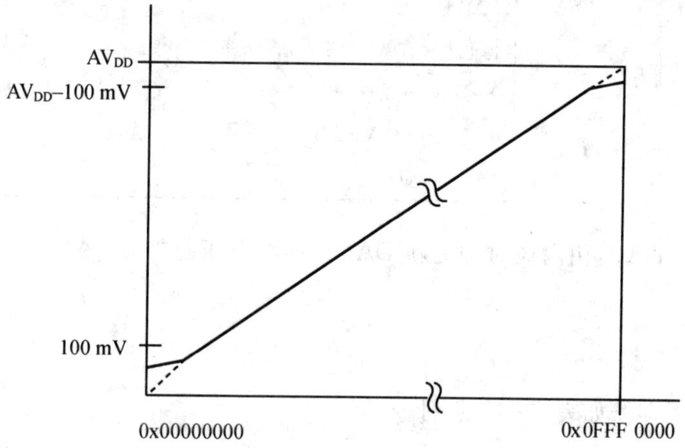

图 4－14　输出放大器的饱和特性产生的非线性

上述讨论是假定负载为接地的 5 kΩ 电阻的情况。当负载较重时，由于输出强制性地接收或者发出更多的电流，图 4－14 所示两端点的非线性区域将变得更大。更大的电流需求，将明显地限制输出电压的漂移。

每个 DAC 都可以通过一个控制寄存器和数据寄存器进行独立的配置。DACxCON 寄存器如表 4－15 所列。这两种寄存器对四个 DAC 来说是一样的，因此，这部分只详细介绍 DAC0CON 和 DAC0DAT。DAC0CON 寄存器位描述如表 4－16 所列。

表 4－15　DACxCON 寄存器

名　称	地　址	默认值	访问方式
DAC0CON	0xFFFF0600	0x00	R/W
DAC1CON	0xFFFF0608	0x00	R/W
DAC20CON	0xFFFF0610	0x00	R/W
DAC30CON	0xFFFF0618	0x00	R/W

表 4-16　DAC0CON 寄存器位描述

位	值	名　称	描　述
6			保留
5		DACCLK	DAC 更新速率,用户置位时使用定时器 1 对 DAC 进行更新。用户清零则使用 HCLK(内核时钟)对 DAC 进行更新
4		DACCLR	DAC 使能位,用户设置此位使能正常的 DAC 操作,清除此位 DAC 数据寄存器将复位为 0
3			保留,此位应设置为 0
2			保留,此位应设置为 0
1～0			DAC 量程位
	0 0		掉电模式,DAC 为三态输出
	0 1		0～DAC_{REF}量程
	1 0		0～V_{REF}(2.5 V)量程
	1 1		0～AV_{DD}量程

例:设置使能 DAC,用内核时钟更新 DAC1,参考电压范围 0～AV_{DD}。

程序如下:

```
DAC1CON = 0x13;
```

DACxDAT 寄存器如表 4-17 所列。

表 4-17　DACxDAT 寄存器

名　称	地　址	默认值	访问方式
DAC0DAT	0xFFFF0604	0x00000000	R/W
DAC1DAT	0xFFFF060C	0x00000000	R/W
DAC20DAT	0xFFFF0614	0x00000000	R/W
DAC30DAT	0xFFFF061C	0x00000000	R/W

DAC0DAT 主存寄存器位描述如表 4-18 所列。

表 4-18　DAC0DAT 主存寄存器位描述

位	描　述
31～28	保留
27～16	DAC0 的 12 位数据
15～0	保留

4.4.2　三相 PWM

ADμC7026 有一个灵活的、可编程的三相脉宽调制(PWM)波形发生器,通过编程可以产生驱动三相电压源逆变器所需的转换模式,用于控制交流电机。它可在六个 PWM 输出引脚

($PWM0_H$、$PWM0_L$、$PWM1_H$、$PWM1_L$、$PWM2_H$、$PWM2_L$)产生三对 PWM 信号，这六路 PWM 输出信号包含三个高电平驱动信号和三个低电平驱动信号。产生的 PWM 模式的转换频率和死区时间可通过 PWMDAT0 和 PWMDAT1 寄存器编程实现。另外，三个占空比控制寄存器(PWMCH0、PWMCH1 和 PWMCH2)直接控制三对 PWM 信号的占空比。六路 PWM 输出信号可以分别由 PWMEN 寄存器中的输出使能位控制使能，而 PWMEN 寄存器中的三个控制位允许各对 PWM 信号中的两个信号交叉使用。在交叉模式下，本应向高电平转换的 PWM 信号会转变为互补的低电平输出，本应向低电平转换的 PWM 信号会转变为互补的高电平输出。

在许多应用中，开启变压器功率设备的门极驱动电路需要加一个隔离屏障。一般有两种常用隔离技术：使用光耦器件的光学隔离和使用脉冲变压器的变压器隔离。PWM 控制器容许将输出的 PWM 信号与高频斩波信号叠加，以便与这种脉冲变换器简单连接。这种门级驱动的斩波模式特性可由 PWMCFG 寄存器控制，PWMCFG 内的一个 8 位值可直接控制斩波频率，高频斩波可独立地由 PWMCFG 寄存器中的控制位使能为高电平或低电平输出。

PWM 发生器可在两种不同的模式(单精度更新模式和双精度更新模式)下运行。在单精度更新模式下，在每个 PWM 周期中，占空比值只能被编程一次，因此得到的 PWM 模型是关于 PWM 周期中点对称的。双精度更新模式下，PWM 占空比值可在 PWM 周期中点处实行第二次更新。双精度更新模式下，可能会产生不对称的 PWM 模型，导致在三相 PWM 变频器中产生低次谐波畸变，这种技术允许闭环控制器快速改变加在电机线圈上的平均电压，这样就可以获得更快速的闭环带宽。PWM 模块的运行模式由 PWMCON 寄存器中的控制位选择。

PWM 模块也可在 PWM_{SYNC} 引脚处提供一个与 PWM 转换频率同步的内同步脉冲。单精度更新模式中，在每个 PWM 周期开始时产生脉冲；双精度更新模式中，在每个 PWM 周期中点处产生一个附加的脉冲，脉冲宽度可在 PWMDAT2 寄存器中编程实现。PWM 模块也可接受在 PWM_{SYNC} 引脚处的外同步脉冲。在 PWMCON 寄存器中选择内同步或外同步，同步输入定时可与内部外围时钟同步，这也是在 PWMCON 寄存器中选择。如果从芯片引脚获得的外同步脉冲与内部外围时钟不同步(典型情况)，则外部的 PWM_{SYNC} 被认为是不同步的而应该被同步。同步逻辑加上等待时间和抖动时间从外部脉冲到实际 PWM 脉冲输出，PWM_{SYNC} 引脚的脉冲大小必须大于固有时钟周期的二倍。

由 ADμC7026 单片机产生的 PWM 信号可通过一个专门的异步 PWM 关断引脚 PWM_{TRIP} 关断。当引脚为低电平时，PWM_{TRIP} 可立刻使全部的六个 PWM 输出处于中断状态(高电平)。这个硬件关闭器是异步的，所以相关的使 PWM 无效的线路不会通过任何的时钟逻辑，这就使 PWM 即使在内核时钟丢失时也能保证正确关断。用户可在 PWMSTA 寄存器中获得 PWM 系统的状态信息，特别是可以获得 PWM_{TRIP} 引脚的电平信息，以及获得表明运行到 PWM 周期中的前半周期还是后半周期的状态位。

1. PWM 模块的描述

PWM 控制器的一个功能模块框图如图 4-15 所示。

引脚 PWM0H 到 PWM2L 的六个 PWM 信号的输出由以下四个重要模块控制：

① 三相 PWM 定时单元：PWM 控制器的核心，产生三对互补的、带死区时间调节和基于中心的 PWM 信号。

② 输出控制单元：可以使各通道的三相定时输出改变方向，为高电平或低电平输出。另

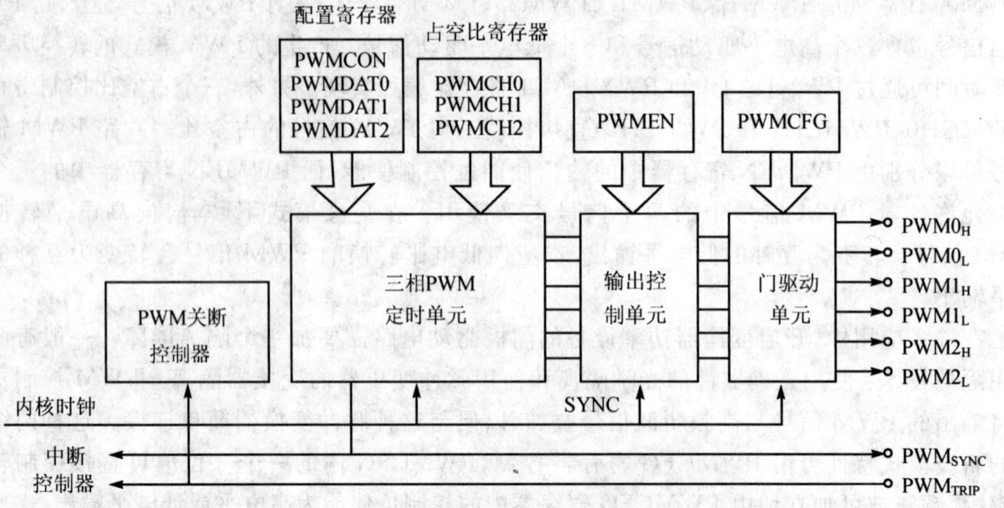

图 4-15　PWM 控制总体框图

外，输出控制单元允许单独使能六个 PWM 输出信号。

③ 门驱动单元：可以产生高频斩波频率，并可与 PWM 信号叠加。

④ PWM 关断控制器：可以通过 PWM_{TRIP}引脚使 PWM 关断，并为定时单元产生正确的复位信号。

PWM 同步脉冲控制单元产生内同步脉冲，同时也控制外部 PWM_{SYNC}引脚是否使用。PWM 控制器由 ADμC7026 单片机的固有时钟频率驱动及产生两个彻底的 ARM 中断，一个中断在 PWM_{SYNC}脉冲发生时产生，另一个中断在任何一个 PWM 关断作用发生时产生。

2. 三相定时单元

(1) PWM 转换频率(PWMDAT0)

PWM 转换频率由 PWM 周期寄存器 PWMDAT0 控制，PWM 控制器基本定时单元是

$$t_{CORE}=1/f_{CORE}$$

式中，f_{CORE}是微变频器的固有频率。

因此，对于一个 41.78 MHz 的 f_{CORE}，基本时间增量是 24 ns，写入 PWMDAT0 寄存器的值是在 1/2 个 PWM 周期中的 f_{CORE}时钟增量的有效个数，PWMDAT0 待定值是预期 PWM 开关频率(f_{PWM})的一个函数，由下式给出

$$\text{PWMDAT0}=\frac{f_{CORE}}{2\times f_{PWM}}$$

因此，PWM 开关周期 T_S 可写成

$$T_S=2\times \text{PWMDAT0}\times t_{CORE}$$

写入 16 位 PWMDAT0 的最大值是 0xFFFF=65 535，与最小 PWM 开关频率相符，最小开关频率(单位 Hz)为

$$f_{PWM(min)}=\frac{41.78\times 10^6}{2\times 65\ 535}=318.75$$

注意：PWMDAT0 的 0 和 1 值没有定义，不能使用。

(2) PWM 切换死区时间(PWMDAT1)

PWM 模块初始配置时的第二个必须设置的重要参数就是切换死区时间。死区时间是在关断一个 PWM 信号(如 0H)并开启相反信号(0L)时引入的短暂延迟时间。引入这个短暂时间延迟的目的在于,允许电源开关在相反切换开启前,由关闭(此为 0H)到完全恢复其阻断能力。这个时间延迟可避免在电压源变频器中,由直流连接电容交叉引起的潜在的短路破坏情形。

死区时间由 10 位可读写 PWMDAT1 寄存器控制,只有一个死区时间寄存器控制死区时间进入到各对 PWM 输出信号。死区时间 T_D 与 PWMDAT1 寄存器的值有如下关系:

$$T_D = \text{PWMDAT1} \times 2 \times t_{CORE}$$

因此,一个 PWMDAT1 的值 0x00A(=10)会在关断任何一种 PWM 信号(如 0H)与开启其互补信号(0L)之间引入一个 426 ns 的延迟时间。因此,死区时间的数量可以以 $2t_{CORE}$ 增量(或者对 41.78 MHz 固有时钟为 49 ns)编程实现。

PWMDAT1 寄存器是一个最大值为 0x3FF(=1 023)的 10 位寄存器,相应的最大的可编程死区时间(单位为 μs)为

$$T_{D(max)} = 1\ 023 \times 2 \times t_{CORE} = 1\ 023 \times 2 \times 24 \times 10^{-9} = 48.97$$

固有时钟为 41.78 MHz。显然,死区时间可通过编程将 PWMDAT1 寄存器写入 0 而变为 0。

3. PWM 运行模式

根据前面讨论,ADμC7026 中的 PWM 控制器可运行于单精度更新模式和双精度更新模式。PWM 控制器的运行模式可由 PWMCON 寄存器中的第 2 位的电平决定:如果此位清零,则工作于单精度更新模式;如果此位置位,则工作于双精度更新模式,运行模式默认为单精度更新模式。

在单精度更新模式下,每个 PWM 周期会产生一个 PWM_{SYNC} 脉冲,这个脉冲的上升沿标志着一个新的 PWM 周期的开始,并用来禁止 PWM 配置寄存器(PWMDAT0 和 PWMDAT1)、PWM 占空比寄存器(PWMCH0,PWMCH1 和 PWMCH2)中的新值输入到三相定时单元。另外,在 PWM_{SYNC} 脉冲的上升沿时,也禁止 PWMEN 寄存器值的输入到输出控制单元。这意味着 PWM 信号的特性只能在每个 PWM 周期的循环开始时更新一次,从而得到关于切换周期中点对称的 PWM 模式。

在双精度更新模式下,在每个 PWM 周期中点时,会产生一个附加的 PWM_{SYNC} 脉冲。在这个新的 PWM_{SYNC} 脉冲的上升沿时再次禁止 PWM 配置寄存器、占空比寄存器和 PWMEN 寄存器,结果可能会改变 PWM 的特性(切换频率和死区时间)和每个 PWM 循环中点的输出占空比。然后,可能会产生不再关于周期(PWM 同步模式)中点对称的 PWM 切换模式。在双精度更新模式下,有必要知道在某一时间点是运行到 PWM 循环的前半个周期还是后半个周期,这个信息由 PWMSTA 寄存器的位 0 给出,此位在 PWM 周期的前半个周期(在原始 PWM_{SYNC} 脉冲上升沿和在双精度更新模式中引入的新 PWM_{SYNC} 脉冲上升沿之间)时清零,在运行到后半周期时被置位。如果需要,使用者可设置这个状态位,使其在某半个周期中执行 PWM_{SYNC} 中断服务程序。

双精度更新模式的优点是在 PWM 处理中可产生低次谐波电压,并可获得快速带宽控制。然而,对于一个给定的 PWM 切换频率,PWM_{SYNC} 脉冲将以两倍速度产生。因为占空比值必须在每个 PWM_{SYNC} 中断服务程序中计算出,所以在 ARM 核中有很大的计算负担。

4. PWM 占空比

从引脚 $PWM0_H$ 到 $PWM2_L$ 这六路 PWM 输出信号的占空比由三个 16 位可读写的占空比寄存器 PWMCON0，PWMCON1 和 PWMCON2 控制。占空比寄存器可编程为基本时间单元 t_{CORE} 的整数倍。规定三相定时单元产生的 PWM 高电平信号理想的开通时间要超过半个 PWM 周期，由三相定时单元产生的切换信号也要调节到与给 PWMDAT1 寄存器编程得到的死区时间的值相匹配。三相定时单元产生低电平有效的信号，这样相应的低电平命令可以启动相应的功率器件。

图 4－16 是在单精度更新模式下，来自定时单元的一对典型 PWM 输出（此时为 0H 和 0L），所有描绘出的时间值表明了相关寄存器中的整数值，而且可通过与基本时间增量 t_{CORE} 相乘来改变。注意在这种模式下的切换形式是关于切换周期中点精确对称的，因为在 PWMCH0，PWMCH1 和 PWMCH2 中的相同值用来定义在周期的两个半周内的信号。

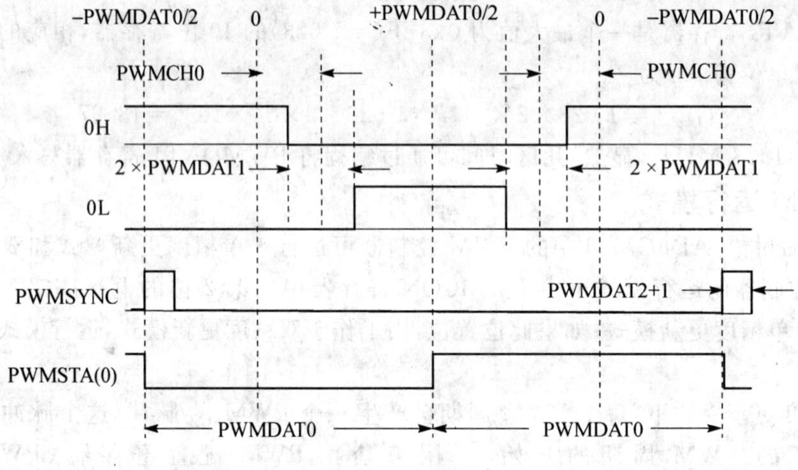

图 4－16　单精度更新模式下三相定时单元的典型 PWM 输出

图 4－16 表明了如何编程使占空比调节到与最终输出的 PWM 信号对的期望死区时间相匹配。当然，死区时间可通过改变两对 PWM 信号（0H 和 0L）的切换时刻，使其不同于 PWMCH0 寄存器的设置时刻来匹配。两个切换沿等量（PWMDAT1×t_{CORE}）变换以使其保持对称输出模式。该图也显示了 PWM_{SYNC} 脉冲和表明系统运行到 PWM 周期的前半周还是后半周的 PWMSTA 寄存器的第 0 位。定时单元产生的整个 PWM 周期（包括两个半周期）的实时 PWM 信号由下面给出：

高电平时

$$T_{0HH}=\text{PWMDAT0}+2(\text{PWMCH0}-\text{PWMDAT1})\times t_{CORE}$$

$$T_{0HL}=\text{PWMDAT0}-2(\text{PWMCH0}-\text{PWMDAT1})\times t_{CORE}$$

相应的占空比(d)

$$d_{0H}=\frac{T_{0HH}}{T_S}=\frac{1}{2}+\frac{\text{PWMCH0}-\text{PWMDAT1}}{\text{PWMDAT0}}$$

低电平时

$$T_{0LH}=\text{PWMDAT0}-2(\text{PWMCH0}+\text{PWMDAT1})\times t_{CORE}$$

$$T_{0LL}=\text{PWMDAT0}+2(\text{PWMCH0}+\text{PWMDAT1})\times t_{CORE}$$

相应的占空比(d)

$$d_{\mathrm{OL}}=\frac{T_{0\mathrm{LH}}}{T_{\mathrm{S}}}=\frac{1}{2}-\frac{\mathrm{PWMCH0}+\mathrm{PWMDAT1}}{\mathrm{PWMDAT0}}$$

最小允许的 $T_{0\mathrm{H}}$ 和 $T_{0\mathrm{L}}$ 值是 0,对应的是 0%的占空比。同样,其最大值是 T_{S},对应于 100%的占空比。

图 4-17 是在双精度更新模式下运行的定时单元的输出信号。图中描绘出了在 PWM 周期的第二个半周内切换频率、死区时间和占空比都改变的一种普遍情况。当然,任何一种或所有这些特性的相同值都可用于 PWM 周期的两个半周内,然而,这不能保证在双精度更新模式下定时单元能够产生对称 PWM 信号。图 4-17 也以同单精度更新模式下相同的方式表明了将死区时间加入 PWM 信号。

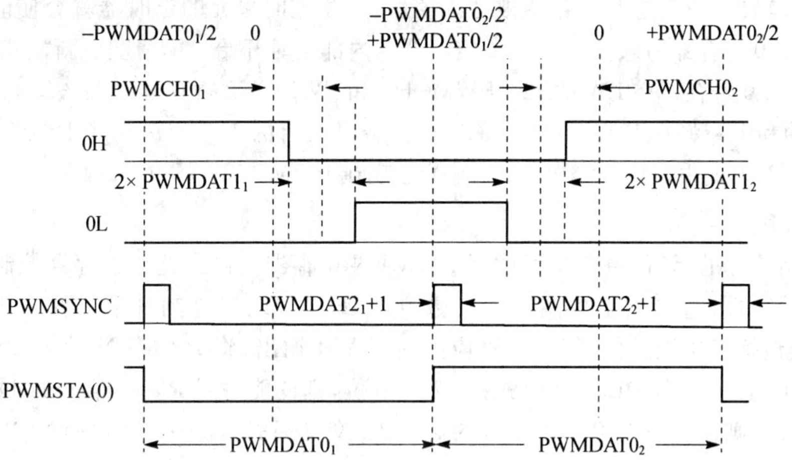

图 4-17　双精度更新模式下三相定时单元的典型 PWM 输出

一般双精度更新模式下的实时 PWM 信号可定义如下:

高电平时

$$T_{0\mathrm{HH}}=(\mathrm{PWMDAT0}_1/2+\mathrm{PWMDAT0}_2/2+\mathrm{PWMCH0}_1+\mathrm{PWMCH0}_2-\mathrm{PWMDAT1}_1-\mathrm{PWMDAT1}_2)\times t_{\mathrm{CORE}}$$

$$T_{0\mathrm{HL}}=(\mathrm{PWMDAT0}_1/2+\mathrm{PWMDAT0}_2/2-\mathrm{PWMCH0}_1-\mathrm{PWMCH0}_2+\mathrm{PWMDAT1}_1+\mathrm{PWMDAT1}_2)\times t_{\mathrm{CORE}}$$

其中第 1 个表达式是指前半个周期的寄存器值,第 2 个表达式是指后半个周期的寄存器值。相应的占空比(d)为

$$d_{0\mathrm{H}}=T_{0\mathrm{HH}}/T_{\mathrm{S}}=(\mathrm{PWMDAT0}_1/2+\mathrm{PWMDAT0}_2/2+\mathrm{PWMCH0}_1+\mathrm{PWMCH0}_2-\mathrm{PWMDAT1}_1-\mathrm{PWMDAT1}_2)/(\mathrm{PWMDAT0}_1+\mathrm{PWMDAT0}_2)$$

低电平时

$$T_{0\mathrm{LH}}=(\mathrm{PWMDAT0}_1/2+\mathrm{PWMDAT0}_2/2+\mathrm{PWMCH0}_1+\mathrm{PWMCH0}_2+\mathrm{PWMDAT1}_1+\mathrm{PWMDAT1}_2)\times t_{\mathrm{CORE}}$$

$$\mathrm{T}_{0\mathrm{LL}}=(\mathrm{PWMDAT0}_1/2+\mathrm{PWMDAT0}_2/2-\mathrm{PWMCH0}_1-\mathrm{PWMCH0}_2-\mathrm{PWMDAT1}_1-\mathrm{PWMDAT1}_2)\times t_{\mathrm{CORE}}$$

其中第 1 个表达式是指前半个周期的寄存器值，第 2 表达式是指第二个半周期的寄存器值。相应的占空比(d)为

$$d_{0L}=T_{0LH}/T_S=(PWMDAT0_1/2+PWMDAT0_2/2+PWMCH0_1+PWMCH0_2+PWMDAT1_1+PWMDAT1_2)/(PWMDAT0_1+PWMDAT0_2)$$

双精度更新模式的一般情况(如图 4-17 所示)，切换周期如下

$$T_S=(PWMDAT0_1+PWMDAT0_2)\times t_{CORE}$$

T_{0H}和 T_{0L}的值在 0 和 T_S之间。

类似于图 4-16 和图 4-17 中绘出的 PWM 信号，可通过对 PWMCH1 和 PWMCH2 寄存器编程产生 1H、1L、2H 和 2L 输出，编程方式与 PWMCH0 的描述相同。只有在 PWMDAT0、PWMCH0、PWMCH1 和 PWMCH2 寄存器都至少被写入一次值后，PWM 控制器才会产生 PWM 输出，一旦这些寄存器被写入值后，三相定时单元的定时器就会使能。

PWMDAT0 寄存器写入值后，PWM 定时器的内部定时开始。单精度更新模式中，如果初始化时，PWMDAT0 寄存器在 PWMCH0、PWMCH1 和 PWMCH2 寄存器之前被写入值，则第一个 PWM_{SYNC}脉冲和中断将在 PWMDAT0 寄存器初始写入后的 $1.5\times t_{CORE}\times$ PWMDAT0 时刻出现。双精度更新模式中，第一个 PWM_{SYNC}脉冲出现在 PWMDAT0 $\times$ t_{CORE}时刻。

5. 输出控制单元

输出控制单元的运行，由 9 位可读写 PWMEN 寄存器控制。这个寄存器控制输出控制单元的两种不同特性，直接用于控制电子计数方法(ECM)或二进制计数方法(DECM)。PWMEN 寄存器包括三个交叉位，每个位对应一对 PWM 输出，将 PWMEN 的第 8 位置位，则使能每对 PWM 信号的 0H/0L 交叉模式；第 7 位置位，则使能每对 PWM 信号的 1H/1L 交叉模式；第 6 位置位，则使能每对 PWM 信号的 2H/2L 交叉模式。如果任何一对 PWM 信号的交叉模式使能，则定时单元的高电平 PWM 信号(如 0H)转变为相应的输出控制单元低电平并输出，所以信号最终出现在 $PWM0_L$引脚。当然，相应的定时单元的低电平输出，也会转变为互补的输出控制单元高电平输出，所以信号最终出现在 $PWM0_H$引脚。如果复位，则三个交叉位清零且三对 PWM 信号的交叉模式无效。PWMEN 寄存器也包括用来分别使能或禁止 PWM 输出的 6 个位(第 0～5 位)。如果 PWMEN 寄存器的相关位被置位，则不论对应的占空比寄存器为何值，相应的 PWM 输出都被禁止。只要相应 PWMEN 寄存器相应使能位被置位，则这个 PWM 信号保持悬空状态。这个输出使能功能将在交叉功能执行后执行。

复位后，PWMWN 寄存器的所有六个使能位都清零，且默认 PWM 输出使能。与占空比寄存器方式相同，PWMEN 在 PWM_{SYNC}信号的上升沿时禁止。因此，在单精度更新模式中，这些寄存器的变化只有在每个 PWM 周期起始时有效，在双精度更新模式中，PWM 寄存器在每个 PWM 周期中点处也可更新。

在 ECM 控制下，任何时刻只有两个转换分支变化。而且，一般在一个分支上的低电平驱动时，在另一个分支上的高电平装置的必须同时打开。因此，通过对两个 PWM 通道的占空比值编程为相等(如 PWMCH0=PWMCH1)，并将 PWMEN 寄存器第 7 位设为 1H/1LPWM 信号对交叉方式，则可同时开启 A 相高电平切换和 B 相低电平切换。在 ECM 控制中，一般使第三个转换分支(此例中为 C 相)在数个 PWM 周期内禁止。这个功能在将 PWMEN 寄存器的第 0 位和第 1 位置位使 2H 和 2LPWM 输出禁止之后执行。

这种情况在图 4-18 中给出，图中可看出 0H 和 1L 信号相同(因为 PWMCH0=

PWMCH1),而且B相交叉位置位。另外,置位PWMEN寄存器相应使能位,使其他四个信号(0L、1H、2H和2L)无效。在图4-18中,PWMEN寄存器的相应值为0x00A7。在正常的ECM运行时,各个转换分支在某段周期时间内无效,则基于电机轴的位置,PWMEN寄存器的值改变(电机变换)。

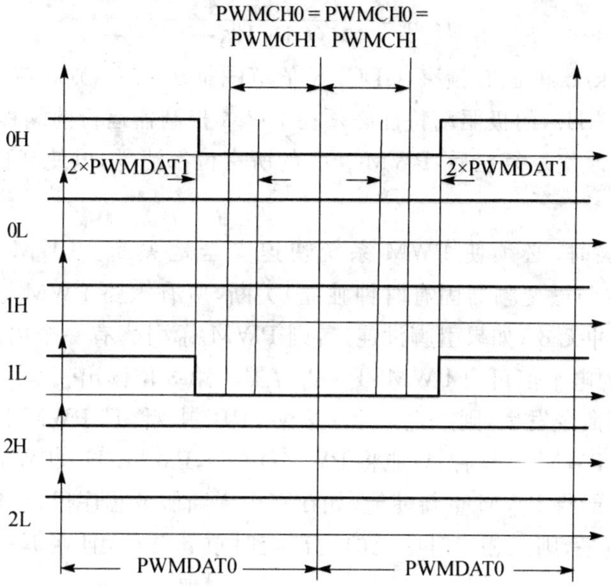

图4-18 单精度更新模式下适用于ECM控制的有效LO PWM信号

6. 门驱动单元

PWM控制器的门驱动单元简化了PWM逆变器的绝缘栅极驱动电路的设计。如果使用一个变压器耦合功率放大器,则有效PWM信号必须为高频斩波。用10位可读写的PWMSFG寄存器编程出这个高频斩波模式,斩波后的PWM信号可用于单独的高电平驱动:单独的低电平驱动或者高低电平切换。因此,这种模式下,对于高电平或低电平切换的独立控制,在PWMSFG寄存器中的两个分别的控制位。

典型的高、低电平信号都使能的高频PWM斩波输出信号如图4-19所示。将PWMCFG寄存器的第8位置位,则使能高电平PWM输出(0H,1H和2H)斩波;将PWMCFG寄存器的

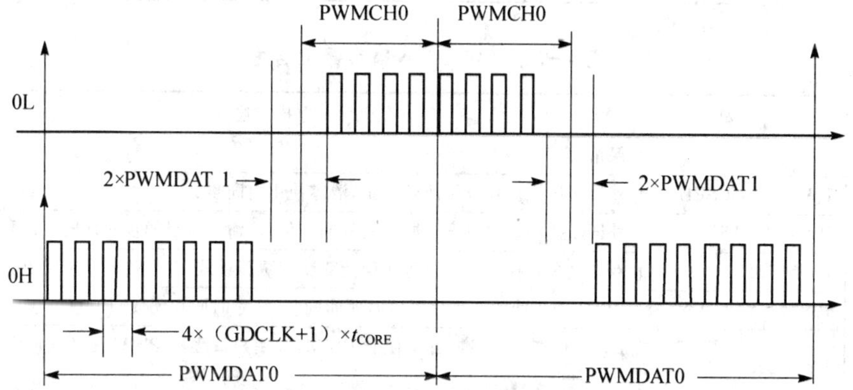

图4-19 高、低电平同时使能的典型高频门极斩波PWM信号

第 9 位置位，则使能低电平 PWM 输出（0L，1L 和 2L）斩波。高频斩波由位于 PWMCFG 寄存器的第 0～7 位的一个 8 位字（GDCLK）控制。这个高频载波信号的周期为

$$T_{CHOP}=[4\times(GDCLK+1)]\times t_{CORE}$$

因此，高斩波频率是微变频器固有频率的一部分

$$f_{CHOP}=\frac{f_{CORE}}{4\times(GDCLK+1)}$$

对于一个 41.78 kHz 的固有频率，GDCLK 值范围是 0～255，则相应的可编程的斩波频率是 40.8 kHz～10.44 kHz，门极驱动特性必须在 PWM 控制器运行前编程，而且在 PWM 控制器运行期间一般不会改变。复位后，PWMCFG 的所有位都清零，以使高频斩波默认为无效。

7. PWM 关断

在发生外部错误时，必须使 PWM 系统快速安全地关断。PWM_{TRIP} 引脚低电平可使 PWM 系统瞬时异步（与微变频器固有时钟独立）关断，所有六路 PWM 输出为悬空状态即高电平，且 PWM_{SYNC} 脉冲无效；如果引脚没连接，则 PWM_{TRIP} 引脚有一个内部下拉电阻使 PWM 无效，PWM_{TRIP} 引脚的电平值可由 PWMSTA 寄存器的第 3 位读出。

如果 PWM 关断命令发生，则产生一个 PWMTRIP 中断，且 PWM 控制器的三相定时单元的内部时钟停止。PWM 关断后，只能将 PWMDAT0，PWMCH0，PWMCH1，和 PWMCH2 寄存器都写入值后才能将 PWM 重新使能（如在一个中断服务程序里）。如果外部错误被清除且 PWM_{TRIP} 回到高电平，则三相定时单元的内部定时重新开始，且在下一个 PWM_{SYNC} 界限内锁存新的占空比值。

注意： PWM_{TRIP} 中断只能在 IRQ 中获得，PWM_{SYNC} 中断只能在 FIQ 中获得。这两个中断共享中断控制器中的相同位，因此这两个中断一次只能同时用一个。更多细节详见中断系统部分。

8. PWM 寄存器

PWM 模块通过本部分中描述的寄存器控制。

(1) PWMCON 寄存器

PWMCON 寄存器如表 4-19 所列。PWMCON 寄存器位描述如表 4-20 所列。

表 4-19　PWMCON 寄存器

名　称	地　址	默认值	访问方式
PWMCON	0xFFFFFC00	0x0000	R/W

表 4-20　PWMCON 寄存器位描述

位	名　称	描　述
7～5		保留
4	PWM_SYNCSEL	外同步选择。置位使用外同步，清零使用内同步
3	PWM_EXTSYNC	外同步选择。置位选择同步的外同步信号，清零选择异步的外同步信号
2	PWMDBL	双精度更新模式。用户置 1 使能双精度更新模式，置零使能单精度更新模式
1	PWM_SYNC_EN	PWM 同步使能。用户置位时使能同步，清零时同步无效
0	PWMEN	PWM 使能位。用户置 1 使能 PWM，被用户清零则 PWM 无效。PWMTRIP 时自动清零

(2) PWMSTA 寄存器

PWMSTA 寄存器如表 4-21 所列。

表 4-21 PWMSTA 寄存器

名 称	地 址	默认值	访问方式
PWMSTA	0xFFFFFC04	0x0000	R/W

PWMSTA 反应了 PWM 的状态。PWMSTA 寄存器位描述如表 4-22 所列。

表 4-22 PWMSTA 寄存器位描述

位	名 称	描 述
15~10		保留
9	PWMSYNCINT	PWM 同步中断位
8	PWMTRIPINT	PWM 延迟中断位
3	PWMTRIP	PWM_{TRIP}引脚的原始信号
2~1	PWMPHASE	保留
0		PWM 相位。定时器减计数时由微变频器置 1(第 1 半),定时器加计数时由微变频器置 0(第 2 半)

(3) PWMCFG 寄存器

PWMCFG 寄存器如表 4-23 所列。

表 4-23 PWMCFG 寄存器

名 称	地 址	默认值	访问方式
PWMCFG	0xFFFFFC10	0x0000	R/W

PWMCFG 是门极斩波寄存器。寄存器位描述如表 4-24 所列。

表 4-24 PWMCFG 寄存器位描述

位	名 称	描 述
15~10		保留
9	CHOPLO	低电平门极斩波使能位
8	CHOPHI	高电平门极斩波使能位
7~0	GDCLK	PWM 门极斩波周期(无符号)

(4) PWMEN 寄存器

PWMEN 寄存器如表 4-25 所列。

表 4-25 PWMEN 寄存器

名 称	地 址	默认值	访问方式
PWMEN	0xFFFFFC20	0x0000	R/W

PWMEN 使能通道输出和交叉。各位说明如表 4-26 所列。

表 4-26 PWMEN 寄存器位描述

位	名 称	描 述
8	0H0L_XOVR	通道 0 输出交叉使能位。用户置 1 使能通道 0 输出交叉,用户清零则通道 0 输出交叉无效
7	1H1L_XOVR	通道 1 输出交叉使能位。用户置 1 使能通道 1 输出交叉,用户清零则通道 1 输出交叉无效
6	2H2L_XOVR	通道 2 输出交叉使能位。用户置 1 使能通道 2 输出交叉,用户清零则通道 2 输出交叉无效
5	0L_EN	0L 输出使能位。用户置 1 则 PWM 的 0L 输出无效,用户清零则使能 PMW 的 0L 输出
4	0H_EN	0H 输出使能位。用户置 1 则 PWM 的 0H 输出无效,用户清零则使能 PMW 的 0H 输出
3	1L_EN	1L 输出使能位。用户置 1 则 PWM 的 1L 输出无效,用户清零则使能 PMW 的 1L 输出
2	1H_EN	1H 输出使能位。用户置 1 则 PWM 的 1H 输出无效,用户清零则使能 PMW 的 1H 输出
1	2L_EN	2L 输出使能位。用户置 1 则 PWM 的 2L 输出无效,用户清零则使能 PMW 的 2L 输出
0	2H_EN	2H 输出使能位。用户置 1 则 PWM 的 2H 输出无效,用户清零则使能 PMW 的 2H 输出

(5) PWMDAT0 寄存器

PWMDAT0 寄存器如表 4-27 所列。

表 4-27 PWMDAT0 寄存器

名 称	地 址	默认值	访问方式
PWMDAT0	0xFFFFFC08	0x0000	R/W

PWMDAT0 是一个控制切换周期的 16 位无符号寄存器。

(6) PWMDAT1 寄存器

PWMDAT1 寄存器如表 4-28 所列。

表 4-28 PWMDAT1 寄存器

名 称	地 址	默认值	访问方式
PWMDAT1	0xFFFFFC0C	0x0000	R/W

PWMDAT1 是一个控制死区时间的 10 位无符号寄存器。

(7) PWMCHx 寄存器

PWMCHx 寄存器如表 4-29 所列。

表 4－29　PWMCHx 寄存器

名　称	地　址	默认值	访问方式
PWMCH0	0xFFFFFC14	0x0000	R/W
PWMCH1	0xFFFFFC18	0x0000	R/W
PWMCH2	0xFFFFFC1C	0x0000	R/W

PWMCH0、PWMCH1 和 PWMCH2 是三相通道占空比。

(8) PWMDAT2 寄存器

PWMDAT2 寄存器如表 4－30 所列。

表 4－30　PWMDAT2 寄存器

名　称	地　址	默认值	访问方式
PWMDAT2	0xFFFFFC24	0x0000	R/W

PWMDAT2 是一个控制 PWM 同步脉宽的 10 位无符号寄存器。

4.5　应用举例

4.5.1　AD 转换实验

1. 单通道 AD 转换实验

本实验演示单通道 AD 转换的实现。通过调节电位器 R1 的值来改变 ADC0 引脚的输入电压值，对 ADC0 的输入电压进行重复单一的 AD 转换，DAC1 的输出随着电位计的调节而改变，从而控制 LED 的亮灭。实验时开关 S1.3、S1.8 处于关闭状态。电路图如图 4－20 所示。

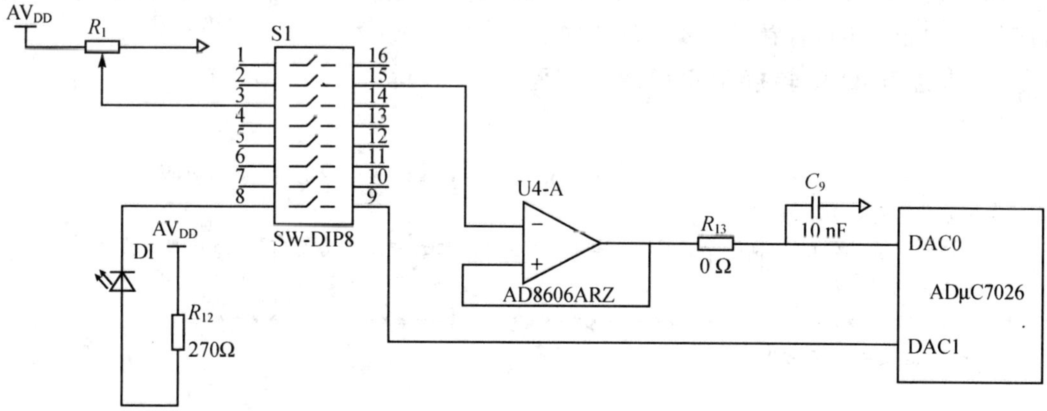

图 4－20　AD 转换实验电路图

单路 AD 转换实验程序如下：

```
/********************************************************
**函数名称：pot.C
```

```
* * 函数功能：单通道 ADC0 转换控制 LED 灯的亮灭 。
* * 调试说明：开关 S1.3、S1.8 处于关闭状态。
*************************************************/
#include<ADuC7026.h>
void ADCpoweron(int);

int main(void)
{  //设置 ADC 和 DAC
   ADCpoweron(20000);                //设置 ADC 上电
   ADCCP = 0x00;                     //设置 ADC0 转换
   DAC1CON = 0x13;                   //设置参考电压范围为 AGND～AVDD
   REFCON = 0x01;                    //内部 2.5 V 参考电压

while (1)
   {
     ADCCON = 0x6A3;                 //软件启动转换,单端模式,转换启动使能
     while (! ADCSTA){}              //等待转换结束
     DAC1DAT = ADCDAT;               //将 ADC0 的结果送到 DAC1
   }
}
void ADCpoweron(int time)
{
     ADCCON = 0x620;                 //ADC 上电
     while (time >= 0)               //延时,等待 ADC 完全上电
     time--;
}
/*****************************************************/
```

将开发板与 PC 机串口相连,并闭合开关 S1.3、S1.8,打开 Keil μVision3 软件,全速运行程序;调整电位器 R1,将看到二极管 D1 闪烁。

2. 单通道 ADC 转换及串口通信实验

程序如下：

```
/*****************************************************
 * * 函数名称：ADCsing.C
 * * 函数功能：在 ADC0 执行单通道 ADC 转换,并将结果通过波特率为 9 600 bps 的串口发送。
 * * 调试说明：无
*****************************************************/
#include <ADuC7026.h>

void senddata(short);
void ADCpoweron(int);
char hex2ascii(char);

int main (void)  {
    ADCpoweron(20000);                          //ADC 上电
```

```
    ADCCP = 0x00;                              //选择 ADC0 通道
    REFCON = 0x01;                             //连接内部 2.5 V 参考电压到 VREF 引脚

    GP0CON = 0x010100000;                      //在 P0.7 使能 ECLK 输出,P0.5 ADC 忙
    GP4DAT = 0x04040000;                       //设定 P4.2 输出，LED 闪烁

    GP1CON = 0x011;                            //设置 TX ,RX 分别为 P1.0 , P1.1 引脚
    //设置 UART 波特率为 9 600 bps  (CD = 0)
    COMCON0 = 0x80;                            //设置 DLAB
    COMDIV0 = 0x88;
    COMDIV1 = 0x00;
    COMCON0 = 0x07;                            //清除 DLAB
    while(1)
    {
        ADCCON = 0x7E3;          //设置 ADC 时钟频率为 fADC/2,采样时间为 16 个时钟,ADC 速率为
                                 //1 MSPS,工作在伪差分模式,软件启动转换。
        while (! ADCSTA){}                     //等待 ADC 一次转换结束
        senddata (ADCDAT >> 16);               //发送数据
        GP4DAT ^= 0x00040000;                  //补充 P4.2 引脚
    }
}
/**************发送数据子程序**************/
void senddata(short to_send)
{
    while(! (0x020 == (COMSTA0 & 0x020))){}
        COMTX = 0x0A;                                  //输出 LF
    while(! (0x020 == (COMSTA0 & 0x020))){}
        COMTX = 0x0D;                                  //输出 CR
    while(! (0x020 == (COMSTA0 & 0x020))){}            //发送 ADC0(12 位)转换结果
        COMTX = hex2ascii ((to_send >> 8) & 0x0F);     //发送低 4 位
    while(! (0x020 == (COMSTA0 & 0x020))){}
        COMTX = hex2ascii ((to_send >> 4) & 0x0F);     //发送中间 4 位
    while(! (0x020 == (COMSTA0 & 0x020))){}
        COMTX = hex2ascii (to_send & 0x0F);            //发送高 4 位
}
/*************将十六进制 ADC 转换结果换算为 ASCII 输出********/
char hex2ascii(char toconv)
{
    if (toconv<0x0A)
    {
        toconv += 0x30;
    }
    else
    {
        toconv += 0x37;
```

```
    }
    return (toconv);
}
/*****************ADC 上电子程序****************/
void ADCpoweron(int time)
{
    ADCCON = 0x20;                               //ADC 上电
    while (time >= 0)                            //延时,等待 ADC 完全上电
    time--;
}
/*******************************************************/
```

将开发板与 PC 机串口相连,打开 Keil μVision3 软件,全速运行程序,将看到 P4.2 口连接的 LED 闪烁。打开串口调试助手,选择相应的串口 COM1 或 COM2,设置波特率为 9 600 bps、偶校验、2 位停止位,运行程序可观察到 ADC0 转换结果。实验结果如图 4-21 所示。

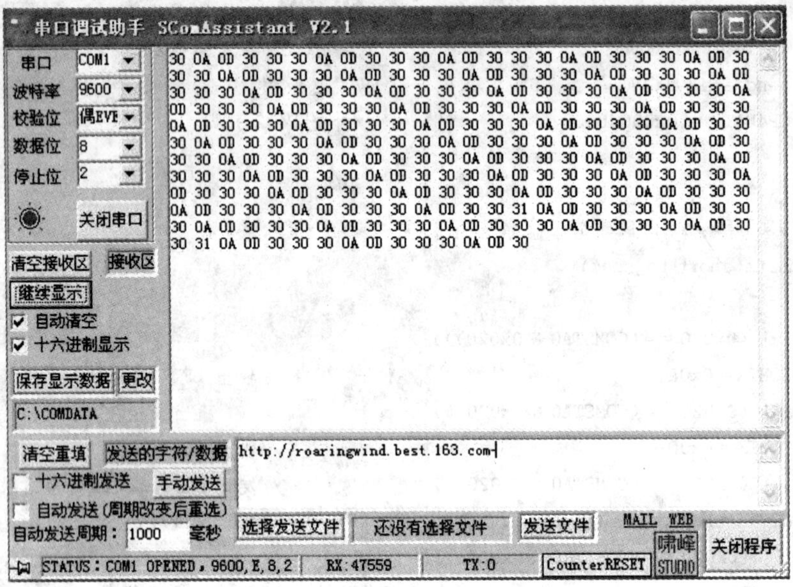

图 4-21 单通道 ADC0 转换结果

3. ADC 连续转换及串口通信

程序如下:

```
/*************************************************************
* * 函数名称: ADCcont.C
* * 函数功能: 设置 ADC0 连续转换 1 024 次,并将结果缓存在 SRAM 中。转换结束后,将这 1 024 次转换
            结果通过波特率为 9 600 bps 的串口发送。
* * 调试说明: 无
*************************************************************/
#include <ADuC7026.h>
void senddata(short);
void ADCpoweron(int);
```

```
char hex2ascii(char);

int main (void)  {
    unsigned short ADCDATA[32];
    int i;
    ADCpoweron(20000);                        //ADC 上电
    ADCCP = 0x00;                             //选择 ADC 通道 0
    REFCON = 0x01;                            //内部 2.5 V 参考电压
    GP0CON = 0x100000;                        //使能 P0.5 引脚 ADCbusy
    GP4DAT = 0x04000000;                      //设定 P4.2 输出，LED 闪烁
    GP1CON = 0x011;                           //设置 TX ,RX 分别为 P1.0 , P1.1 引脚
  //设置 UART 波特率为 9 600 bps  (CD = 0)
    COMCON0 = 0x80;                           //安置 DLAB
    COMDIV0 = 0x88;
    COMDIV1 = 0x00;
    COMCON0 = 0x07;                           //清除 DLAB
    ADCCON = 0x4E4;                           //设置 ADC 时钟频率为 fADC/2,采样时间为 2 个时钟,
                                              //ADC 速率为 1MSPS,伪差分模式,连续软件转换
    while(1)
    {                                         //开始连续转换
        for (i = 0; i <1024; i++) {
            while (! ADCSTA){}                //等待转换结束
            ADCDATA[i] = (ADCDAT >> 16);
            if (ADCCP == 0) ADCCP = 1;        //转换通道
            else ADCCP = 0;
        }
        GP4DAT ^= 0x00040000;                 //补充 P4.2 引脚,输出数据
        for (i = 0; i <1024; i++) senddata (ADCDATA[i]);
        GP4DAT ^= 0x00040000;                 //补充 P4.2 引脚,输出数据
    }
}
/***********发送数据子程序**************/
void senddata(short to_send)
{
    while(! (0x020 == (COMSTA0 & 0x020))){}
        COMTX = 0x0A;                                 //输出 LF
    while(! (0x020 == (COMSTA0 & 0x020))){}
        COMTX = 0x0D;                                 //输出 CR
    while(! (0x020 == (COMSTA0 & 0x020))){}           //发送 ADC0(12 位)转换结果
        COMTX = hex2ascii ((to_send >> 8) & 0x0F);    //发送低 4 位
    while(! (0x020 == (COMSTA0 & 0x020))){}
        COMTX = hex2ascii ((to_send >> 4) & 0x0F);    //发送中间 4 位
    while(! (0x020 == (COMSTA0 & 0x020))){}
        COMTX = hex2ascii (to_send & 0x0F);           //发送高 4 位
}
```

```
/***********将十六进制 ADC 转换结果换算为 ASCII 输出***********/
char hex2ascii(char toconv)
{
    if (toconv<0x0A)
    {toconv += 0x30;}
    else
    {
        toconv += 0x37;
    }
    return (toconv);
}
/*************ADC上电子程序**************/
void ADCpoweron(int time)
{
    ADCCON = 0x20;                              //ADC 上电
    while (time >= 0)                           //延时,等待 ADC 完全上电
    time--;
}
/******************************************************************/
```

将开发板与 PC 机串口相连,打开 Keil μVision3 软件,全速运行程序,将看到 P4.2 口连接的 LED 闪烁。打开串口调试助手,选择相应的串口 COM1 或 COM2,设置波特率为 9 600 bps、偶校验、2 位停止位,运行程序可观察到 ADC 连续转换的 1 024 次结果。实验结果如图 4-22 所示。

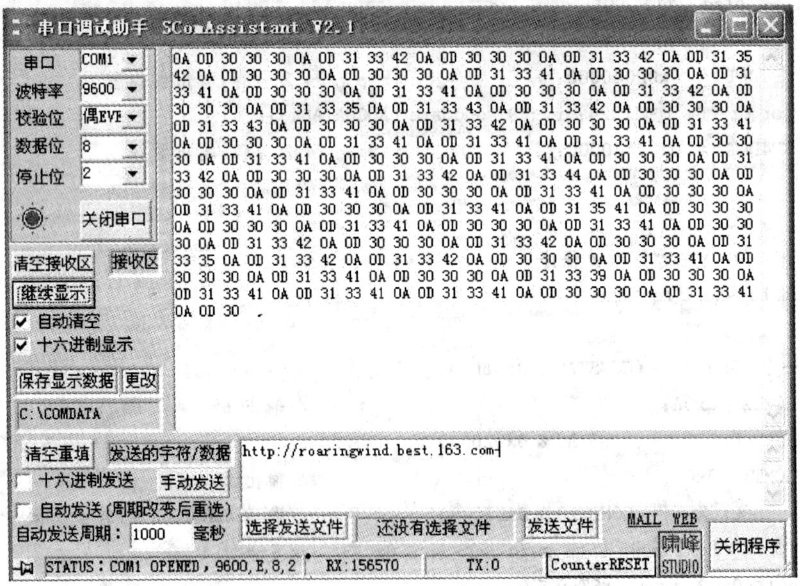

图 4-22 ADC0 连续转换 1024 次的结果

4.5.2 DAC 实验

1. 单通道 DAC 产生连续正弦波信号实验

程序如下：

```
/****************************************************************
* * 函数名称：DACsine.C
* * 函数功能：在引脚 10(DAC1)输出连续正弦波信号，DAC 时钟频率为 45MHz。
* * 调试说明：开关 S1.8 必须处于断开状态
****************************************************************/
#include<ADuC7026.h>
int main (void)
{
    //在 FLASH/EE 中制表
    const static unsigned short TableS[64] = {
    0x07FF,0x08C8,0x098E,0x0A51,0x0B0F,0x0BC4,0x0C71,0x0D12,
    0x0DA7,0x0E2E,0x0EA5,0x0F0D,0x0F63,0x0FA6,0x0FD7,0x0FF5,
    0x0FFF,0x0FF5,0x0FD7,0x0FA6,0x0F63,0x0F0D,0x0EA5,0x0E2E,
    0x0DA7,0x0D12,0x0C71,0x0BC4,0x0B0F,0x0A51,0x098E,0x08C8,
    0x07FF,0x0736,0x0670,0x05AD,0x04EF,0x043A,0x038D,0x02EC,
    0x0257,0x01D0,0x0159,0x00F1,0x009B,0x0058,0x0027,0x0009,
    0x0000,0x0009,0x0027,0x0058,0x009B,0x00F1,0x0159,0x01D0,
    0x0257,0x02EC,0x038D,0x043A,0x04EF,0x05AD,0x0670,0x0736
};                              //一个周期完整正弦波信号表
    int    i = 0;
    DAC1CON = 0x13;             //使能 DAC,内核时钟,参考电压范围 AGND～AVDD
    DAC1DAT = 0x08000000;  //开始测量

    while(1)
  {
      DAC1DAT = (TableS[i] << 16);
      i++;
      i &= 0x03f;               //循环发送上表中的 64 个数据
    }
    return (0);
}
/****************************************************************/
```

将开发板与 PC 机串口相连，打开 Keil μVision3 软件，全速运行程序，通过串行口将产生的.HEX 文件下载到目标板。用示波器的表笔测试 DAC1(引脚 10)的信号输出，测得信号频率 $f=18.6$ kHz，幅值 $U=3.3$ V。示波器显示的波形如图 4－23 所示。

2. 单通道 DAC 产生间歇正弦波信号实验

程序如下：

```
/****************************************************************
```

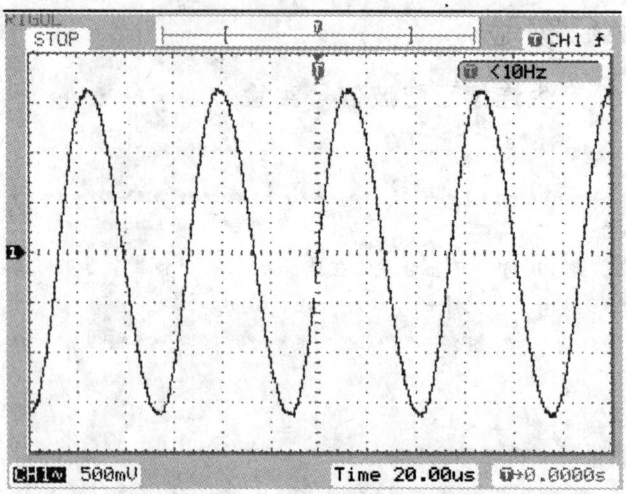

图 4-23　单通道 DAC 产生的连续正弦波信号

```
* * 函数名称：DACsineclk.C
* * 函数功能：利用定时器 1 中断，在引脚 10(DAC1)输出间歇的正弦波。
* * 调试说明：开关 S1.8 处于断开状态。可通过减小 T1Delay 的值来增大频率。
*****************************************************************/
#include<ADuC7026.h>
void IRQ_Handler() __irq;
//在 FLASH/EE 中制表
const static unsigned short TableS[64] = {
    0x07FF,0x08C8,0x098E,0x0A51,0x0B0F,0x0BC4,0x0C71,0x0D12,
    0x0DA7,0x0E2E,0x0EA5,0x0F0D,0x0F63,0x0FA6,0x0FD7,0x0FF5,
    0x0FFF,0x0FF5,0x0FD7,0x0FA6,0x0F63,0x0F0D,0x0EA5,0x0E2E,
    0x0DA7,0x0D12,0x0C71,0x0BC4,0x0B0F,0x0A51,0x098E,0x08C8,
    0x07FF,0x0736,0x0670,0x05AD,0x04EF,0x043A,0x038D,0x02EC,
    0x0257,0x01D0,0x0159,0x00F1,0x009B,0x0058,0x0027,0x0009,
    0x0000,0x0009,0x0027,0x0058,0x009B,0x00F1,0x0159,0x01D0,
    0x0257,0x02EC,0x038D,0x043A,0x04EF,0x05AD,0x0670,0x0736
    };                                  //一个周期完整正弦波信号表

int   i = 0;
int main (void)  {
    unsigned long T1Delay = 0x4000;     //设置定时器 1 初值
    IRQEN = 0x08;                       //设置为定时器 1 中断
    //配置 DAC
    DAC1CON = 0x33;                     //使能 DAC,参考电压范围 AGND～AVDD
    DAC1DAT = 0x08000000;               //从小数值启动
    //配置定时器 1
    T1LD = T1Delay;                     //装载定时器初值
    T1CON = 0xC4;                       //使能 T1,周期模式,时钟源/16
```

```
    while(1)
    {
    }
    return (0);
}
void IRQ_Handler() __irq
{
    DAC1DAT = (TableS[i] << 16);
    i++;
    i &= 0x03f;                          //循环发送上表中的 64 个数据
    T1CLRI = 0x01;                       //清除定时器 1 中断
}
```

由于间歇的正弦波无法用示波器测量得到，因此，采用 Keil μVision3 软件进行模拟仿真调试，结果如图 4-24 所示。可看到定时器 T1 每中断一次，DAC1DAT 寄存器的值按正弦表数据顺序循环随之更新一次。

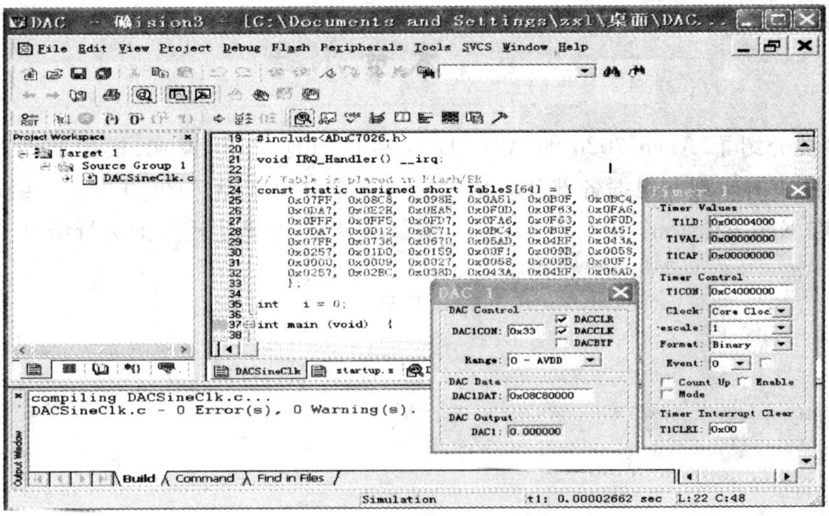

图 4-24 单通道 DAC 产生间歇正弦信号

4.5.3 PWM 实验

程序如下：

```
/*****************************************************************
* * 函数名称：mian()
* * 函数功能：三相 PWM 死区时间，PWMTRIP (P3.6)低停止脉宽调制。
* * 调试说明：无
*****************************************************************/
#include<ADuC7026.h>
int main(void) {

   GP4DAT = 0x04000000;                      //设置 P4.2 输出，LED 亮
```

```
    GP3CON = 0x11111111;                        //使能 PWM 输出到 P3 口

    //设置 PWM
    PWMCON = 0x0001;                            //使能 PWM
    PWMDAT0 = 0x00A0;                           //切换周期
    PWMDAT1 = 0x00;                             //死区时间
    PWMCFG = 0x00;                              //低电平门极斩波使能
    PWMCH0 = 0x00FFE0;                          //通道 0 占空比
    PWMCH1 = 0x0020;                            //通道 1 占空比
    PWMCH2 =  0x0030;                           //通道 2 占空比
    PWMEN = 0x00;                               //使能通道输出和交叉

    GP4DAT ^= 0x00040000;                       //补充 P4.2 引脚,输出数据
    while (1){}
}
/*************************************************************************/
```

4.6 本章小结

本章主要介绍了 ADμC7026 的 A/D、D/A 接口原理、工作模式、模拟驱动电路和三相 PWM 单元模块的原理。根据各部分模块的接口原理,在 ADμC7026 开发板上编写相应的应用实例,并在 Keil μVision3 开发环境中进行编译和调试,给出了程序的运行结果。

第 5 章 串行接口

ADμC7026 共配置了三种串行接口：UART 串行接口、SPI 串行接口和与 I^2C 兼容串行接口。UART 串行接口是全双工的，即可以同时发送和接收数据。UART 串行接口具有接收缓冲功能，从接收寄存器读出前一个接收到的字节之前，可以开始接收下一个字节，但是如果后一个字节接收完成时，前第一个字节仍未读出，那么前一个字节将会丢失。串行网络的物理接口是经过引脚 RxD(P1.0)和 TxD(P1.1)串行通信的。

SPI 是工业标准的同步串行接口，它允许 8 位数据同时同步发送和接收，系统可配置成主(master)或从(slave)操作。ADμC7026 支持二线串行接口模式，它与 I^2C 接口兼容。下面分别介绍 UART 串行接口、SPI 串行接口和与 I^2C 兼容的串行接口的工作原理及其应用。

I^2C 总线是双向两线(SCL——串行时钟、SDA——串行数据线)制同步串行总线，具有竞争检测和仲裁机制，可使多个主机任意同时发送数据而不破坏总线上的数据信息，非常适合在器件之间进行近距离数据通信。

串口复用器将串行口外围设备(如 SPI，UART 及 I^2C 等)与 10 个通用 I/O 引脚组成的可编程逻辑阵列(PLA)多路复用，每一个引脚必须按表 5－1 中的 I/O 功能进行定义。

表 5－1 SPM 引脚定义

引 脚	GPIO (00)	UART (01)	UART/I^2C/SPI (10)	PLA (11)
SPM0	P1.0	SIN	I^2C 0SCL	PLAI[0]
SPM1	P1.1	SOUT	I^2C 0SDA	PLAI[1]
SPM2	P1.2	RTS	I^2C 1SCL	PLAI[2]
SPM3	P1.3	CTS	I^2C 1SDA	PLAI[3]
SPM4	P1.4	RI	SPICLK	PLAI[4]
SPM5	P1.5	DCD	SPIMISO	PLAI[5]
SPM6	P1.6	DSR	SPIMOSI	PLAI[6]
SPM7	P1.7	DTR	SPICSI	PLAO[0]
SPM8	P0.7	ECLK/XCLK	SIN	PLAO[4]
SPM9	P2.0	CONV	SOUT	PLAO[5]

表 5－1 还详细给出了每个引脚作为 SPMUX 引脚的工作模式。这种定义方式必须通过设置 GP0CON、GP1CON 和 GP2CON 寄存器组来完成。默认情况下，这 10 个引脚被定义为通用 I/O 口。

5.1 UART 串口设备

外围设备 UART 是一种全双工、通用的异步收发设备，与 16450 串口标准完全兼容。所谓全双工就是双机之间串行接收数据和串行发送数据同时进行；所谓异步通信，就是通信的接收和发送双方不用同一时钟控制接收数据和发送数据的同步传送速度，要传送的串行数据是以数据帧的格式一帧一帧地发送，通过传输线由接收数据设备一帧一帧地接收。UART 将从外围设备或调制解调器接收到的数据由串行转化为并行，或将从 CPU 接收到的数据由并行转化为串行。UART 包含一个用于产生波特率的小数分频器，也可以工作于网络寻址的模式。UART 功能可从 ADμC7019/7020/7021/7022/7024/7025/7026/7027 的 10 个引脚处得到，如表 5-2 所列。

表 5-2　UART 信号描述

引　脚	UART(01)	描　述
SPM0(Mode1)	SIN	串行方式接收数据端
SPM1(Mode1)	SOUT	串行方式发送数据端
SPM2(Mode1)	RTS	发送请求端
SPM3(Mode1)	CTS	清空缓存区，准备发送
SPM4(Mode1)	RI	空线指示器
SPM5(Mode1)	DCD	传输数据监测
SPM6(Mode1)	DSR	数据设置使能
SPM7(Mode1)	DTR	数据终端准备
SPM8(Mode2)	ECLK/XCLK	串行方式接收数据端
SPM9(Mode2)	CONV	串行方式发送数据端

串口通信采用异步通信协议，该协议支持多种数据长度、停止位，并且可以在配置寄存器中选择奇偶发生选项。

5.1.1 波特率的产生

串行口每秒钟发送(或接收)的数据位数称为波特率。设发送一位所需要的时间为 T，则波特率为 $1/T$。

UART 波特率的设定方式有如下两种。

1. 标准 450UART 波特率发生器

这种波特率是使用 COMDIV0 和 COMDIV1 寄存器中的值对内核时钟进行分频而得到的(16 位值，数据长度为 DL)。即波特率 v_B 为

$$v_B = \frac{41.78\ \text{MHz}}{2^{CD} \times 16 \times 2 \times \text{DL}}$$

表 5-3 给出了一些常用波特率的值。

表 5-3 标准波特率发生器产生的波特率列表

v_B	CD	DL(数据长度)	真实波特率	错误率/(%)
9 600	0	88H	9 600	0
19 200	0	44H	19 200	0
115 200	0	0BH	118 691	3
9 600	3	11H	9 600	0
19 200	3	8H	20 400	6.25
115 200	3	1H	163 200	41.67

采用标准波特率发生器设定 UART 波特率为 9 600 bps 的程序如下：

```
COMCON0 = 0x080;        //置位 DLAB,可实现对 COMDIV0 和 COMDIV1 的访问
COMDIV0 = 0x088;        //设定 DIV0 和 DIV1 计算 DL
COMDIV1 = 0x000;
COMCON0 = 0x007;        //清除 DLAB
```

2. 使用小数分频器设定波特率

小数分频器与标准波特率发生器配合能产生更大范围、更为精确的波特率。波特率发生选择如图 5-1 所示。

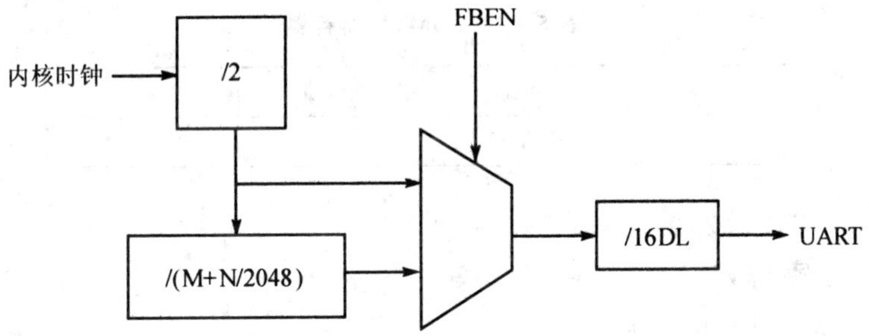

图 5-1 波特率发生选择

使用小数分频器设定波特率的计算公式如下：

$$v_B = \frac{41.78\ \text{MHz}}{2^{CD} \times 16 \times 2 \times DL \times \left(M + \frac{N}{2\,048}\right)}$$

$$M + \frac{N}{2\,048} = \frac{41.78\ \text{MHz}}{v_B \times 2^{CD} \times 16 \times DL \times 2}$$

例如，在 CD 位为 3 的情况下，产生 19 200 的波特率(表 5-3 给出 DL=8h)，

$$M + \frac{N}{2\,048} = \frac{41.78\ \text{MHz}}{19\ 200 \times 2^{CD} \times 16 \times DL \times 2}$$

$$M + \frac{N}{2\,048} = 1.06$$

得出

$$M = 1$$

$$N = 0.06 \times 2\,048 = 128$$

$$v_B = \frac{41.78\ \text{MHz}}{2^3 \times 16 \times 8 \times \frac{128}{2\ 048}}$$

即

$$v_B = 19\ 200\ \text{bps}$$

此时波特率误差率为 0，而在相同情况下，标准波特率发生方式下误差率为 6.25%。

例：采用小数分频器设定 UART 波特率为 115 200 的程序如下：

```
COMCON0 = 0x80;              //设定 DLAB 位
COMDIV0 = 0x01;              //DL = 0x01
COMDIV1 = 0x00;
COMCON0 = 0x07;              //清除 DLAB 位
COMDIV2 = 0x8B55;            //使能小数分频器，设定 M = 0x01，N = 0x355
```

5.1.2 UART 串行接口寄存器

通用异步收发器接口（UART 接口）包含 12 个寄存器：COMTX，COMRX，COMDIV0，COMIEN0，COMDIV1，COMIIDO，COMCON0，COMCON1，COMSTA0，COMSTA1，COMSCR，COMDIV2。下面详细介绍一下各个寄存器的功能和应用。

1. COMTX 寄存器

COMTX 寄存器如表 5-4 所列。

表 5-4 COMTX 寄存器

名 称	地 址	默认值	访问方式
COMTX	0xFFFF0700	0x00	R/W

COMTX 是一个 8 位发送寄存器。

2. COMRX 寄存器

COMRX 寄存器如表 5-5 所列。

表 5-5 COMRX 寄存器

名 称	地 址	默认值	访问方式
COMRX	0xFFFF0700	0x00	R

COMRX 是一个 8 位接收寄存器。

3. COMDIV0 寄存器

COMDIV0 寄存器如表 5-6 所列。

表 5-6 COMDIV0 寄存器

名 称	地 址	默认值	访问方式
COMDIV0	0xFFFF0700	0x00	R/W

COMDIV0 是一个低位除法锁存器。COMTX、COMRX 和 COMDIV0 共用一个访问地址。当寄存器 COMCON0 的第 7 个标志位清除时，可以访问 COMTX 和 COMRX 寄存器。

当寄存器 COMCON0 的第 7 个标志位置位时，可以访问 COMDIV0 寄存器。

4. COMIEN0 寄存器

COMIEN0 寄存器如表 5－7 所列。

表 5－7　COMIEN0 寄存器

名　称	地　址	默认值	访问方式
COMIEN0	0xFFFF0704	0x00	R/W

COMIEN0 是中断使能寄存器，其位描述如表 5－8 所列。

表 5－8　COMIEN0 寄存器位描述

位	名　称	描　述
7～4		保留
3	EDSSI	调制解调器状态下的中断使能端。当 COMSTA1[3:0]中的任一位置"1"时，用户可以将该位置位产生中断。该位需要用户手动清零
2	ELSI	Rx 状态中断标志位。当 COMSTA0[3:0]中的任一位置"1"时，用户可以设置该位产生中断。该位需要用户手动清零
1	ETBEI	发送缓冲区为空时产生中断的使能位。用户将该位置"1"，可在发送过程中缓冲区为空时，产生中断。该位需要用户手动清零
0	ERBFI	接收缓冲区满时产生中断的使能端。用户将该位置"1"，可在接收过程中缓冲区满时，产生中断。该位需要用户手动清零

5. COMDIV1 寄存器

COMDIV1 寄存器如表 5－9 所列。

表 5－9　COMDIV1 寄存器

名　称	地　址	默认值	访问方式
COMDIV1	0xFFFF0704	0x00	R/W

COMDIV1 寄存器是一个除法锁存(高位)寄存器。

6. COMIID0 寄存器

COMIID0 寄存器如表 5－10 所列。

表 5－10　COMIID0 寄存器

名　称	地　址	默认值	访问方式
COMIID0	0xFFFF0708	0x01	R

COMIID0 是中断识别寄存器，其位描述如表 5－11 所列。

7. COMCON0 寄存器

COMCON0 寄存器如表 5－12 所列。

表 5-11　COMIID0 寄存器位描述

位 2:1 标志位	位 0 NINT	优先级	定　义	清除操作
00	1		无中断	
11	0	1	接收线路状态中断	读 COMSTA0
10	0	2	接收缓冲区满中断	读 COMRX
01	0	3	发送缓冲区空中断	向 COMTX 写数据或读 COMIID0
00	0	4	调制解调器状态中断	读 COMSTA1

表 5-12　COMCON0 寄存器

名　称	地　址	默认值	访问方式
COMCON0	0xFFFF070C	0x00	R/W

COMCON0 为线控制寄存器，其位描述如表 5-13 所列。

表 5-13　COMCON0 寄存器位描述

位	地　址	描　述
7	DLAB	除数访问锁存。用户置位，则可访问 COMDIV0 和 COMDIV1。用户清除该位，则拒绝访问 COMDIV0 和 COMDIV1，同时允许访问 COMRX 和 COMTX
6	BRK	设置断点。用户置位，则 SOUT 强置为 0。用户清零，则运行正常模式
5	SP	奇偶性判据。用户设置该位可强制奇偶校验方式为设定值：EPS=1 且 PEN=1，该位为 1；EPS=0 且 PEN=1，该位为 0
4	EPS	偶数奇偶性选择位。置位时奇偶性为偶数。清零时奇偶性为奇数
3	PEN	奇偶性使能位。用户置位，则可发送和检验奇偶位。用户清零，则不进行奇偶位发送或检验
2	STOP	停止位。用户置位，则在字长度为 5 时，发送 1.5 个停止位。字长度为 6 位、7 位或 8 位时，发送 2 个停止位。接收端只检测第一个停止位，忽略所选择停止位的个数。用户清零该位，则在发送的数据中添加一个停止位
1～0	WLS	数据长度选择：00=5 位，01=6 位，10=7 位，11=8 位

8. COMCON1 寄存器

COMCON1 寄存器如表 5-14 所列。

表 5-14　COMCON1 寄存器

名　称	地　址	默认值	访问方式
COMCON1	0xFFFF0710	0x00	R/W

COMCON1 为调制解调器控制寄存器，其位描述如表 5-15 所列。

表 5-15 COMCON1 寄存器位描述

位	名 称	描 述
7～5		保留
4	LOOPBACK	反馈。用户置位,使能反馈模式。在反馈模式中,SOUT 端强制为高电平。调制解调器信号直接与状态输入端相连(RTS 连 CTS,DTR 连 DSR,OUT1 连 RI,OUT2 连 DCD)。用户清零该位则工作在正常模式下
3	PEN	奇偶使能位。用户置位该位可发送和检测奇偶位。用户清零该位则不进行奇偶位发送或检测
2	STOP	停止位。用户置位,则在字长度为 5 时,发送 1.5 个停止位。字长度为 6 位、7 位或 8 位时,发送 2 个停止位。接收端只检测第一个停止位,忽略所选择停止位的个数。用户清零该位,则在发送的数据中添加一个停止位
1	RTS	发送请求位。用户置位,则强制 RTS 输出为 0。用户清零,则强制 RTS 输出为 1
0	DTR	数据终端准备位。用户置位,则强制 DTR 输出为 0。用户清零,则强制 DTR 输出为 1

9. COMSTA0 寄存器

COMSTA0 寄存器如表 5-16 所列。

表 5-16 COMSTA0 寄存器

名 称	地 址	默认值	访问方式
COMSTA0	0xFFFF0714	0x60	R

COMSTA0 为线状态寄存器,其具体描述如表 5-17 所列。

表 5-17 COMSTA0 寄存器位描述

位	名 称	描 述
7		保留
6	TEMT	COMTX 为空状态位。如果 COMTX 为空则该位自动置位。当向 COMTX 写数据时,该位自动清零
5	THRE	COMTX 和 COMRX 为空状态位。如果 COMTX 和 COMRX 为空则该位自动置位。当 COMTX 和 COMRX 之一收到数据时,该位自动清零
4	BI	中断错误。当 SIN 端接收数据的最小值保持大于所允许的最大数据长度时,该位置位。该位自动清零
3	FE	成帧错误。当无效停止位置位。该位自动清零
2	PE	奇偶位错误。当奇偶位错误发生时置位。该位自动清零
1	OE	溢出错误。如果数据在读取以前发生写覆盖,则该位置位。该位自动清零
0	DR	数据准备端。当 COMRX 满时自动置位。读取 COMRX 时,该位清零

10. COMSTA1 寄存器

COMSTA1 寄存器如表 5-18 所列。

表 5-18　COMSTA1 寄存器

名　称	地　址	默认值	访问方式
COMSTA1	0xFFFF0718	0x00	R

COMSTA1 是调制解调器状态寄存器，其位描述如表 5-19 所列。

表 5-19　COMSTA1 寄存器位描述

位	名　称	描　述
7	DCD	数据载波检测
6	RI	请求指示器
5	DSR	数据装置准备就绪
4	CTS	清空准备发送
3	DDCD	DCD 变化。从 COMSTA1 最近被读开始，DCD 改变状态，则该位自动置位。读 COMSTA1 操作发生时，该位自动清零
2	TERRI	下降沿 RI。读取 COMSTA1 后，如果 NRI 从"0"变为"1"，则该位置位。读取 COMSTA1 时，该位自动清零
1	DDSR	DSR 变化。读取 COMSTA1 后，如果 DSR 电平状态改变，则该位置位。读取 COMSTA1 时，该位自动清零
0	DCTS	CTS 变化。读取 COMSTA1 后，如果 CTS 电平状态改变，则该位置位。读取 COMSTA1 时，该位自动清零

11. COMSCR 寄存器

COMSCR 寄存器如表 5-20 所列。

表 5-20　COMSCR 寄存器

名　称	地　址	默认值	访问方式
COMSCR	0xFFFF071C	0x00	R/W

COMSCR 为一个用于临时存储的 8 位临时寄存器。它也可以在网络寻址 UART 模式下使用。

12. COMDIV2 寄存器

COMDIV2 寄存器如表 5-21 所列。

表 5-21　COMDIV2 寄存器

名　称	地　址	默认值	访问方式
COMDIV2	0xFFFF072C	0x00	R/W

COMDIV2 是一个 16 位小数波特率划分寄存器，其位描述如表 5-22 所列。

表 5-22　COMDIV2 寄存器位描述

位	名　称	描　述
15	FBEN	小数波特率分频器使能位。用户置位，则使能小数分频波特率发生器。用户清零，则使用标准的 450 UART 波特率发生器产生波特率
14～13		保留
12～11	FBM[1-0]	M。如果 FBM=0，则 M=4
10～0	FBN[10-0]	N

5.1.3　网络寻址 UART 模式

该模式将微转换器与 256 节点的串行网络连接起来，作为网络中的一个单主机硬件，或者通过软件作为网络中的多主机。COMIEN1（ENAM 位）的第 7 位必须被置位才能使能 UART 工作在网络寻址模式。另外，在此模式下不能进行奇偶校验，因为奇偶校验位作为地址位使用。

COMSCR、COMIEN1、COMIID1 和 COMADR 这四个附加的寄存器只能在 UART 的网络寻址模式下使用。下面详细介绍一下各个寄存器的功能和应用。

COMSCR 是一个用于临时存储的 8 位临时存储器。在网络寻址模式下，临时寄存器的最低有效位是发送网络地址的控制位。如果被置 1，则设备发送地址，如果被清零则设备发送数据。

1. COMIEN1 寄存器

COMIEN1 寄存器如表 5-23 所列。

表 5-23　COMIEN1 寄存器

名　称	地　址	默认值	访问方式
COMIEN1	0xFFFF0720	0x04	R/W

COMIEN1 为 8 位网络使能寄存器，其具体描述如表 5-24 所列。

表 5-24　COMIEN1 寄存器位描述

位	名　称	描　述
7	ENAM	网络地址模式使能位。用户置位则使能网络地址模式，清零则禁止网络地址模式
6	E9BT	9 位发送使能位。用户置位则使能 9 位发送，ENAM 必须置位，用户清零则禁止 9 位发送
5	E9BR	9 位接收使能位。用户置位则使能 9 位接收，ENAM 必须置位，清零则禁止 9 位接收
4	ENI	网络中断使能位
3	E9BD	数据长度。置位则为 9 位数据。E9BT 必须清零。清零则为 8 位数据
2	ETD	发送器引脚驱动使能位。在从属模式或多主模式下，用户置位则 SOUT 引脚为输出。用户清零，则 SOUT 处于三态模式
1	NABP	网络地址位。中断极性位
0	NAB	网络地址位。用户置位则发送从机地址，清零则发送数据

2. COMIID1 寄存器

COMIID1 寄存器如表 5-25 所列。

表 5-25 COMIID1 寄存器

名 称	地 址	默认值	访问方式
COMIID1	0xFFFF0724	0x01	R

COMIID1 为 8 位网络中断寄存器。位 7～位 4 是保留位(如表 5-26 所列)。

表 5-26 COMIID1 存储寄存器位描述

位 3:1 状态	位 0 NINT	优先级	定 义	清除操作
000	1		无中断	
110	0	2	匹配网络地址	读 COMRX
101	0	3	地址发送缓冲区空	向 COMTX 写数据或读 COMIID0
011	0	1	接收线性状态中断	读 COMSTA0
010	0	2	接收缓冲区满中断	读 COMRX
001	0	3	发送缓冲区空中断	向 COMTX 写数据或读 COMIID0
000	0	4	调制解调器状态中断	读 COMSTA1 寄存器

3. COMADR 寄存器

COMADR 寄存器如表 5-27 所列。

表 5-27 COMADR 寄存器

名 称	地 址	默认值	访问方式
COMADR	0xFFFF0728	0xAA	R/W

COMADR 为 8 位可读写网络地址寄存器,用于保存网络寻址 UART 寻找的地址。在收到这个地址时,设备中断处理器或改变 COMIID1 中相应的状态位。

本节详细地介绍了 UART 接口的结构和工作原理以及使用时波特率的设置方法,详细地描述了 UART 接口各个寄存器的功能和设置,同时简要地介绍了网络寻址的 UART 模式。UART 接口广泛应用于 PC 机和 MCU 间的数据通信,在 5.4 节中将详细介绍其具体应用实例。

5.2 SPI 串行接口

ADμC7019/7020/7021/7022/7024/7025/7026/7027 芯片集成了一个完整的片上硬件外围串行接口(SPI)。SPI 是一种工业标准的同步串行接口,允许 8 位数据同时同步地发送或接收,是一种全双工、三线通信的系统,它允许 MCU 与各种外围设备以串行方式进行通信,全双工时比特率高达 3.48 Mbps(见表 5-28)。在 SPI 接口中,数据的传输需要一个时钟信号和两条数据线。SPI 接口在主模式下,内核时钟分频位(CD 位)POWCON[2:0]=6 或 7 时不能操作。SPI 也可用于那些需要比微控制器上的并行 I/O 端口有更多输入或输出端口的场合中。SPI 提供了一种扩展 I/O 功能的最简单办法，只需要使用最少的微控制器引脚即可实现。

SPI 接口可被设置进行主操作或从操作。SPI 系统使用四条线可与多种标准外围器件直接接口，即包含四个引脚：MISO，MOSI，SCL 和 $\overline{CS}$。

5.2.1　SPI 接口的信号说明

MISO 引脚在主模式下设置为输入线路，在从模式下设置为输出线路。主机上 MISO 的引线（数据输入）必须与从机上 MISO 的引线（数据输出）相连。数据以字节长度（8 位）的串行数据发送，先发送最高有效位。

MOSI 引脚在主模式下设置为输出线路，在从模式下设置为输入线路。主机上 MOSI 的引线（数据输出）必须与从机上 MOSI 的引线（数据输入）相连。数据以字节长度（8 位）的串行数据发送，先发送最高有效位。

SCL 是主串行时钟，通过 MOSI 的周期可为发送和接收的数据提供同步时钟信号。每一位数据的传输都需要经过一次时钟的时间，因此一个字节的发送或接收要经过 8 个串行时钟周期。SCL 在主模式下作为输出，在从模式下作为输入。在主机状态下，主机的时钟由主机的硬件设置并和各从机的 SCLOCK 相连，时钟的极性和相位由 SPICON 寄存器控制，传输比特率由 SPIDIV 寄存器决定，计算公式如下：

$$f_{\text{serial clock}}=\frac{f_{\text{UCLK}}}{2\times(1+\text{SPIDIV})}$$

SPI 时钟的最高频率由时钟分频器决定，如表 5-28 所列。

表 5-28　主模式下 SPI 速度与时钟分频器位对应表

时钟分频位	0	1	2	3	4	5
SPIDIV（十六进制）	0x05	0x0B	0x17	0x2F	0x5F	0xBF
SPI 频率/MHz	3.482	1.741	0.870	0.435	0.218	0.109

在从模式下，SPICON 寄存器必须按照期望的输入时钟的相位和极性进行配置。从机从外部主机接收数据在 CD—0 时最高可达 10.4Mb。最高速度的计算公式如下：

$$f_{\text{serial clock}}=\frac{f_{\text{HCLK}}}{4}$$

无论主模式还是从模式，数据都是在串行时钟信号 SCL 的一个边沿发送，另一个边沿用于采样。因此，必须给主机设备和从机设备配置相同的极性和相位。

在 SPI 从模式下，从低电平有效的输入信号 $\overline{CS}$ 有效开始传送数据，直到 $\overline{CS}$ 无效，SPI 引脚发送和接收 8 位数据结束。在从模式下，$\overline{CS}$ 恒为一个输入端。

5.2.2　SPI 寄存器

SPI 接口有五个控制寄存器：SPISTA，SPIRX，SPITX，SPIDIV 和 SPICON。下面分别介绍它们的功能和用途。

1. SPISTA 寄存器

SPISTA 寄存器如表 5-29 所列。

表 5-29 SPISTA 寄存器

名 称	地 址	默认值	访问方式
SPISTA	0xFFFF0A00	0x00	R/W

SPISTA 是一个 8 位只读状态寄存器。只有该寄存器的位 1 或位 4 可产生中断，SPICON 的位 6 决定哪一位产生中断。具体描述如表 5-30 所列。

表 5-30 SPISTA 寄存器位描述

位	描 述
7～6	保留
5	SPIRX 数据寄存器溢出标志位。如果 SPIRX 溢出则置位，如果读 SPIRX 寄存器操作发生则清零
4	SPIRX 数据寄存器的中断请求位。如果位 3 或位 5 置位，则该位自动置位。如果读 SPIRX 寄存器操作发生则清零
3	SPIRX 数据寄存器满状态位。如果 SPIRX 中又出现有效数据则自动置位。如果读 SPIRX 寄存器操作发生则清零
2	SPITX 数据寄存器下溢状态标志位。如果 SPITX 下溢则自动置位。如果写 SPITX 寄存器操作发生则清零
1	SPITX 数据寄存器中断请求位。如果位 0 清零或位 2 置位则自动置位。如果写 SPITX 寄存器操作发生或已完成的发送封锁 SPI 则清零
0	SPITX 数据寄存器空标志位。如果向 SPITX 写发送的数据则置位，该位在数据发送过程中一直置位。当 SPITX 空时则清零

2. SPIRX 寄存器

SPIRX 寄存器如表 5-31 所列。

表 5-31 SPIRX 寄存器

名 称	地 址	默认值	访问方式
SPIRX	0xFFFF0A04	0x00	R

SPIRX 为 8 位只读接收寄存器。

3. SPITX 寄存器

SPITX 寄存器如表 5-32 所列。

表 5-32 SPITX 寄存器

名 称	地 址	默认值	访问方式
SPITX	0xFFFF0A08	0x00	W

SPITX 为 8 位只写发送寄存器。

4. SPIDIV 寄存器

SPIDIV 寄存器如表 5-33 所列。

表 5-33　SPIDIV 寄存器

名　称	地　址	默认值	访问方式
SPIDIV	0xFFFF0A0C	0x0B	R/W

SPIDIV 为 8 位串行时钟分频寄存器。

设定 SPI 串行频率即设定 SPI 寄存器的值，然后通过上面的计算公式求得。

例：SPIDIV＝0xCC。

$$f_{\text{serial clock}}=\frac{f_{\text{UCLK}}}{2\times(1+\text{SPIDIV})}=\frac{41\,780\,000}{2\times(1+204)}=100\ \text{kHz}$$

5. SPICON 寄存器

SPICON 寄存器如表 5-34 所列。

表 5-34　SPICON 寄存器

名　称	地　址	默认值	访问方式
SPICON	0xFFFF0A10	0x0000	R/W

SPICON 为 16 位控制寄存器，其具体描述如表 5-35 所列。

表 5-35　SPICON 寄存器位描述

位	描　述
15～13	保留
12	连续传送使能位。用户置位，使能连续传送。在主模式下，传送持续到 TX 寄存器没有有效数据。TX 为空前，在每个 8 位串行传送期间 $\overline{\text{CS}}$ 有效并持续有效。用户清零，禁止连续传送。每次传送由单个 8 位串行传送组成。如果在 SPICON 存储寄存器中存在有效数字，则在一个停止周期后开始新的传送
11	反馈使能。用户置位，则连接 MISO 和 MOSI 并测试软件。用户清零，则为正常模式
10	从机输出使能。用户置位，使能从输出。用户清零，禁止从输出
9	从选择输入使能。在主模式下，用户置位，使能主输出。用户清零，禁止主输出
8	SPIRX 溢出改写使能。用户置位，则 RX 寄存器中的有效数据被新接收到的串行数据覆盖。用户置位，则丢弃新接收的串行字节
7	SPITX 下溢模式。用户置位，则传递 0。用户清零，则传送上一数据
6	传送和中断模式。用户置位，开始传送并写入 SPIRX 寄存器。TX 为空时，发生中断。用户清零，则开始传送并读入 SPIRX 寄存器。RX 为满时，发生中断
5	LSB 优先传送使能位。用户置位，首先传送 LSB。用户清零，首先传送 MSB
4	保留位
3	串行时钟极性模式位。用户置位，则高。用户清零，则串行时钟空闲为低
2	串行时钟相位模式位。用户设置，串行时钟在每个串行位传送开始时产生脉冲。用户清零，串行时钟在每个串行位传送结束时产生脉冲
1	主模式使能位。用户置位，使能主模式。用户清零，使能从模式
0	SPI 使能位。用户置位，使能 SPI。用户清零，禁止 SPI

例：

```
SPICON = 0x104B;     //连续传送数据使能和 SPI 主机使能，
                     //主机发送，选择串行时钟极性模式
SPICON = 0x1409;     //使能 SPI 从机模式和连续传送数据，
                     //且从机接收，选择串行时钟极性模式
```

SPI 总线系统是一种同步串行外设接口，它可以使 MCU 与各种外围设备以串行方式进行通信来交换信息，SPI 接口是以主从方式工作的，这种模式通常有一个主机以及一个或多个从机。在主机的移位脉冲下，数据按位传输，高位在前，低位在后，为全双工通信，数据传输速度总体来说比 I^2C 总线要快。

本节主要介绍了 SPI 接口的各寄存器的定义和使用，用户可根据所需功能进行寄存器位设定。

5.3 I^2C 兼容接口

ADμC7019/7020/7021/7022/7024/7025/7026/7027 支持两个完全得到许可的 I^2C 接口，因为这两个 I^2C 接口是相同的，所以该接口既可作主接口用也可作从属接口使用。两个主接口和一个从接口有独立中断。

5.3.1 I^2C 接口概述

I^2C 接口有两个用于数据传输的引脚 SDA 和 SCL，配置为线与格式，此格式在多主系统中允许仲裁。

在 I^2C 总线系统上 I^2C 总线外设地址由用户编程。除数据传送处理时间，这个 ID 在其他任何时刻都可以修改。用户可配置接口来响应四个从地址。

I^2C 系统的传送序列包括一个主机设备，它通过在总线空闲时产生一个开始条件来初始化一个数据传送。在初始地址传送时，主机传送一个从机地址和数据传送方向，如果主机没有丢失仲裁位和从机应答位，则数据传送开始，传送一直进行到主机发出一个停止条件或者总线空闲。

I^2C 的外围主机、从机功能是独立的，可以同时使能。当总线上的传送开始后，从机功能有效，如果从机没有被寻址，则在下一次传送开始前无效。当一个主机设备丢失仲裁位后，它也可以作为从机以同样周期响应。

I^2C 总线最主要的优点是其简单性和有效性。由于接口直接连接在外围组件上，因此 I^2C 总线占用的空间非常小，减少了电路板的空间和芯片引脚的数量，降低了互联成本。总线最大长度可达 7.6 m，最大传输速率可达 400 kbps。

I^2C 总线协议基于主从工作模式。在总线上建立数据传输、生成同步时钟信号并结束数据传输的设备为主机。被主控机寻址的设备为从机。主控机和从控机都可以作为发送端（向总线发送数据的设备）或接收端（从总线接收数据的设备），但是主控机一直控制着数据的传输方向。

在 I^2C 总线的实现中包含两条传输线，即串行时钟传输线（SCL）和串行数据传输线（SDA）。这两条传输线都可以双向传输，应用时必须经过电阻上拉，考虑到系统的稳定性和抗干扰能力，其上拉电阻的选择与总线速率有关。

(1) 开始和停止时序

要在 I^2C 总线上开始数据传输，则主控机必须先在总线上建立一个开始信号，其时序关系为：当 SCL 为高电平是，SDA 上产生一个下降沿。而当主控机通过建立终止信号来停止数据传输，其时序关系为：当 SCL 为高电平时，SDA 上产生一个上升沿。一旦开始信号建立，则总线被认为处于忙碌状态，直至停止信号被建立后，总线被认为处于空闲状态。

(2) 数据传输时序

在开始信号建立后，8 位完整数据将按照由高到低位的顺序逐位地、与主控机产生的串行时钟脉冲同步地发送。其中当时钟脉冲为高电平时，认为总线上数据有效。

(3) 确认和非确认时序

为了确保总线数据传输的可靠性 I^2C 总线采用了握手机制。

5.3.2　串行时钟设定

在系统里，I^2C 主机为传送产生串行时钟。主机通道可配置为快速模式(400 kHz)和标准模式下(100 kHz)。

I2C0DIV 存储寄存器的比特率定义如下：

$$f_{\text{serial clock}} = \frac{f_{\text{UCLK}}}{(2+\text{DIVH})+(2+\text{DIVL})}$$

式中，f_{UCLK}为时钟分频器之前的时钟；

DIVH 为时钟的高电平时间；

DIVL 为时钟的低电平时间；

因此，对于 100 kHz 时，DIVH = DIVL = 0x32。而对于 400 kHz 时，DIVH = DIVL = 0x32。

I2CxDIV 寄存器对应着 DIVH:DIVL。

例：

```
I2C0DIV = 0xCFCF;      //设置 I2C0 串行时钟频率，0xCFCF 对应 100 kHz
```

5.3.3　I^2C 寄存器

寄存器 I2C0ID0、I2C0ID1、I2C0ID2 和 I2C0ID3 包含设备 ID。设备将四个 I2C0IDx 寄存器与地址字节比较。每个 ID 寄存器的 7 个最重要位要与正确寻址接收到的第一个地址中的 7 个最重要位一致。在地址识别过程中可忽略 ID 寄存器中的传送方向位 LSB。

I^2C 外设接口包括 18 个寄存器，在本节中将具体说明。

1. I2CxMSTA 寄存器

I2CxMSTA 寄存器如表 5 - 36 所列。

表 5 - 36　I2CxMSTA 寄存器

名　称	地　址	默认值	访问方式
I2C0MSTA	0xFFFF0800	0x00	R
I2C1MSTA	0xFFFF0900	0x00	R

I2CxMSTA 是主通道的数据寄存器，其具体描述如表 5－37 所列。

表 5－37　I2C0MSTA 寄存器位描述

位	描　述
7	主机传输 FIFO 刷新。用户置位，刷新主机 TX FIFO。主机 TX FIFO 刷新则会自动清零。此位也刷新从接收 FIFO
6	主机忙碌。主机忙碌则自动置。自动清空
5	仲裁丢失。在多主模式下，如果另一个主模式占有总线则置位。当总线可用时清零
4	无 ACK。如果所需地址上的从机设备无应答，则自动置位。读入 I2C0MSTA 寄存器时，自动清零
3	主机接收 IRQ。接收数据后置位。读入 I2C0MRX 寄存器时自动清零
2	主机传送 IRQ。在传送结束后置位。写入 I2C0MTX 寄存器时清零
1	主机传输 FIFO 下溢。主机传输 FIFO 下溢时自动置位。写入 I2C0MTX 寄存器时自动清零
0	主机 TX FIFO 空。如果主机传输 FIFO 为空则自动置位。写入到 I2C0MTX 寄存器自动清零

2. I2CxSSTA 寄存器

I2CxSSTA 寄存器如表 5－38 所列。

表 5－38　I2CxSSTA 寄存器

名　称	地　址	默认值	访问方式
I2C0SSTA	0xFFFF0804	0x01	R
I2C1SSTA	0xFFFF0904	0x01	R

I2CxSSTA 为用于从属通道的状态寄存器，其具体描述如表 5－39 所列。

表 5－39　I2CxSSTA 寄存器位描述

位	二进制数值	描　述
31～15		保留。这些位应写入 0
14		START 译码位。如果设备收到一个有效的 START 和匹配地址，则该位由硬件置位。在 I^2C 产生停止条件 STOP 时或 I^2C 一般调用复位时清零该位
13		重复的 START 译码位。如果设备收到一个有效的 START 和匹配地址，则该位由硬件置位。在 I^2C 产生停止条件 STOP 时或 I^2C 一般调用复位时清零该位
12～11		ID 译码位
	00	接收地址匹配寄存器 0
	01	接收地址匹配寄存器 1
	10	接收地址匹配寄存器 2
	11	接收地址匹配寄存器 3
10		在开始和匹配地址中断后停止。如果从属设备在早先的 I^2C 开始条件和匹配地址后收到 I^2C 停止条件，则由硬件置位该位。由 I2C0SSTA 寄存器的读操作清零
9～8		一般调用 ID
	00	无一般调用

续表 5-39

位	二进制数值	描 述
	01	一般调用复位和程序地址
	10	一般调用程序地址
	11	一般调用匹配可选择的 ID
7		一般调用中断。如果从属设备受到任何类型的一般调用则置位。如果 I2CxCFG 寄存器第 8 位为"1",则清零。如果它是一个一般调用复位,则所有寄存器恢复默认值。如果它是一个硬件一般调用复位,那么 Rx FIFO 保存一般调用的第二个字节。这与 I2C0ALT 寄存器相似(除非它是一个改编设备地址的一般调用)。获取更多的细节,请参照 I^2C 总线规范,译文 2.1,2000 年 1 月
6		从机忙碌。如果从机忙碌,则自动置位。自动清零
5		无 ACK。如果主机请求数据但无数据可用,则置位。该位由读 I2C0SSTA 寄存器的操作自动清零
4		从机接收先入先出 FIFO 溢出。从机接收先入先出 FIFO 溢出则自动置位。由读 I2C0SSTA 寄存器的操作自动清零
3		从机接收中断请求。收到数据后置位。由读 I2C0SRx 寄存器或刷新 FIFO 的操作自动清零
2		从机发送中断请求。在发送结束后置位。由写 I2C0SRx 寄存器操作自动清零
1		从机发送先入先出 FIFO 下溢。从机发送先入先出 FIFO 下溢则自动置位。由写 I2C0SSTA 存储寄存器的操作自动清零
0		从机发送先入先出 FIFO 空。从机发送先入先出 FIFO 空则自动置位。由写 I2C0STX 寄存器的操作自动清零

3. I2CxSRX 寄存器

I2CxSRX 寄存器如表 5-40 所列。

表 5-40 I2CxSRX 寄存器

名 称	地 址	默认值	访问方式
I2C0SRX	0xFFFF0808	0x00	R
I2C1SRX	0xFFFF0908	0x00	R

I2CxSRX 为从机通道的接收寄存器。

4. I2CxSTX 寄存器

I2CxSTX 寄存器如表 5-41 所列。

表 5-41 I2CxSTX 寄存器

名 称	地 址	默认值	访问方式
I2C0STX	0xFFFF080C	0x00	W
I2C1STX	0xFFFF090C	0x00	W

I2CxSTX 为从机通道的发送寄存器。

5. I2CxMRX 寄存器

I2CxMRX 寄存器如表 5-42 所列。

表 5-42 I2CxMRX 寄存器

名 称	地 址	默认值	访问方式
I2C0MRX	0xFFFF0810	0x00	R
I2C1MRX	0xFFFF0910	0x00	R

I2CxMRX 为主机通道的接收寄存器。

6. I2CxMTX 寄存器

I2CxMTX 寄存器如表 5-43 所列。

表 5-43 I2CxMTX 寄存器

名 称	地 址	默认值	访问方式
I2C0MTX	0xFFFF0814	0x00	W
I2C1MTX	0xFFFF0914	0x00	W

I2CxMRX 为主机通道的发送寄存器。

7. I2CxCNT 寄存器

I2CxCNT 寄存器如表 5-44 所列。

表 5-44 I2CxCNT 寄存器

名 称	地 址	默认值	访问方式
I2C0CNT	0xFFFF0818	0x00	R/W
I2C1CNT	0xFFFF0918	0x00	R/W

I2CxCNT 为 3 位主机接收数据计数寄存器。当主机读发送序列开始时，那么 I2CxCNT 寄存器指示从属设备读取字节的数目(-1)。计数器默认值为 0，表示相应的期望字节数为 1。

8. I2CxADR 寄存器

I2CxADR 寄存器如表 5-45 所列。

表 5-45 I2CxADR 寄存器

名 称	地 址	默认值	访问方式
I2C0ADR	0xFFFF081C	0x00	R/W
I2C1ADR	0xFFFF091C	0x00	R/W

I2CxADR 为主机地址字节寄存器。I2CxADR 的值为主机想要通信的设备的地址。当主机使能位置位，并且 I2CxMTX 寄存器里没有有效数据时，它会在主机发送序列开始时自动发送。

9. I2CxBYTE 寄存器

I2CxBYTE 寄存器如表 5-46 所列。

表 5-46　I2CxBYTE 寄存器

名　称	地　址	默认值	访问方式
I2C0BYTE	0xFFFF0824	0x00	R/W
I2C1BYTE	0xFFFF0924	0x00	R/W

I2CxBYTE 为广播字节寄存器。写入这些寄存器的数据并不通过 TxFIFO。这些数据在传送序列开始的地址之前被发送。一旦这个字节被发送或收到，则 I^2C 希望有另一个字节写入 I2CxBYTE 或另一个地址写入地址寄存器。

10. I2CxALT 寄存器

I2CxALT 寄存器如表 5-47 所列。

表 5-47　I2CxALT 寄存器

名　称	地　址	默认值	访问方式
I2C0ALT	0xFFFF0828	0x00	R/W
I2C1ALT	0xFFFF0928	0x00	R/W

I2CxALT 为用于从模式下的硬件一般调用寄存器。

11. I2CxCFG 寄存器

I2CxCFG 寄存器如表 5-48 所列。

表 5-48　I2CxCFG 寄存器

名　称	地　址	默认值	访问方式
I2C0CFG	0xFFFF082C	0x00	R/W
I2C1CFG	0xFFFF092C	0x00	R/W

I2CxCFG 为配置寄存器，其具体描述如表 5-49 所列。

表 5-49　I2C0CFG 寄存器位描述

位	描　述
31～15	保留，这些位应由用户置零
14	使能停止中断。在收到有效的启动条件与匹配地址后，如用户置位此位，当收到停止条件时能够产生中断。当用户清除此位后，收到停止条件时无法产生中断
13	保留
12	保留
11	使能扩展串行时钟(使 SCL 保持低电平)。用户置位此位时能够扩展 SCL，清除该位时无法扩展 SCL
10	保留
9	从模式 Tx FIFO 请求中断使能。用户置位，无法从模式 Tx FIFO 请求中断。用户清零时只有在 R/W 位为时钟下降沿的时候才产生中断请求。从模式 Tx FIFO 为空时允许用户输入数据填充。在传输率为 400 kbps，并且内核时钟晶振为 41.78 MHz 时，用户有 45 个时钟周期采取适当的动作，并记录中断延迟的个数

续表 5-49

位	描　述
8	一般调用状态位清零。用户置位，清零一般调用状态位。一般调用状态位清零后硬件自动清零
7	主模式下串行时钟使能位。置位时在主模式下产生连续时钟。清零时不产生连续时钟
6	反馈环路使能位。置位时将传送与接收方内部连接用来测试用户软件，清零时运行标准模式
5	启动反馈禁止位。在多主机模式下用户置位。如果仲裁丢失，主机会立即尝试重新发送。用户清零则使能启动反馈。丢失仲裁后，主机在重新发送前保持等待
4	硬件一般调用使能。当此位与一般调用使能位都置位，并且收到了一个一般调用和一字节数据时，设备把I2C0ALT里的数据与接收寄存器中的数据进行对比，如果它们相匹配，那么设备就能收到硬件一般调用。这个使能位用于一个设备急需主机设备发送的数据却不知该从哪个主机设备获得的时候。这是个关系到需要哪个设备问题的调用。ADμC7019/7020/7021/7022/7024/7025/7026/7027 监视这些地址。需要指令的设备将自己的地址嵌入这个信息 。所有的主机都会监听，只有知道如何处理的主机才去联系它的从机并执行适当的动作。按照 2000 年 1 月的 I^2C 说明书，I^2C0ALT 寄存器的 LSB 会总被置 1
3	一般调用使能位。此位置位使能从机设备正确应答和一个 I^2C 一般调用，地址为 0x000(写指令)。然后该设备便能识别一个数据位。如果它收到的数据是 0x06，那么将硬件复位并写入从机地址的可编程部分。然后按照 2000 年 1 月的 I^2C 说明书，I^2C 接口复位。这个命令可以使整个 I^2C 系统复位。任何一个一般调用都能使一般调用中断状态位置位。复位后，用户可以使用建立的 I^2C 接口进行正确的操作。如果收到的数据是 0x04，则用硬件将从地址的可编程部分写入，然后在任何一个一般调用后一般调用中断状态位置位。用户可以改编设备地址来执行正确动作
2	保留
1	主模式使能位。用户置位，使能主 I^2C 通道。用户清零，禁止主 I^2C 通道
0	从模式使能位。用户置位，使能从 I^2C 通道。一个从机传送序列在 I2C0ID0，I2C0ID1，I2C0ID2 和 I2C0ID3 寄存器中监控设备地址。如识别出设备地址，那么该部分将参与从机传送序列。用户清零，禁止从 I^2C 通道

12. I2CxDIV 寄存器

I2CxDIV 寄存器如表 5-50 所列。

表 5-50　I2CxDIV 寄存器

名　称	地　址	默认值	访问方式
I2C0DIV	0xFFFF0830	0x00	R/W
I2C1DIV	0xFFFF0930	0x00	R/W

I2CxDIV 为时钟分频寄存器。

13. I2CxIDx 寄存器

I2CxIDx 寄存器如表 5-51 所列。

I2CxID0、I2CxID1、I2CxID2 和 I2CxID3 I2Cx 的从模式地址设备 ID 寄存器组。

表 5-51　I2CxIDx 寄存器

名　称	地　址	默认值	访问方式
I2C0ID0	0xFFFF0838	0x00	R/W
I2C0ID1	0xFFFF083C	0x00	R/W
I2C0ID2	0xFFFF0840	0x00	R/W
I2C0ID3	0xFFFF0844	0x00	R/W
I2C1ID0	0xFFFF0938	0x00	R/W
I2C1ID1	0xFFFF093C	0x00	R/W
I2C1ID2	0xFFFF0940	0x00	R/W
I2C1ID3	0xFFFF0944	0x00	R/W

14. I2CxCCNT 寄存器

I2CxCCNT 寄存器如表 5-52 所列。

表 5-52　I2CxCCNT 寄存器

名　称	地　址	默认值	访问方式
I2C0CCNT	0xFFFF0848	0x01	R/W
I2C1CCNT	0xFFFF0948	0x01	R/W

I2CxCCNT 是 8 位开关计数器。它们为启动或停止 I^2C 产生一个时间延时。

15. I2CxFSTA 寄存器

I2CxFSTA 寄存器如表 5-53 所列。

表 5-53　I2CxFSTA 寄存器

名　称	地　址	默认值	访问方式
I2C0FSTA	0xFFFF084C	0x0000	R
I2C1FSTA	0xFFFF094C	0x0000	R

I2CxFSTA 为 FIFO 状态寄存器，其具体描述如表 5-54 所列。

表 5-54　I2C0FSTA 寄存器位描述

位	二进制数值	描　述
15～10		保留
9		主模式传输的 FIFO 刷新。用户置位，则刷新主模式 Tx FIFO。主模式 Tx FIFO 刷新后，自动清零。此位同样刷新从模式接收 FIFO
8		从模式传输的 FIFO 刷新。用户置位，则刷新从模式 Tx FIFO。从模式 Tx FIFO 刷新后，自动清零
7～6		主模式 Rx FIFO 状态位
	00	FIFO 为空
	01	向 FIFO 写入字节
	10	FIFO 中的 1 个字节
	11	FIFO 为满

续表 5-54

位	二进制数值	描　述
5～4		主模式 TxFIFO 状态位
	00	FIFO 为空
	01	向 FIFO 写入字节
	10	FIFO 中的 1 个字节
	11	FIFO 为满
3～2		从模式 RxFIFO 状态位
	00	FIFO 为空
	01	向 FIFO 写入字节
	10	FIFO 中的 1 个字节
	11	FIFO 为满
1～0		从模式 TxFIFO 状态位
	00	FIFO 为空
	01	向 FIFO 写入字节
	10	FIFO 中的 1 个字节
	11	FIFO 为满

本节详细地介绍了 I^2C 的通信原理及各寄存器的功能和配置。I^2C 总线能用于替代标准的并行总线，能连接的各种集成电路和功能模块。I^2C 是多主控总线，所以任何一个设备都能像主控机一样工作，并控制总线。总线上每一个设备都有一个独一无二的地址，它们可以作为发送器或接收工作。多路微控制器能在同一个 I^2C 总线上共存。

5.4 串口设备应用举例

5.4.1 UART 接口应用举例

例 1. 下面是一个演示 UART 基本功能的例子，向串口中发送 Hello world，且每发送一次 P4.2 引脚所连接的 LED 闪烁一次。程序如下：

```
#include <ADuC7020.H>                          /* ADuC7020 头文件包含 */
#define CR       0x0D

int write ( char * ptr,int len);
int getchar (void);
int putchar(int);

int main (void)  {
    unsigned char jchar = 0x30;
    char output1[13] = "Hello World\n";
    GP1CON = 0x011;                            //设定引脚 P1.0 和 P1.1 为 UART 的输入和输出端
```

```
    //设定 UART 的波特率为 9 600 bps
    COMCON0 = 0x080;                              //置位 DLAB,可实现对 COMDIV0 和 COMDIV1 的访问
    COMDIV0 = 0x088;                              //设定 DIV0 和 DIV1 计算 DL
    COMDIV1 = 0x000;
    COMCON0 = 0x007;                              //清除 DLAB

    GP4DAT = 0x04000000;                          //P4.2 输出低电平,LED 点亮
    while(1)
    {
        GP4DAT ^= 0x00040000;                     //使 P4.2 循环输出高低电平,使 LED 闪烁
        write(0,output1,13);                      //发出数据
        jchar = getchar();                        //从串口中读数据
    }
}

int putchar(int ch) {                             /* 向串口中写字符 */

    if (ch == '\n') {                             //如果发送字符是换行符,则发送 CR
        while(! (0x020 == (COMSTA0 & 0x020)))     //判断 COMTX 和 COMRX 的状态是否为空
        {}                                        //空,不为空则等待
        COMTX = CR;                               //发送 CR
        }
    while(! (0x020 == (COMSTA0 & 0x020)))
    {}

    return (COMTX = ch);                          //发送字符
}

int getchar (void) {                              /* 从串口中读字符串 */
    while(! (0x01 == (COMSTA0 & 0x01)))           //当 COMRX 不满时等待
    {}
    return (COMRX);
}

/* 把一行字符写入到串口,调用 int putchar( ) */
int write ( char * ptr,int len) {
  int i;

  for (i = 0; i < len; i++) putchar ( *ptr++ );
  return len;
}
```

用串口助手进行调试,调试设置和结果如图 5-2 所示。

每按一次 reset 键即可发送一次,手动发送也可。

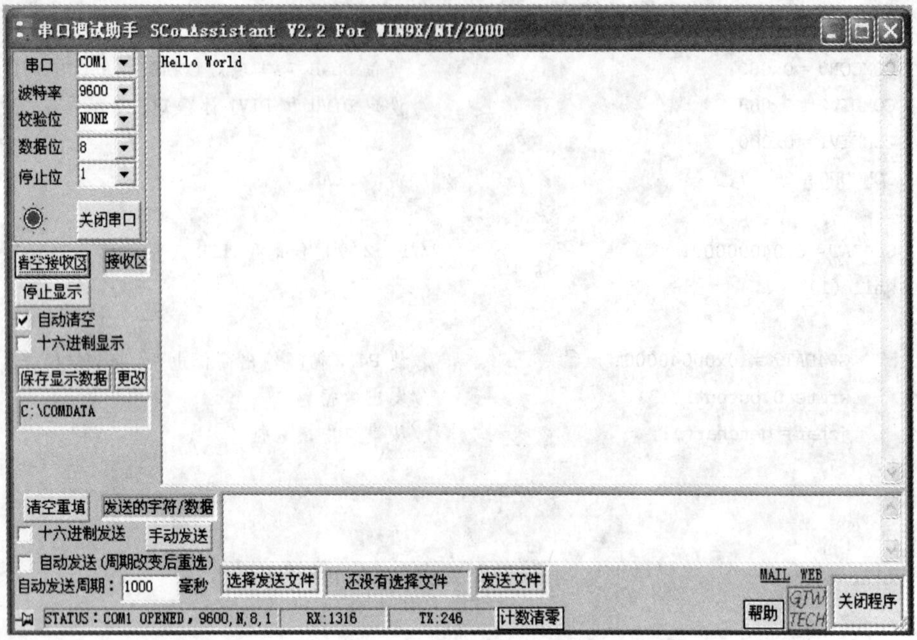

图 5-2　串口调试结果

例 2. 把数组 SOMEDATA 中的每一个数据的低四位和高四位转化成十六进制的 ASCII 码发送到串口中。程序如下。

```
#include <ADuC7020.H>                          /* ADuC7020 头文件包含 */
#define CR       0x0D

int write ( char * ptr,int len);
int getchar (void);
int putchar(int);
void senddata(short);
void delay(int);
char hex2ascii(char);

int main (void)  {

static unsigned short SOMEDATA[256];
int i;

    GP0CON = 0x10000000;               //使能 P0.7 输出为 ECLK
    GP4DAT = 0x04000000;               //设定 P4.2 输出低电平,点亮 LED
    GP1CON = 0x011;                    //设定 P1.0 和 P1.1 分别为串口的数据接收和发送端

    //设定 UART 的波特率为 9600bps
    COMCON0 = 0x080;                   //置位 DLAB,可实现对 COMDIV0 和 COMDIV1 的访问
    COMDIV0 = 0x088;                   //设定 DIV0 和 DIV1 计算 DL
```

```
    COMDIV1 = 0x000;
    COMCON0 = 0x007;                    //清除 DLAB

    for (i = 0; i <256; i++)  /* 通过循环把数组 SOMEDATA[]中的数据依次发送到串行口中 */
    {
        SOMEDATA[i] = i;
    }

    while(1)
    {
    for (i = 0; i <256; i++)
        {
         senddata (SOMEDATA[i]);
        }
    GP4DAT ^= 0x00040000;               //使 P4.2 循环输出高低电平,使 LED 闪烁
    delay(2000);                        //延时
    }
}

void delay (int length)                 /* 延时子程序 */
{
    while (length >= 0)
        length--;
}

void senddata(short to_send)
{
    while(! (0x020 == (COMSTA0 & 0x020))){}
        COMTX = 0x0A;                   //发送 LF
    while(! (0x020 == (COMSTA0 & 0x020))){}
        COMTX = 0x0D;                   //发送 CR
    //把数据的高四位转化成 ASCII 码发送到串口中
    while(! (0x020 == (COMSTA0 & 0x020))){}
        COMTX = hex2ascii ((to_send >> 4) & 0x0F);
    //把数据的低四位转化成 ASCII 码发送到串口中
    while(! (0x020 == (COMSTA0 & 0x020))){}
        COMTX = hex2ascii (to_send & 0x0F);
}

char hex2ascii(char toconv)          //把字符型数据转化成十六进制表示的 ASCII 码
{
    if (toconv<0x0A)                 //当字符型数据是 0~9 时,对应的 ASCII 码是 0x30~0x39
    {
        toconv += 0x30;
    }
```

```
    else                //当字符型数据是 A～F 时，对应的 ASCII 码是 0x41～0x46(0x41 - 0x0A = 0x37)
    {
        toconv += 0x37;
    }

    return (toconv);
}

int putchar(int ch)  {                    /* 向串口中写字符串 */

    if (ch == '\n')  {
        while(! (0x020 == (COMSTA0 & 0x020)))
        {}
        COMTX = CR;                       //发送 CR
        }
    while(! (0x020 == (COMSTA0 & 0x020)))
    {}

    return (COMTX = ch);
}

int getchar (void)  {                     /* 从串口中读字符串 */
    while(! (0x01 == (COMSTA0 & 0x01)))
    {}
    return (COMRX);
}

int write ( char * ptr,int len) {         /* 把一行字符写入到串口，调用 int putchar( ) */
    int i;

    for (i = 0; i < len; i++) putchar ( * ptr++ );
    return len;
}
```

本程序的调试结果如图 5－3 所示。

例 3. 串口波特率的设定方式有两种，例 1 中采用的是标准 450UART 波特率发生器，本例中将采用小数分频器配合标准波特率发生器的方法来产生更精准的波特率。使用小数分频器时波特率的计算公式：$v_B=\dfrac{41.78\ \text{MHz}}{2^{CD}\times16\times2\times\text{DL}\times\left(M+\dfrac{N}{2\ 048}\right)}$，本例中波特率为 115 200 bps。程序如下。

```
#include <ADuC7026.h>

int write ( char * ptr,int len);
int getchar (void);
```

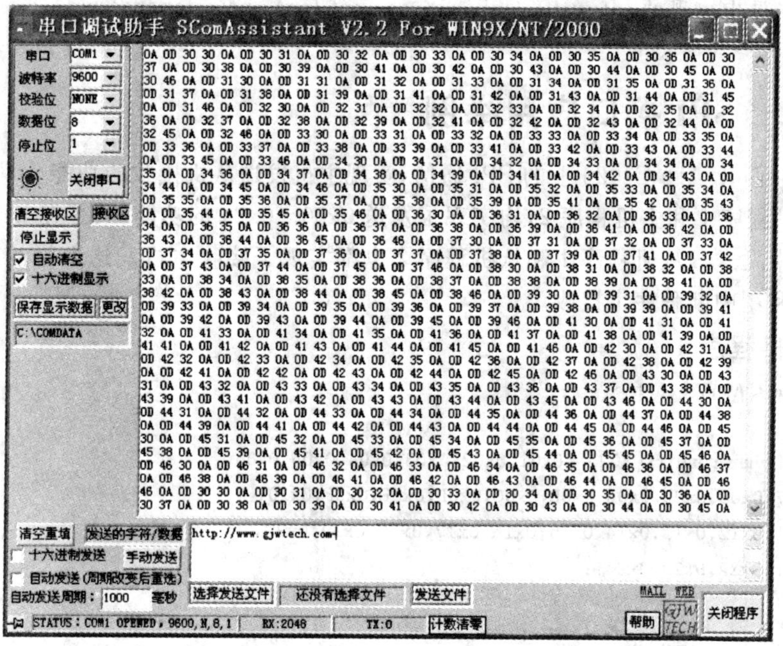

图 5-3 串口通信的调试结果

```
int putchar(int);

int main (void)  {
    unsigned char jchar = 0x30;
    char output1[13] = "Hello World\n";

    GP1CON = 0x011;                //设定 P1.0 和 P1.1 作为 UART 的输入和输出端
    //CD = 3
    COMCON0 = 0x80;                //置位 DLAB,可实现对 COMDIV0 和 COMDIV1 的访问
    COMDIV0 = 0x01;                //DL = 0x01
    COMDIV1 = 0x00;
    COMCON0 = 0x07;                //清除 DLAB 位
    COMDIV2 = 0x8B55;              //使能小数分频器,设定 M = 0x01,N = 0x355

    GP4DAT = 0x04000000;           //P4.2 输出低电平,LED 点亮

    while(1)
    {

        GP4DAT ^= 0x00040000;      //使 P4.2 循环出现高低电平,控制 LED 闪烁
        write(output1,13);
        jchar = getchar();

    }
}
```

注：主程序中出现的 int write (char * ptr,int len),int getchar (void),int putchar(int)与例 1 相同。

5.4.2 SPI 接口应用举例

本例是在两片 ADμC7026 上的 SPI 通信,实现主机发送从机接收的功能。

SPI 主机程序 1 和主机程序 2,均实现了发送 0x00~0x24 的功能,只是在 SPI 主机程序 2 中利用中断来发送。从机程序 1 和从机程序 2 也都实现了接收主机发送数据的功能,只是从机程序 2 是利用中断程序来接收。

SPI 主机程序 1

```
#include<ADuC7026.h>

unsigned char results[30] = {0x01,0x02,0x03,0x04,0x05,0x06,
    0x07,0x08,0x09,0x0A,0x0B,0x0C,0x0D,0x0E,0x0F,0x10,
    0x11,0x12,0x13,0x14,0x15,0x16,0x17,0x18,0x19,0x20,
    0x21,0x22,0x23,0x24};

void delay (int length)
{
    while (length >= 0)
        length--;
}

int main(void) {
    int i = 0;

    GP1CON = 0x22220000;          //使能 SPI 引脚
    SPIDIV = 0xCC;                //设定 SPI 时钟频率,f = 41 780 000/(2x(1 + SPIDIV)),
                                  //SPIDIV = 0xCC,对应 f = 100 kHz
    SPICON = 0x104B;              //连续传送数据使能和 SPI 主机使能,串行时钟极性模式为低电平
    for (i = 0;i<30;i++)
    {
        SPITX = results[i];       //发送数据
        while ((SPISTA & 0x02) != 0x02) ;    //等待发送数据完成
       delay(100000);
    }
 while (1){}
 }
```

SPI 主机程序 2

```
/*#include<ADuC7026.h>
#define SPI_MASTER_BIT      0x00002000

void IRQ_Handler(void) __irq;                //常规中断子程序
int i = 0;
```

```
void delay (int length)
{
    while (length >= 0)
        length--;
}

int main(void) {
    GP4DAT = 0x04000000;                    //P4.2 输出低电平，LED 被点亮
    IRQEN = SPI_MASTER_BIT;
    GP1CON = 0x22220000;                    //设置 SPI 各功能引脚
    SPIDIV = 0xCC;                          //设定 SPI 时钟频率,f = 41780000/(2x(1 + SPIDIV)),
                                            //SPIDIV = 0xCC,对应 f = 100 kHz
    SPICON = 0x104B;                //连续传送数据使能和 SPI 主机使能,串行时钟极性模式为低电平
while (1){
    }
}
/**************************************************************/
/*                        中断服务子程序                         */
/**************************************************************/

void IRQ_Handler() __irq {                  //主机发送
    GP4DAT ^= 0x00040000;
    if ((IRQSTA & SPI_MASTER_BIT) != 0) {
        SPITX = i;
        delay(100000);
        i++;
        if (i == 30) IRQCLR = SPI_MASTER_BIT;
    }
    return ;
}
```

SPI 从机程序 1

```
#include<ADuC7026.h>

int main(void) {
char i;
char received_data[30];

    GP1CON = 0x22220000;                //设置 SPI 各功能引脚
    SPICON = 0x1409;                    //使能 SPI 从机模式

for (i = 0; i <30; i++) {
    while (! (SPISTA & 0x08)) ;         //等待 SPIRX 寄存器满
    received_data[i] = SPIRX;           //读数据并清零 SPISTA 的位 4
    }
```

```
while (1) {

    }
}
```

SPI 从机程序 2

```
#include<ADuC7026.h>
#define SPI_MASTER_BIT              0x00002000

void IRQ_Handler(void) __irq;               //常规中断子程序
char i;
char received_data[30];

int main(void) {

    GP4DAT = 0x04000000;                    //使 P4.2 输出低电平,LED 点亮

    IRQEN = SPI_SLAVE_BIT;                  //使能 SPI 从机中断

    GP1CON = 0x22220000;                    //设置 SPI 各功能引脚
    SPICON = 0x1409;                        //使能 SPI 从机模式,且从机接收

while (1) {

    }
}

/*********************************************/
/*              中断服务子程序                 */
/*********************************************/

void IRQ_Handler() __irq {
    GP4DAT ^= 0x00040000;
    if ((IRQSTA & SPI_SLAVE_BIT) != 0) {
        received_data[i] = SPIRX;
        i++;
        SPITX = i;
        if (i == 30) i = 0;
    }
    return ;
}
```

5.4.3 I²C 接口应用举例

下面是分别是 I²C 通信中主机和从机的程序。在这个程序运行中,主机和从机都有两种

状态，即发送和接收。在 I^2C 传送开始时，主机发送出一个地址，这个地址的最低位决定主机的发送或接收状态，LSB=0，主机发送；LSB=1，主机接收。程序如下。

I2C 主机程序

```
#include<ADuC7020.h>                          //头文件包含

void delay(int);                              //延时子程序
void IRQ_Handler() __irq;                     //常规中断服务子程序

#define count 0x4;
int i = 0,dat[5];

int main()
{

    GP1CON = 0x22;                            //设置 I2C 各功能引脚
    I2C0CFG = 0x82;                           //使能 I2C0 主机及其串行时钟
                                              //I2C 主机设置
    I2C0DIV = 0xCFCF;                         //设置 I2C0 串行时钟频率,0xCFCF 对应 100 kHz
    IRQEN = 0x400;                            //使能 I2C0 主机中断
    //发送
    I2C0ADR = 0xA0;                           //设定 I2C 地址    (LSB = 0,主机发送)
    I2C0MTX = 0x55;                           //发送 I2C 字节地址

    delay(4000);

    //接收
    i = 0;
    I2C0CNT =    count;                       //从从机接收的字节数
    I2C0ADR =    0xA1;                        //设定 I2C 地址(LSB = 1,主机接收)

    while (1)
    {
    };

    return 0;
}

void delay (int length)
{
    while (length >0)
        length -- ;
}

void IRQ_Handler() __irq
{
```

```
    if(((I2C0MSTA & 0x4) == 0x4) && (i < 8))   //主机发送
    {
        i++;                                   //发送数据1～8
        I2C0MTX = i;
    }
    if((I2C0MSTA & 0x8) == 0x8)                //主机接收
    {
        dat[i] = I2C0MRX;
        i++;
    }
}
```

I²C 从机程序

```
#include<ADuC7020.h>
void IRQ_Handler() __irq;
int i = 0,dat[9];

int main()
{

    GP1CON = 0x22;                             //设置I2C功能引脚
    IRQEN = 0x200;                             //I2C0从机中断
    I2C0CFG = 0x01;                            //从机使能
    I2C0ID0 = 0xA0;                            //从机设备ID
    I2C0STX = 0x77;

    while (1)
    {
    };
    return 0;
}

/*常规中断服务子程序*/
void IRQ_Handler() __irq
{
        if ((I2C0SSTA & 0x08) == 0x08)         //从机接收
    {
            dat[i] = I2C0SRX;
            i++;
    }
    if ((I2C0SSTA & 0x04) == 0x04)             //从机发送
    {
        if(i > 4)
        {
            i = 0;
```

```
        }
        i++;
        switch (i)
        {
            case 1:
                I2C0STX = 0x55;
            break;
            case 2:
                I2C0STX = 0x33;
            break;
            case 3:
                I2C0STX = 0xAA;
            break;
            case 4:
                I2C0STX = 0x11;
            break;
        };
    }
}
```

UART、SPI 和 I^2C 三种串行接口具有强大的数据传输功能,本节主要介绍了三种接口的使用,列举了简单的串行接口通信的例子。上面描述的主/从机之间的通信较简单,还可以通过简单的扩展,支持多片从机之间的通信。

5.5　本章小结

本章详细描述了 ADμC7026 上集成的 UART、SPI 和 I^2C 三种串行接口的通信原理和其寄存器的定义与配置,介绍了各串行接口工作时相关的波特率和时钟的设置问题。结合前三节的串行接口的通信原理和寄存器说明,本章的最后一节分别列举了三种串行接口简单的应用实例。

第6章 中断系统与定时器/计数器

6.1 中断系统

6.1.1 概 述

1. ARM中断处理机制

ADμC7026以ARM7TDMI作为微控制器内核。ARM7TDMI共定义了7种工作模式，在本章主要涉及的有：

① 用户模式，即程序正常运行时的模式。

② 快速中断模式，即处理器响应快速中断而进入的模式。

③ 常规中断模式，即中断模式处理器响应常规中断而进入的模式。

④ 监督模式，即操作系统的保护模式，处理器响应软件中断时即进入监督模式。

ARM7TDMI具有常规中断(IRQ)、快速中断(FIQ)和软件中断(Software Interrupt)3种中断方式，其中常规中断和快速中断均属于硬件中断，其中断特性如表6-1所列。

表6-1 ARM7TDMI中断特性表

向量地址	中断类型	工作模式	优先级	返回地址
0x8	软件中断	SWI模式	6	PC－4
0x18	常规中断	IRQ模式	4	PC－8
0x1C	快速中断	FIQ模式	3	PC－8

ARM7TDMI的CPU内核在同一时刻只接收常规中断请求IRQ和快速中断请求FIQ两种类型信号中的一种。所有的中断都能被独立屏蔽。

当中断产生时，ARM7TDMI将执行以下操作：

① 把当前程序状态寄存器(CPSR)的内容复制到相应的备份程序状态寄存器(SPSR)。当前工作模式、中断屏蔽位和状态标志被保存下来。

② 转入相应的模式，并关闭常规中断。如响应快速中断则同时关闭快速中断。

③ 把程序计数器(PC)的值减4后，存入相应的连接寄存器(LR)。

④ 将程序计数器指向相应的中断向量。

由中断返回时，ARM7TDMI将完成下列操作：

① 将备份程序状态寄存器(SPSR)的内容复制到当前程序状态寄存器(CPSR)，恢复中断前的状态。

② 清除相应禁止中断位(如果已设置的话)。

③ 把连接寄存器(LR)的值复制到程序计数器(PC)，继续运行原程序。

此外,执行 ARM 体系结构的中断过程时还需注意:响应中断时,必须转换处理器的工作模式,由任务所处模式转换到中断模式;退出中断处理函数时,必须计算返回地址且转换处理器模式,回到任务模式;使用 C 语言调用中断处理函数时,必须按照 ATPCS (ARM/Thumb Procedure Call Standard)处理寄存器。

ARM 的中断都位于存储阵列的底部,地址从 0x00000000 到 0x00000020,如图 6-1 所示。

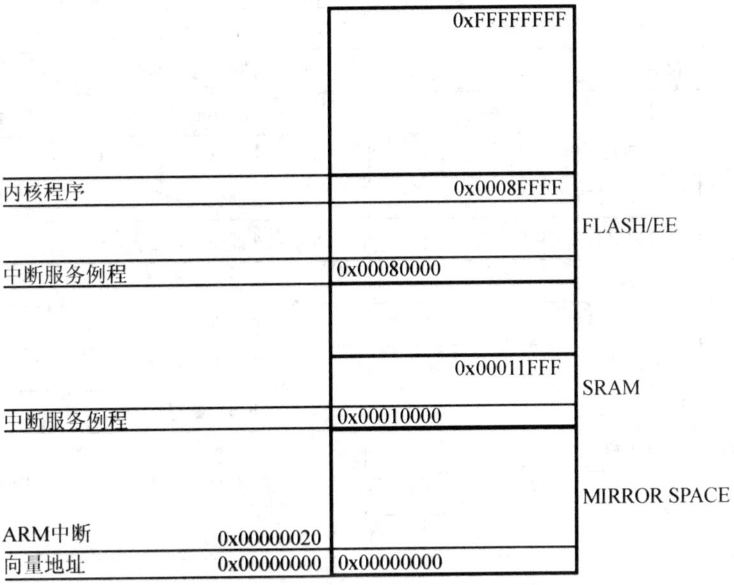

图 6-1 中断操作的重新映射

2. ADμC7026 中断系统

在 ADμC7026 中,共有 23 个被中断控制器控制的中断源。大多数的中断信号产生于片上外围设备,比如 ADC 模数转换器和 UART 通用异步收发器。此外,还有产生于外部中断请求引脚 IRQ0、IRQ1、IRQ2 和 IRQ3 的四个附加外部中断源。

中断系统的操纵和配置通过 9 个与中断相关的寄存器控制着 4 个常规中断请求 IRQ 专用、4 个快速中断请求 FIQ 专用,另外一个寄存器用来选择程序中断源。常规中断请求 IRQ、快速中断请求 FIQ 寄存器中的位(除 23 位以外)代表了相同的中断源,如表 6-2 所描述。

3. ADμC7026 中断延迟

ADμC7026 允许 FIQ 中断时,最坏情况下 FIQ 中断延迟由以下几方面组成:

① 请求通过同步器的最长时间。

② 最长指令的完成时间;最长指令是包括 PC 的所有寄存器的 LDM 加载指令。

③ 数据中止异常进入时间。

④ FIQ 进入时间。

当延迟结束后,ARM7TDMI 处理器执行在 0x1C(FIQ 中断向量地址)的指令。在使处理器频率 41.78 MHz 的系统中,最大的总延迟时间是 50 个处理器周期,即在 1.2 μs 内。

对于最大的中断请求延迟(IRQ),其计算与 FIQ 类似,但如果允许 FIQ 有更高的优先级,其结果是,进入 IRQ 处理程序的延迟时间是随机的。如果 LDM 指令没有应用,延迟时间可缩短到 42 个处理器周期。有些编译器有一种选择,即编译而不使用 LDM 指令。另外一种选择是在 Thumb 模式下运行部分指令,这样延迟时间可缩短到 22 个处理器周期。

对 FIQ 或 IRQ 中断,最小的延迟时间是 5 个处理器周期,其中包含请求通过同步器的最短时间加上进入例外操作模式的时间。

表 6-2 IRQ/ FIQ 寄存器位描述

位	描 述	位	描 述
0	所有中断进行逻辑或运算	13	主要串行外围接口
1	软中断	14	通用异步收发器
2	计时器 0	15	外部中断请求 IRQ0
3	计时器 1	16	比较器
4	闹钟:定时器 2	17	脉冲斜度调制
5	看门狗定时器:定时器 3	18	外部中断请求 IRQ1
6	烧写控制	19	可编程逻辑阵列 IRQ0
7	模数转换通道	20	可编程逻辑阵列 IRQ1
8	锁相环锁	21	外部中断请求 IRQ2
9	I^2C0 从属	22	外部中断请求 IRQ3
10	I^2C0 主机	23	脉宽调制装置(仅 IRQ)/ 同步脉宽调制(仅 F RQ)
11	I^2C1 主机		
12	从属串行外围接口		

6.1.2 常规中断 IRQ

常规中断请求(IRQ)是进入处理器中断模式的特殊信号,常用来服务于内部和外部事件的通用中断处理。4 个用于常规中断请求的 32 位寄存器是:常规中断状态寄存器 IRQSTA、常规中断信号寄存器 IRQSIG、常规中断使能 IRQEN 和常规中断清除 IRQCLR。如表 6-3 所列。

表 6-3 常规中断寄存器

名 称	地 址	默认值	访问方式
IRQSTA	0xFFFF0000	0x00000000	R
IRQSIG	0xFFFF0004	0x00xxx000	R
IRQEN	0xFFFF0008	0x00000000	R/W
IRQCLR	0xFFFF000C	0x00000000	W

1. IRQSTA 寄存器

IRQSTA(只读)提供电流用以激活常规中断源状态。当值设为 1 时常规中断源将在 ARM7TDMI 内核产生一个主动常规中断,不使用优先编码器或中断向量发生器。该中断用软件执行一个普通的中断处理程序。寄存器的 32 位是一个逻辑或的关系,用以产生送入 ARM7TDMI 内核的常规中断信号。

2. IRQSIG 寄存器

IRQSIG(只读)反映了各种不同的常规中断源的状态。当一个外部设备产生一个常规中断信号时,IRQSIG 中相应位被置位,否则相应的位被清零。当特殊外部设备中的中断被清除时,IRQSIG 相应位也被清零。所有的常规中断源均可在 IRQSIG 寄存器中被屏蔽。

3. IRQEN 寄存器

IRQEN 提供了当前使能的掩码值。当相应位被置位时,请求源被允许创建一个 IRQ 特例。当该位被置零时,请求源请求不允许或被屏蔽,无法产生中断异常。

4. IRQCLR 寄存器

IRQCLR(只写)清除 IRQEN 寄存器,用以屏蔽中断源。每一位在置位时清除 IRQEN 寄存器中相应位且不会对剩余位造成影响。IRQEN 和 IRQCLR 两个寄存器不需要全部的读—修改—写,就可以独立地操作屏蔽使能。

6.1.3　快速中断 FIQ

快速中断请求(FIQ)是处理器进入快速中断请求模式的特殊信号。它主要用于短时间延迟数据转换或者通信通道任务。在提供二级中断时(最高优先级)快速中断请求(FIQ)接口和常规中断(IRQ)接口是一致的。

四个用于快速中断请求的 32 位寄存器是:快速中断状态寄存器 FIQSTA、快速中断信号寄存器 FIQSIG、快速中断使能 FIQEN 和快速中断清除 FIQCLR。各寄存器如表 6-4 所列。

表 6-4　快速中断寄存器

名　称	地　址	默认值	访问方式
FIQSTA	0xFFFF0100	0x00000000	R
FIQSIG	0xFFFF0104	0x00xxx000	R
FIQEN	0xFFFF0108	0x00000000	R/W
FIQCLR	0xFFFF010C	0x00000000	W

1. FIQSTA 寄存器

FIQSTA 的位 31 和位 1 通过逻辑或运算产生一个快速中断请求信号(快速中断请求信号源),给内核及快速中断请求与常规中断请求寄存器的第 0 位。

2. FIQSIG 寄存器

FIQSIG(只读)反映了不同的快速中断源的状态。当产生一个快速中断信号时,FIQSIG 中相应位被置位,否则相应的位被清零。当中断被清除时,FIQSIG 相应位也被清零。所有的快速中断源均可在 FIQSIG 寄存器中被屏蔽。

3. FIQEN 寄存器

FIQEN 提供了当前使能的掩码值。当相应位被置位时,请求源被允许创建一个 FIQ 特例。当该位被置零时,请求源请求不允许或被屏蔽,无法产生中断异常。

4. FIQCLR 寄存器

FIQCLR(只写)清除 FIQEN 寄存器,用以屏蔽中断源。每一位在置位时清除 FIQEN 寄存器中相应的位且不会对剩余的位造成影响。FIQEN 和 FIQCLR 两个寄存器不需要全部的读—修改—写,就可以独立地操作屏蔽使能。

FIQEN 和 FIQCLR 在逻辑上不允许一个中断信号源同时在常规中断(IRQ)和快速中断(FIQ)任务中被启用。若 FIQEN 中的 1 个位被置位,则 IRQEN 中相同的位同时被清零。同样,若 IRQEN 中的 1 个位被置位,则 FIQEN 中相同的位同时被清零。同一个中断信号源可在 IRQEN 和 FIQEN 两者的屏蔽中被禁止。

6.1.4 软件中断

软件中断是一种由用户设置的同步中断,由程序指令产生,不像硬件中断那样由外部事件触发。软件中断允许运行在用户模式的程序进入监督模式,并运行监督状态下的函数。在 ARM7TDMI 的硬件调试系统中,应用程序可利用软件中断来申请半自主(semi－hosting)式操作,例如,打开主机中的一个文件,向调试通道发送一个字符等(这些操作必须依赖主机中的 C 程序库才能运行,因此被称为半自主式的)。利用软件中断机制,可以直观和高效地仿真调试应用程序。

软件中断是非屏蔽的,由寄存器 SWICFG 控制。该寄存器允许程序源中断控制。SWICFQ 寄存器如表 6－5 所列。

表 6－5 SWICFG 寄存器

名　称	地　址	默认值	访问方式
SWICFG	0xFFFF0010	0x00000000	W

SWICFG 同时对 IRQSTA、IRQSIG 寄存器和/或 FIQSTA、FIQSIG 寄存器进行写操作。用于软件中断的 32 位寄存器 SWICFG 的位描述如表 6－6 所列。

表 6－6 SWICFG 主存寄存器位描述

位	描　述
31～3	保留
2	程序中断－FIQ。置位/清除该位相当于置位/清除 FIQSTA 和 FIQSIG 中的第 1 位
1	程序中断－IRQ。置位/清除该位相当于置位/清除 IQRSTA 和 IQRSIG 中的第 1 位
0	保留

注意: 任何中断信号必须保持至少一个中断延迟时间,这样才能被中断控制器和用户通过 IRQSTA/FIQSTA 寄存器检测到。

6.2 定时器

ADμC7026 有 4 个通用定时/计数器:

① 定时器 0。

② 定时器 1。

③ 定时器 2 或闹钟定时器。

④ 定时器 3 或看门狗定时器。

这 4 个定时器在正常情况下可以处于自由振荡或周期性振荡运行模式中。

在自由振荡运行模式下，计数器从最大值开始减少直到 0 值，且在最小值时重新开始。也可以从最小值增加直到满值，在最大值时重新开始。

在周期模式下，计数器从寄存器（TxLD MMR）中的加载值减少（增加）直到 0 值（满值），然后又从在加载寄存器中的预定值重新开始。

定时器的时间间隔按下面的公式进行计算：

$$时间间隔=\frac{(L\times D)\times 设定值}{时钟源}$$

计数器的值可以随时通过访问它的数据寄存器（TxVAL）读出。需要注意的是当一个定时器接收的是不同于内核时钟所提供的时钟信号时，将会读到一个错误的值（原因在于非同步的时钟系统）。在这种情形下，TxVAL 应该被读两次，若两次读到的结果不同，那么它将继续读第三个时间以便得到正确的值。

定时器是通过对相应的控制寄存器（TxCON）进行写操作而启动的。

在正常模式下，当计数递减时，每次计数器计数到零时产生中断请求。当递增计数递增时，每次计数器计数到满值时产生中断请求。中断请求可以通过向特殊定时器（TxCLRI）的寄存器写入任意值而被清除。当使用一个异步时钟对时钟定时器定时时，定时器模块中的中断清除所花的时间要比它在中断程序中代码执行的时间更多。在退出中断服务程序之前，要保证中断信号被清除，这可以通过检查 IRQSTA 寄存器来实现。

6.2.1　定时器 0

定时器 0 是一个通用的 16 位定时器（递减计数），带有一个可编程的预分频器，如图 6-2 所示。预分频器时钟源是内核时钟频率（HCLK），内核时钟频率可以按 1、16、256 的比例进行分频。

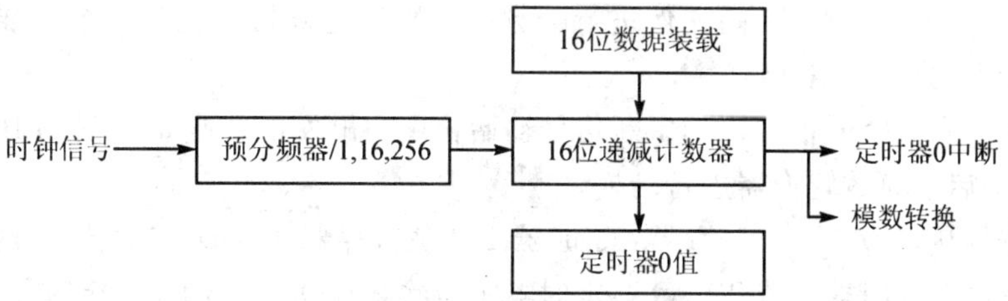

图 6-2　定时器 0 时钟结构图

定时器 0 的接口包含 4 个寄存器：定时器 0 加载寄存器 T0LD、定时器 0 计数状态寄存器 T0VAL、定时器 0 控制寄存器 T0CON 和定时器 0 清除寄存器 T0CLRI。定时器 0 寄存器如表 6-7 所列。

表 6-7 定时器 0 寄存器

名 称	地 址	默认值	访问方式
T0LD	0xFFFF0300	0x0000	R/W
T0VAL	0xFFFF0304	0xFFFF	R
T0CON	0xFFFF0308	0x0000	R/W
T0CLRI	0xFFFF030C	0xFF	W

T0LD 为 16 位定时器 0 加载寄存器。T0VAL 为定时器 0 计数状态寄存器，它是 16 位只读寄存器，描述计数器的当前状态。定时器 0 清除寄存器 T0CLRI 是一个 8 位寄存器，向此寄存器写任意值可清除中断。定时器 0 控制寄存器 T0CON 为配置寄存器，描述如表 6-8所列。

表 6-8 T0CON 寄存器位描述

位	值	描 述
31～8		保留
7		定时器 0 使能位。通过用户置位使计时器 0 使能 用户清零则定时器 0 失效
6		定时器模式。用户可以置位为周期运行模式，清除置位运行在默认模式，即自由振荡模式
5～4		保留
3～2		预分频
	00	内核时钟/1，默认值
	01	内核时钟/16
	10	内核时钟/256
	11	未定义，与 00 相同
1～0		保留

6.2.2 定时器 1(通用定时器)

定时器 1 是带有可编程预分频器的通用 32 位计时器(递减或递增计数)，激励源可以是 32 kHz 外部晶振、内核时钟频率或一个外部通用输入输出 GPIO 引脚 P1.0 或 P0.6。这一激励源能按 1、16、256 或 32 768 的比例进行分频。计数器能被格式化为一个标准的 32 位值或作为时:分:秒:百分之一格式。

定时器 1 含有一个能被选定的中断信号初始化声明触发的捕捉寄存器(T1CAP)，可以按图 6-3 所示来启动模数转换器进行转换。

定时器 1 的接口包含 5 个寄存器：定时器 1 加载寄存器 T1LD、定时器 1 计数状态寄存器 T1VAL、定时器 1 控制寄存器 T1CON、定时器 1 清除寄存器 T1CLRI 和定时器 1 捕获寄存器 T1CAP。定时器 1 寄存器如表 6-9 所列。

T1LD 是一个 32 位的加载寄存器。定时器 1 计数状态寄存器 T1VAL 是一个表征当前计数器状态的 32 位只读寄存器。定时器 1 控制寄存器 T1CON 为 32 位配置寄存器，描述如表 6-10 所列。

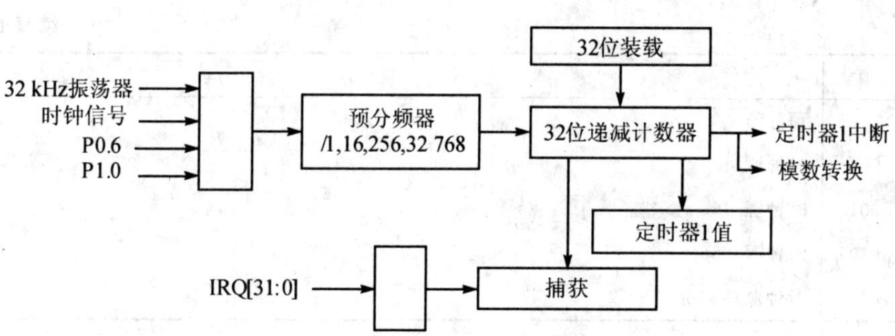

图 6－3　定时器 1 时钟结构图

表 6－9　定时器 1 寄存器

名　称	地　址	默认值	访问方式
T1LD	0xFFFF0320	0x00000000	R/W
T1VAL	0xFFFF0324	0xFFFFFFFF	R
T1CON	0xFFFF0328	0x00000000	R/W
T1CLRI	0xFFFF032C	0xFF	W
T1CAP	0xFFFF0330	0x00000000	R

表 6－10　T1CON 寄存器位描述

位	值	描　述
31～18		保留
17		事件选择位。用户置位则对事件进行时间捕捉，用户清零则不对事件进行时间捕捉。
16～12		事件选择值域。0～31。这些事件的描述见表格 72。所有的事件偏置值为 2，即为：表格 72 中的事件 2 对应于定时器 1 中的事件 0
11～9		时钟选择。
	000	内核时钟（HCLK）
	001	外部的 32.768 kHz 晶振
	010	P1.0 上升沿触发
	011	P6.0 上刀沿触发
8		递增计数。用户置位则定时器 1 进行递增计数。用户清零定时器 1 进行默认的递减计数
7		定时器 1 使能位。用户置位则定时器 1 有效，用户清零则定时器 1 失效。默认状态为零
6		定时器 1 模式。用户置位则运行在周期模式。用户清除则为自由振荡模式。默认状态为零
5～4		格式
	00	二进制
	01	保留
	10	小时：分：秒：百分之（23～0 h）
	11	小时：分：秒：百分之（255～0 h）

续表 6-10

位	值	描述
3～0		预分频
	000	时钟源/1
	001	时钟源/16
	010	时钟源/256
	011	时钟源/32768

定时器 1 清除寄存器 T1CLRI 是一个 8 位寄存器。向该寄存器写任意值将清除定时器 1 中断。

定时器 1 捕获寄存器 T1CAP 是一个 32 位寄存器。它保存着当特殊事件发生时包含在 T1VAL 中的值，该事件必须在 T1CON 中被选中。

6.2.3 定时器 2(闹钟定时器)

定时器 2 是一个 32 位带有可编程预分频器的闹钟定时器(递减或递增计数)激励源可以是 32 kHz 的外部晶振、内核时钟频率或内部 32 kHz 的振荡器。时钟源可以按 1、16、256 或 32 768 的比例进行分频。闹钟定时器在内核时钟不使能时将继续工作。

计数器可以格式化为 32 位值格式或者时：分：秒：百分之一的格式。定时器 2 可以按方框图 6-4 所示的方法用来启动 ADC 转换器。

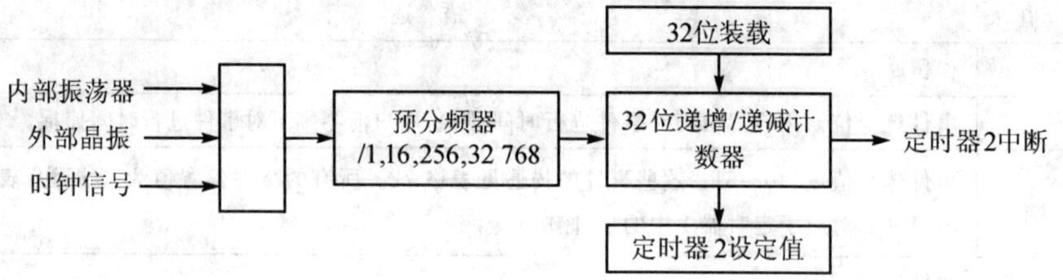

图 6-4　定时器 2 时钟结构图

定时器 2 的接口包含四个寄存器中：定时器 2 加载寄存器 T2LD、定时器 2 计数状态寄存器 T2VAL、定时器 2 控制寄存器 T2CON 和定时器 2 清除寄存器 T2CLRI。定时器 T2 寄存器如表 6-11 所列。

表 6-11　定时器 T2 寄存器

名　称	地　址	默认值	访问方式
T2LD	0xFFFF0340	0x00000000	R/W
T2VAL	0xFFFF0344	0xFFFFFFFF	R
T2CON	0xFFFF0348	0xFFFFFFFF	R
T2CLRI	0xFFFF034C	0xFF	W

T2LD 是一个 32 位加载寄存器。T2VAL 是一个表示计数器当前状态的 32 位只读寄存器。T2CLRI 是一个 8 位寄存器，向该寄存器进行写操作可清除定时器 2 的中断。T2CON 为

配置寄存器，描述如表 6－12 所列。

表 6－12　T2CON 配置寄存器位描述

位	值	描　述
31～11	保留	
10～9		时钟源
	00	外部晶振
	01	外部晶振
	10	内部振荡器
	11	内核时钟（41 MHz/2CD）
8		递增计数。用户置位则定时器 2 递增计数；用户清零则定时器 2 递减计数。默认为递减计数
7		定时器 2 使能位。用户置位则使能定时器 2，用户清零则不使能定时器 2
6		定时器 2 模式。用户置位则工作在周期模式。用户清零则工作在自由振荡模式。默认模式为由振荡模式
5～4		格式化
	00	二进制
	01	保留
	10	小时：分：秒：百分秒(23～0 h)
	11	小时：分：秒：百分秒(255～0 h)
3～0		预分频
	0000	时钟源/1，默认模式
	0100	时钟源/16
	1000	时钟源/256 期望格式为 2 和 3
	1111	时钟源/32768

6.2.4　定时器 3(看门狗定时器)

1. 工作模式

定时器 3 有两种运行模式，正常模式和看门狗模式。看门狗定时器常用于从非法的软件状态恢复，一旦被激活，它将要求周期性地修改，以防被处理器强制性复位。

(1) 正常模式

除时钟源和递增计数功能外，定时器 3 的正常模式和定时器 0 的正常模式是一样的。定时器 3 的时钟源是来自 PLL 同步逻辑的 32 kHz 时钟频率，并可以按 1、16 或 256 的比例进行分频，如图 6－5 所示。

(2) 看门狗模式

通过置位 T3CON 存储寄存器的第 5 位可进入看门狗模式。定时器 3 从 T3LD 寄存器中的当前值开始递减至 0。

T3LD 被用于计时。选择 1/256 的比例分频时可得到最大的计时时间 512 秒，此时 T3LD 为满值。定时器 3 运行在看门狗模式时由外部 32 kHz 晶振时钟控制。需要注意的是，要成功

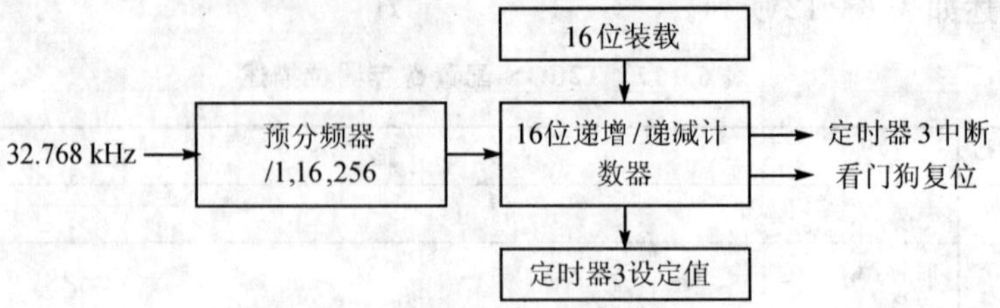

图 6-5　定时器 3 时钟结构图

地进入看门狗模式，T3CON 寄存器中的第 5 位要在向 T3LD 存储寄存器执行写操作之后置位。

如果定时器计时至值 0，是产生复位还是中断则取决于 T3CON 寄存器中的第 1 位。若要避免复位或中断，则必须在终止周期之前向 T3ICLR 进行写操作。这样就重装了计数器中的 T3LD，且开始了一个新的计时周期。

一旦进入看门狗模式，T3LD 和 T3CON 就被写保护了。这两个寄存器只有当复位信号清除看门狗使能位，导致定时器 3 退出该模式时才能被修改。

2. 寄存器说明

定时器 3 的接口包含四个主存寄存器：定时器 3 加载寄存器 T3LD，定时器 3 计数状态寄存器 T3VAL，定时器 3 控制寄存器 T3CON 和定时器 3 清除寄存器 T3CLRI。定时器 3 寄存器的名称地址、默认值和访问方式如表 6-13 所列。

表 6-13　定时器 3 寄存器

名　称	地　址	默认值	访问方式
T3LD	0xFFFF0360	0x0000	R/W
T3VAL	0xFFFF0364	0xFFFF	R
T3CON	0xFFFF0368	0x0000	R/W
T3CLRI	0xFFFF036C	0x0000	W

T3LD 是一个 16 位加载寄存器。T3VAL 是一个表征当前计数器状态的 16 位只读寄存器。T3CON 为配置存储寄存器，其描述如表 6-14 所列。

表 6-14　T3CON 寄存器位描述

位	值	描　述
31～9		保留
8		递增计数。用户置位则定时器 3 递增计数，用户清零则定时器 3 递减计数。默认为递减计数
7		定时器 3 使能位。用户置位则使能定时器 3，用户清零则不使能定时器 3。默认为不使能
6		定时器 3 模式。运行周期模式。用户清零则运行自由振荡模式。默认模式为自由振荡模式

续表 6-14

位	值	描　述
5		看门狗模式使能位。用户置位则使能看门狗模式。用户清零则不使能看门狗模式。默认为不使能
4		安全清除位。用户置位则使用安全清除选项，用户清零则不使用安全清除选项。默认为不使用
3~2		预分频
	00	时钟源/1 默认
	01	时钟源/16
	10	时钟源/256
	11	未定义。等价于 00
1		看门狗中断请求选择位。用户置位，当看门狗定时器到达 0 位时，产生一个请求信号代替复位信号。用户清零则中断请求选项无效
0		保留

T3CLRI 是一个 8 位寄存器。在正常模式下向该寄存器进行写操作，将清除定时器 3 的中断；在看门狗模式下，将复位一个新的超时周期。

安全清除位(仅用于看门狗模式)

安全清除位用于高标准保护。当置位时，为了避免看门狗复位，一个特殊的、有顺序的值必须被写到 T3ICLR，该值是一个线性反馈移位寄存器(LFSR)产生的序列，其多项式＝X8＋X6＋X5＋X＋1，如图 6-6 所示。

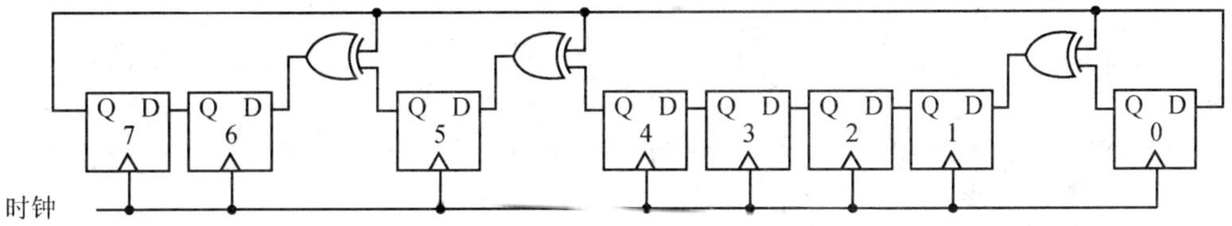

图 6-6　8 位线性反馈移位寄存器

这个初始值或期望值在进入看门狗模式之前被写进 T3CLRI。进入看门狗模式后，T3CLRI 的写操作必须和这个预期值相比较。如果相匹配，则当计数器再次重装时 LFSR 的下一个状态将是更高一级别。若未能与预期状态相匹配，那么即便计数器没有终止，它也将立即产生一个复位信号。

由于多项式的性质，0x00 将不能被用作初始期望值。值 0x00 将始终强制产生复位信号。LFSR 的值不能被读取，它只能留在/产生在软件里。

序列示例：

① 在启动计时器 3 的看门狗模式前，在 T3CLRI 赋予初始值 0xAA。

② 在 T3CLRI 存入 0xAA；定时器 3 被重新载入。

③ 在 T3CLRI 存入 0x37；定时器 3 被重新载入。

④ 在 T3CLRI 存入 0x6E；定时器 3 被重新载入。

⑤ 存入期望值 0x66、0xDC；看门狗复位芯片。

6.3 应用举例

6.3.1 外部中断 IRQ0

下面是一个使用外部中断 XIRQ0 的演示程序，是微处理器 ADμC7026 在开发板上运行的一个简单示例，演示了外部中断 0 在开发板上的应用。该程序完成的功能是端口 3 作为输出循环取补，且按下开关 S4 启动外部中断 XIRQ0 后，引脚 P4.2 输出取补，指示灯 D2 点亮。

```
#include <ADuC7026.h>                    //包含 ADuC7026 头文件
void IRQ_Handler(void) __irq;            //外部中断子程序调用
void delay(int)                          //延时子程序调用
/*************************************************************
 * 函数名称：main()
 * 函数功能：使能外部中断 0,输出配置,然后等待中断
 * 调试说明：
*************************************************************/
int main (void)  {
    IRQEN = XIRQ0_BIT;                   //使能外部中断寄存器 IRQEN 的 XIRQ0 位
    GP4DAT = 0x04000000;                 //将引脚 P4.2 设置为输出引脚
    GP3DAT = 0xff000000;                 //将端口 3 设置为输出端口
    while(1){
        GP3DAT ^= 0x00ff0000;            //端口 3 取补码
        delay(10000);                    //延时使指示灯闪烁可见
    }
    return 0 ;
}
/*************************************************************
 * 函数名称：IRQ_Handler()
 * 函数功能：外部中断 IRQ0 服务程序
 * 入口参数：无
 * 出口参数：无
*************************************************************/
void IRQ_Handler() __irq
{   GP4DAT ^= 0x00040000;                //引脚 P4.2 输出取补码
    while(GP0DAT & 0x00010){}            //等待 XIRQ 恢复为低电平
    return ;
}
/*************************************************************
 * 函数名称：delay (int length)
 * 函数功能：延时子程序
*************************************************************/
void delay (int length)
{   while (length >= 0)
        length-- ;
```

```
}
```

6.3.2 快速中断 FIQ

下面是在 ADμC7026 开发板上运行的快速中断 FIQ 应用于 AD 模数转换任务的一个演示例子程序。该程序完成的功能是进行模数(AD)转换,转换完成后产生一个快速中断 FIQ,该中断服务使输入 ADC0 引脚的模拟量在经过 AD 转换后送入 DAC,最终结果由引脚 DAC1 输出。

```
#include <ADuC7026.h>                        //包含 ADuC7026 头文件
void FIQ_Handler(void) __fiq;                //快速中断子程序 FIQ 调用
void ADCpoweron(int);                        //ADC 上电
void delay(int);                             //延时调用
void Demo Config(void);                      //配置
long ADCconvert(void);                       //AD 转换
/************************************************************
*  函数名称:main()
*  函数功能:使能 ADC 快速中断,输出配置,然后等待中断
*  调试说明:
************************************************************/
int main (void)  {
    Demo Config();                           //建立 AD/DA 转换,选择参考电源
    GP0CON = 0x00100000;                     //使能引脚 P0.5 上的 ADC 忙功能
    GP4DAT = 0x04000000;                     //将引脚 P4.2 设为输出引脚
    GP3DAT = 0xff000000;                     //将端口 3 设为输出端口
    FIQEN = ADC_BIT;                         //使能 ADC 快速中断
    while(1)
    {    GP3DAT ^= 0x00ff0000;               //P3 端口取补
         ADCCON = 0x4E3;                     //配置 AD 转换:单端转换,转换速度为 1 MSPS
         delay(0x2000);                      //延长 P3 端口的指示灯闪烁时间
    }
    return 0 ;
}
void delay (int length)
{    while (length >= 0)
     length-- ;
}
/************************************************************
*  函数名称:DemoConfig()
*  函数功能:AD/DA 转换配置,参考电源选择
************************************************************/
void DemoConfig(void) {
    ADCpoweron(20000);                       //ADC 上电
    ADCCP = 0x00;                            //在 ADC0 引脚上进行模数转换
    DAC1CON = 0x13;                          //转换范围 AGND - AVDD
```

```
    REFCON = 0x01;                          //使用 2.5V 内部参考电压
    return;
}
/***********************************************************************
 * 函数名称：ADCpoweron()
 * 函数功能：ADC 上电
***********************************************************************/
void ADC power on(int time)
{   ADCCON = 0x20;                          //ADC 上电
    while (time >= 0)                       //等待 ADC 上电完毕
    time -- ;
}
/***********************************************************************
 * 函数名称：FIQ_Handler()
 * 函数功能：快速中断服务程序
***********************************************************************/
void FIQ_Handler() __fiq
{   if ((FIQSTA & ADC_BIT) ! = 0)           //判断是否是由 ADC 产生的 FIQ
    {    DAC1DAT = ADCDAT;                  //将 ADC0 引脚的值输出到 DAC1
    }                                       //要求清除 ADC 中断
    return ;
}
```

6.3.3 定时器 1 中断

大多数中断信号产生于外围设备，定时器中断即是其中之一。下面是一个使用定时器 1 产生外部常规中断的演示程序，仍然是以 ADμC7026 系列开发板为硬件基础，此程序完成的功能是定时器 1 计数溢出产生一个外部中断，同时引脚 P4.2 按 50 ms 的周期取补码，点亮指示灯。

```
#include<ADuC7026.h                 //包含 ADuC7026 头文件
void IRQ_Handler(void) __irq;        //中断子程序调用
/***********************************************************************
 * 函数名称：main()
 * 函数功能：使能 ADC 快速中断，输出配置，然后等待中断
***********************************************************************/
int main (void)   {
     T1LD = 0x20000;                 //设定计数器初值
      T1CON = 0xC4;                  //使能定时器 1，周期模式运行，二进制格式，时钟周期 CLK/16
      IRQEN = GP_TIMER_BIT;          //使能外部中断 XIRQ0 定时器 1 中断 IRQ
    //配置通用输入/输出端口，使连接在引脚 P4.2 上的指示灯闪烁
      GP4DAT = 0x04000000;           //将引脚 P4.2 设为输出引脚，指示灯 LED 点亮
      while (1){}
}
/***********************************************************************
```

```
 * 函数名称：IRQ_Handler()
 * 函数功能：中断服务程序
****************************************************************/
void IRQ_Handler() __irq
{  if ((IRQSTA & GP_TIMER_BIT) ! = 0)          //判断是否是定时器1中断
    {   GP4DAT ^= 0x00040000;                   //引脚 P4.2 取补码
        T1CLRI = 0;                             //清除定时器1中断
    }
    return ;
}
```

6.3.4 定时器2中断

在下面的示例程序中，定时器2用作唤醒定时器，先给掉电的 CPU 局部上电，然后执行 AD 转换过程，并将转换结果以 9 600 bps 的波特率从 UART 口串行输出，之后进行每分钟一次的设备掉电，此程序仍以 ADμC7026 系列开发板作为硬件基础完成程序功能。

```
#include <ADuC7026.h>
void IRQ_Handler(void) __irq;
void senddata(short);
void ADCpoweron(int);
char hex2ascii(char);
/****************************************************************
 * 函数名称：main()
 * 函数功能：配置输出及定时器2,使能 ADC 中断
****************************************************************/
int main(void){
        GP4DAT = 0x04000000;                    //将 P4.2 设为输出引脚
        GP4DAT ^= 0x00040000;                   //P4.2 输出取补码
        GP1CON = 0x011;                         //设置引脚 P1.0 和 P1.1 的 tx & rx 引脚功能
   //设置 UART 串行口
        COMCON0 = 0x80;                         //置位 DLAB
        COMDIV0 = 0x88;
        COMDIV1 = 0x00;
        COMCON0 = 0x07;                         //清除 DLAB
        T2CON = 0xE8;
   //将定时器2设为减计数,选择时：分：秒：百分之一,时钟256分频
        T2LD = 0x00010000;                      //将计数器值设为5分钟,格式：HH:MM:SS:hh
        IRQEN = WAKEUP_TIMER_BIT;               //使能 ADC 中断 IRQ ( 0x10 )
   //设备掉电
   /*     POWKEY1 = 0x01;
          POWCON = 0x30;
          POWKEY2 = 0xF4;    */
          return 0;
   }
/****************************************************************
```

```
* 函数名称：IRQ_Handler()
* 函数功能：中断服务程序
*****************************************************************/
void IRQ_Handler() __irq{
    int t;
    GP4DAT ^= 0x00040000;
                //每次中断 P4.2 引脚输出取补,AD 转换期间点亮指示灯
    //ADC 配置
    ADCpoweron(20000);                      //ADC 上电
    REFCON = 0x01;                          //将内部 2.5V 参考电源连接到 VREF 引脚
    ADCCP   = 0x00;                         //选择 ADC 通道 1 0
    ADCCON = 0x4E3;                         //执行单端软件转换(AC Speed = 1 MSPS)
    while (! ADCSTA){}                      //等待转换结束
        senddata(ADCDAT >> 16);             //输出转换结果
    ADCCON = 0x00;                          //ADC 掉电
    t = 5000;                               //延时,确保数据由 UART 串口输出
    while(t>0){
        t--;
    }
    GP4DAT ^= 0x00040000;                   //转换完毕后将 P4.2 取补(关闭指示灯)
    T2CLRI = 0xFF;                          //清除定时器 2 中断
    //设备掉电
/*      POWKEY1 = 0x01;
        POWCON = 0x30;
        POWKEY2 = 0xF4; */
        return;
}
/****************************************************************
* 函数名称：ADCpoweron()
* 函数功能：ADC 上电
*****************************************************************/
void ADCpoweron(int time){
    ADCCON = 0x20;                          //ADC 上电
    while (time >= 0)                       //等待 ADC 上电完毕
    time--;
}
/****************************************************************
* 函数名称：senddata()
* 函数功能：数据传送
*****************************************************************/
void senddata(short to_send){
    while(! (0x020 == (COMSTA0 & 0x020))){}
        COMTX = 0x0A;
    while(! (0x020 == (COMSTA0 & 0x020))){}
        COMTX = 0x0D;
```

```
    while(! (0x020 == (COMSTA0 & 0x020))){}
        COMTX = hex2ascii ((to_send >> 8) & 0x0F);
    while(! (0x020 == (COMSTA0 & 0x020))){}
        COMTX = hex2ascii ((to_send >> 4) & 0x0F);
    while(! (0x020 == (COMSTA0 & 0x020))){}
        COMTX = hex2ascii (to_send & 0x0F);
}
char hex2ascii(char toconv){
    if (toconv<0x0A) {
        toconv += 0x30;
    }
    else {
        toconv + = 0x37;
    }
    return (toconv);
}
```

6.3.5 看门狗中断

定时器3有两种运行模式,正常模式和看门狗模式。看门狗模式使能之后,需要程序在规定周期内喂狗,否则会产生看门狗溢出。看门狗溢出会产生中断或复位,具体由用户程序决定,下面演示的是看门狗溢出产生中断的例子程序。要注意的是,在看门狗中断执行之后,需要软件复位以便重新开始下一次代码执行。

```
#include<ADuC7026.h>
void delay(int);
void IRQ_Handler(void) __irq;
/*************************************************************
* 函数名称: main()
* 函数功能: 配置输出及定时器3,使能中断
*************************************************************/
int main(void){
char i;
GP1DAT = 0x01000000;                //将引脚P1.0设为输出引脚
GP4DAT = 0x04000000;                //将引脚P4.2设为输出引脚,指示灯LED点亮
T3LD = 0x1000;                      //设定计数器值0x1000/32768 = 125 ms
T3CON = 0xE2;                       //用IRQ代替复位,仅用于测试
IRQEN = 0x00000020;                 //定时器3中断使能
while (1){
    for (i = 0;i<4;i++){
        delay(0x30000);
        T3CLRI = 0xff;
        GP4DAT ^= 0x00040000;
        }
    delay(0xA0000);                 //长时间延时 =>提供看门狗中断t
```

```
    T3CLRI = 0xff;
    GP4DAT ^= 0x00040000;
    }
}
void delay (int length){
    while (length >= 0)
        length--;
}
/*************************************************************
* 函数名称：IRQ_Handler()
* 函数功能：中断服务程序
*************************************************************/
void IRQ_Handler() __irq    {
    if ((IRQSTA & WATCHDOG_TIMER_BIT) != 0)
                    //判断是否为定时器3中断
    {                               //看门狗中断允许需要时在复位前进行数据保存
        GP1DAT ^= 0x00010000;       //引脚P1.0取补
        RSTSTA = 0x4;               //软件中断
    }
    return ;
}
```

6.4 本章小结

本章分别对ADμC7026内部中断系统及定时器/计数器进行了介绍。中断系统中详细说明了三种不同的中断方式：常规中断、快速中断、软件中断，以及所用到的相关寄存器组；定时/计数器部分介绍了ADμC7026四个通用定时/计数器的内部结构及相关寄存器的作用和配置，最后引用实例对中断及定时器的使用进行了具体的演示和说明。

第7章 系统的其他功能

电源、时钟电路和复位电路的设计对ADμC7019/7020/7021/7022/7024/7025/7026/7027的应用系统具有重要意义。电源、时钟电路和复位电路的设计决定系统能否正常工作,并且影响系统的性能指标。本章讨论电源、时钟电路和复位电路的设计及其注意事项,并给出一些设计建议。

7.1 电 源

电源为芯片提供基准电压,任何一种芯片都对供电电源有一定的规定,本节将介绍一下ADμC7019/7020/7021/7022/7024/7025/7026/7027对供电电源的要求,供电电源的接法以及电源控制系统等问题。

7.1.1 电 源

ADμC7019/7020/7021/7022/7024/7025/7026/7027的工作电源供压范围是2.7～3.6 V。只有保证电源电压在这个范围内,才能保证器件达到数据手册所给定的额定性能。相对来说,将模拟供电和数字供电引脚 AV_{DD} 和 IOV_{DD} 分离,可以使模拟供电 AV_{DD} 不受常出现在系统 IOV_{DD} 电源线上的噪声信号的干扰。在这种模式下,器件可以运行在独立供电状态下,即各供电处可以使用不同的供电电压。例如,可设计使系统运行在 IOV_{DD} 电平为3.3 V,而 AV_{DD} 电平为3 V,或者相反。典型的独立电源设计如图7-1所示。

如果不使用两个独立的电源供电,则可以通过在 AV_{DD} 和 IOV_{DD} 之间串接一个小阻抗电阻或者(和)磁珠来保证 AV_{DD} 不受 IOV_{DD} 上噪声的影响,并将 AV_{DD} 接地去耦,设计实例如图7-2所示。注意,不要在 AV_{DD} 和 IOV_{DD} 之间串接电感器,否则,电感与去耦电容会在 AV_{DD} 电

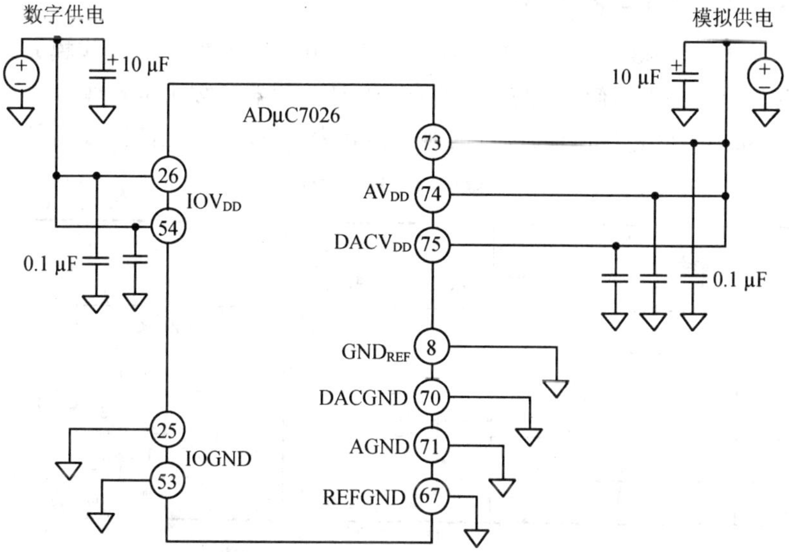

图7-1 外部双电源供电连接

源线上形成谐振电路。同时，采用电阻的阻值不能过大，以防止 AV_{DD} 上的阻抗大幅度增加。在这种设计下，图 7－2 所示电路可以从模拟电源线上驱动其他模拟电路（如放大器等）。

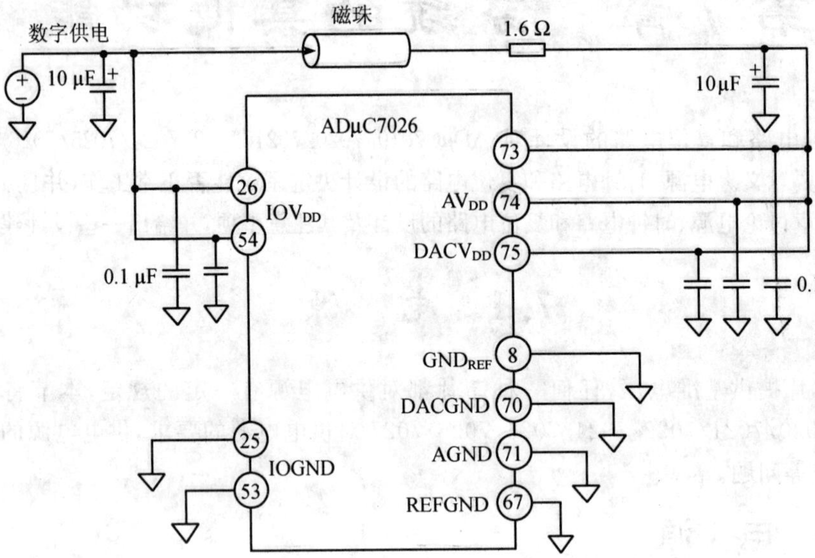

图 7－2　外部单电源供电连接

注意： 在图 7－1 和图 7－2 中，在 IOV_{DD} 上接有一个较大的储能电容器（10 μF），在 AV_{DD} 旁另有一个 10 μF 电容。另外，在芯片的 AV_{DD} 和 IOV_{DD} 引脚处分别接有一个小容量的电容（0.1 μF）。在每个标准设计中，都要保证有这些电容，而且要保证较小容量电容与每个 AV_{DD} 引脚靠近并且使线长尽量短。每个电容的接地端都要直接连接到地。最后，要注意在 ADμC7019/7020/7021/7022/7024/7025/7026/7027 单片机上的模拟地引脚和数字地引脚都要参考相同的系统地面参考点。

7.1.2　电源控制系统

ADμC7019/7020/7021/7022/7024/7025/7026/7027 上可以选择操作模式。不同操作模式下的上电器件以及上电时间如表 7－1 所列。时钟分频器位数决定器件的功耗，不同模式下的全部电流（模拟电流和数字电流）消耗的典型值如表 7－2 所列，这时 ADC 是关闭的。

表 7－1　操作模式

模式	内核	外设	PLL	XTAL/T2/T3	IRQ0～IRQ3	启动/上电时间
运行	×	×	×	×	×	130 ms 在 CD=0
暂停		×	×	×	×	24 ns 在 CD=0；3 μs 在 CD =7
等待			×	×	×	24 ns 在 CD=0；3 μs 在 CD =7
休眠				×	×	1.58 ms
停止					×	1.7 ms

注意：这些典型值包括了测量这些值的测试板上的校准器和其他器件的功耗。

表 7-2　典型的电流消耗(25 ℃)

PC[2～0]	Mode	CD=0	CD=1	CD=2	CD=3	CD=4	CD=5	CD=6	CD=7
000	运行	33.1	21.2	13.8	10	8.1	7.2	6.7	6.45
001	暂停	22.7	13.3	8.5	6.1	4.9	4.3	4	3.85
010	等待	3.8	3.8	3.8	3.8	3.8	3.8	3.8	3.8
011	休眠	0.4	0.4	0.4	0.4	0.4	0.4	0.4	0.4
100	停止	0.4	0.4	0.4	0.4	0.4	0.4	0.4	0.4

7.2　时　钟

每个芯片都有自己的时钟，时钟是芯片发生信号的频率基准。ADμC7019/7020/7021/7022/7024/7025/7026/7027 的时钟源既可由片内的同步逻辑 PLL 产生，也可由外部时钟输入产生。本节主要介绍了时钟振荡器的用法，时钟系统以及外部晶体振荡和时钟选择等问题。

7.2.1　时钟振荡器

使用片内的 PLL 产生时钟源，要在引脚 XCLKI 和 XCLKO 之间连接一个 32.768 kHz 的晶振，并且两引脚与地之间都要连接一个接地电容，如图 7-3 所示。这个晶振使 PLL 能正确锁定给出频率 41.78 MHz，如果没有外部时钟，则一般由内部振荡器给出 41.78 MHz±3%的频率。

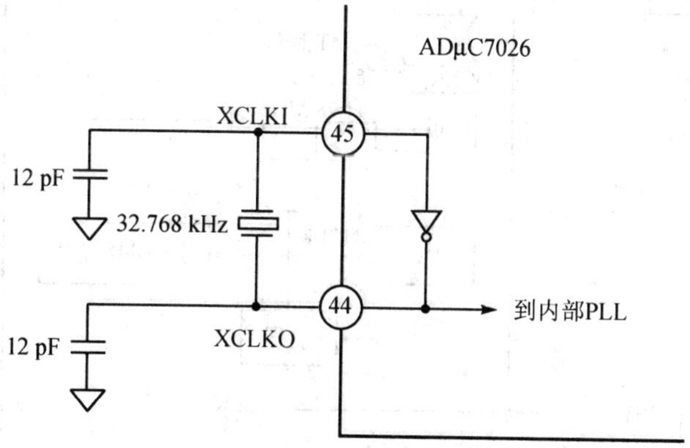

图 7-3　外部并联晶振连接

使用外部时钟源输入代替 PLL(如图 7-4 所示)，则需要修改 PLLCON 的位 0 和位 1，外部时钟使用 P0.7 和 XCLK。

使用外部时钟源时，为保证模拟设备和 FLASH/EE 正常运行，应保证 ADμC7019/7020/7021/7022/7024/7025/7026/7027 的时钟工作范围在 50 kHz～(44 MHz±1%)之间。

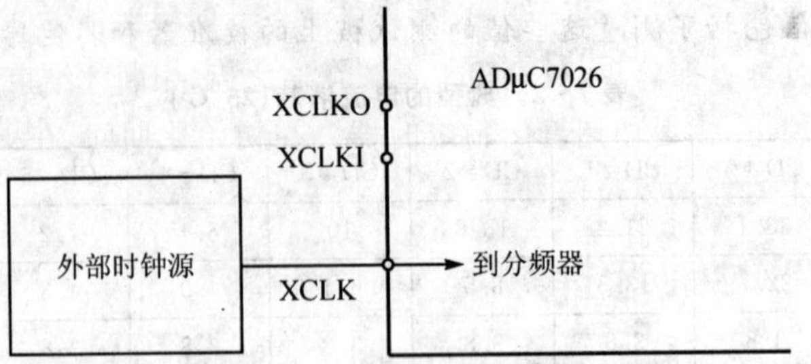

图 7-4　连接一个外部时钟源

7.2.2　时钟系统

每个 ADμC7019/7020/7021/7022/7024/7025/7026/7027 都集成了一个 32.768 kHz± 3%的振荡器、一个时钟分频器和一个同步逻辑。同步逻辑 PLL 将内部时钟振荡器或者外部的 32.768 kHz 晶振的振荡频率按倍数分频(1 275),为系统提供一个稳定的 41.78 MHz 的时钟,称为 UCLK。为了节能,内核可以在这个频率下或者其因数倍频率下工作。内核的实际工作频率 UCLK/2^{CD}称为 HCLK。内核时钟频率的默认值是同步逻辑 PLL 的 1/8(CD=3),即 5.22 MHz。内核时钟频率也可以由 ECLK 引脚的外部时钟获得,如图 7-5 所示。在使用内部振荡器或者外部晶体振荡器时,内核时钟都可以从 ECLK 引脚上输出。

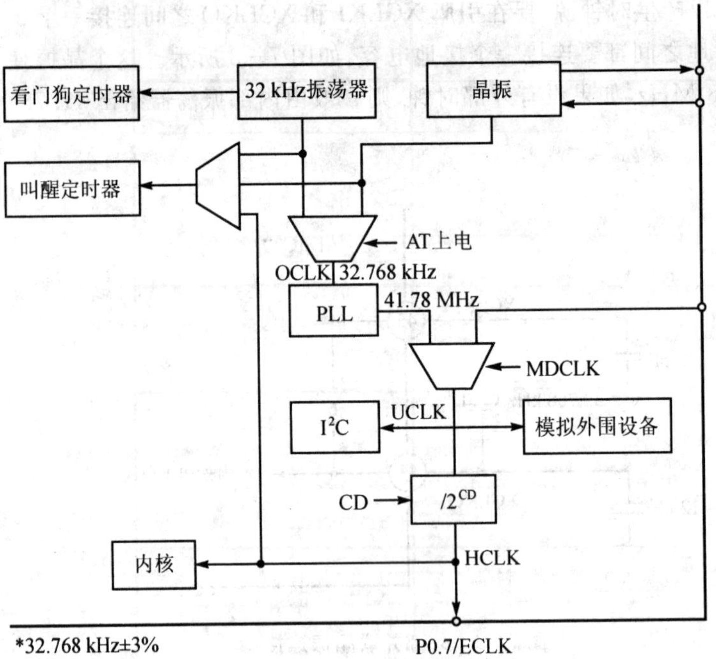

图 7-5　时钟系统

选择时钟源是在 PLLCON 寄存器中,默认状态下,器件使用内部时钟振荡器。

7.2.3　外部晶体振荡器的选择

若切换到外部晶振,PLLCON 寄存器的 OSEL 位需要被清除。在有噪声干扰的环境中,噪声可能耦合到外部晶振引脚上，同步逻辑 PLL 可能会立即失去锁定。中断控制器中将出现一个 PLL 中断，内核时钟立即停止，只有锁定重新存储之后，中断才结束。

在晶振丢失的情况下，需要使用看门狗定时器。在初始化期间，在 RSTSTA 中可以检测到是否有来自看门狗定时器的复位信号。

7.2.4　外部时钟选择

在 P0.7 上切换一个外部时钟，将 P0.7 设置为模式 1，MDCLK 设置为 11。外部时钟可以达到 44 MHz，误差为 1%。

7.3　复位和重新映射

ARM 的异常向量都位于存储阵列的底部，地址从 0x00000000～0x00000020，如图 7－6 所示。

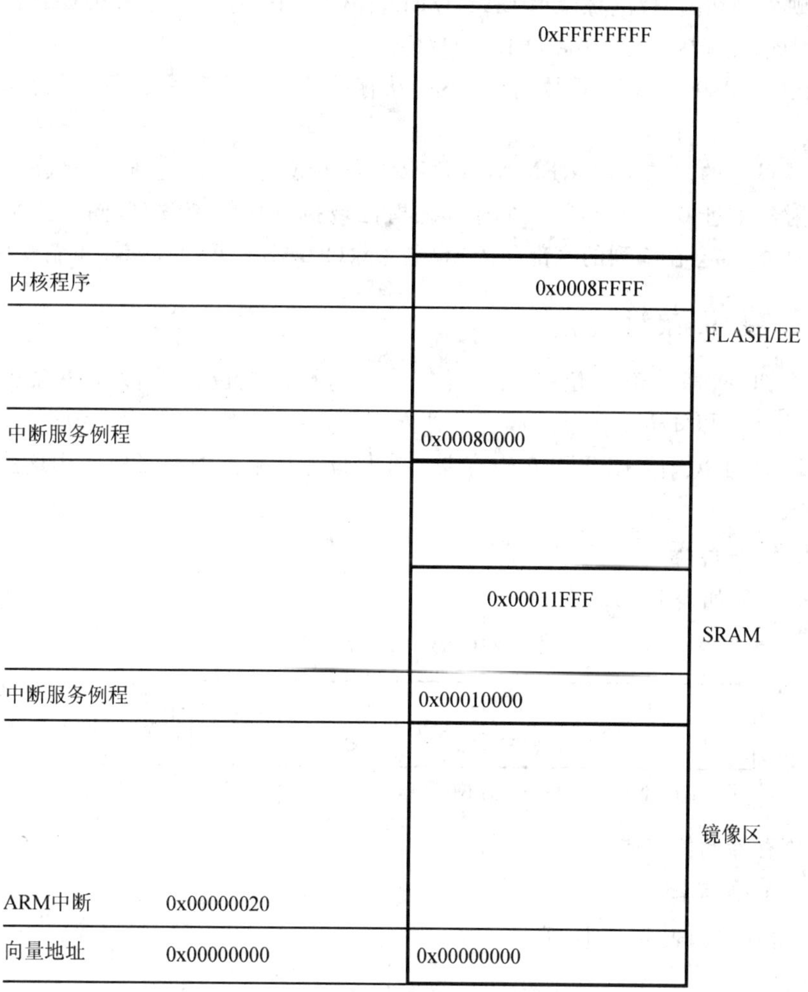

图 7－6　中断操作的重新映射

在默认情况下，每次复位后，闪速/电擦除存储器（FLASH/EE）被映射到存储阵列的底部。程序员可以通过重新映射函数将 SRAM 映射到存储阵列的底部，这样便于从 SRAM 执行异常例行程序，而不用从 FLASH/EE 中执行。这意味着在 32 位的 ARM 模式中，用 32 位的 SRAM 代替 16 位的闪速/电擦除（FLASH/EE）存储器，异常事件的执行速度将加倍。

7.3.1 重新映射操作

在 ADμC7019/7020/7021/7022/7024/7025/7026/7027 发生复位时，开始自动执行出厂编写的内部配置代码，这个内核程序是隐藏的，用户代码不能访问。如果 ADμC7019/7020/7021/7022/7024/7025/7026/7027 处于正常的模式下（BM 引脚为高电平），器件将执行内核中的上电例行程序，然后跳转到复位向量地址 0x00000000，执行用户复位异常例程。

由于复位时，闪速/电擦除（FLASH/EE）映射到存储器的底部，所以复位中断例程必须一直写到闪速/电擦除（FLASH/EE）中。

由于重新映射是在闪速/电擦除（FLASH/EE）存储器中，通过设定 REMAP 寄存器的第 0 位来完成。因此，在从闪速/电擦除（FLASH/EE）存储器中执行命令时，必须采取一些预防措施，要从大于地址 0x00080020 处执行，而不能从存储阵列的底部来进行，因为这部分会被 SRAM 替代。

上述操作是可逆的。如果将 REMAP MMR 中第 0 位清除，闪速/电擦除（FLASH/EE）存储器可以映射到地址 0x00000000。在外部映射区域执行映射函数时，同样要采取保护措施。任何一种复位，都会在阵列的底部将闪速/电擦除（FLASH/EE）存储器重新映射。

7.3.2 复位操作

复位方式有四种，即外部复位、上电复位、看门狗补偿复位和软件程序强制复位。从 RSTSTA 寄存器中可以知道上次复位属于哪种方式，如果 RSTSTA 寄存器为空，则说明是外部中断。RSTCLR 可以清除 RSTSTA 寄存器。在复位异常服务例程当中使用这些寄存器来获取复位的方式。

1. REMAP 寄存器

REMAP 寄存器如表 7－3 所列。

表 7－3　REMAP 寄存器

名　称	地　址	默认值	访问方式
REMAP	0xFFFF0220	0xXX[1]	R/W

注：1. 型号不同，数据可能不同。

REMAP 寄存器的位描述如表 7－4 所列。

2. RSTSTA 寄存器

RSTSTA 寄存器如表 7－5 所列。

表 7-4 REMAP 寄存器的位描述

位	名 称	描 述
4		只读位,表示 FLASH/EE 存储器可以使用的空间大小。如果此位置位,则表示只有 32 KB 的 FLASH/EE 寄存器可用
3		只读位,表示 SRAM 存储器可用空间的大小。如果此位置位,则表示只有 4 KB 的 SRAM 可用
2~1		保留
0	REMAP 重新映射	重新映射位。用户置位,则将 SRAM 的地址映射到 0x00000000,FLASH/EE 的地址复位后重新映射到 0x00000000,此位将自动清除。

表 7-5 RSTSTA 寄存器

名 称	地 址	默认值	访问方式
RSTSTA	0xFFFF0230	0x01	R/W

RSTSTA 寄存器的位描述如表 7-6 所列。

表 7-6 RSTSTA 寄存器的位描述

位	描 述
7~3	保留
2	软件复位。用户置位,强制进行软件复位;设定 RSTCLR 中的相应位,可将其清除
1	看门狗超时。当看门狗发生超时,则自动置位;设定 RSTCLR 中的相应位,可将其清除
0	上电复位。当发生上电复位时,则自动置位;设定 RSTCLR 中的相应位,可将其清除

3. RSTCLR 寄存器

RSTCLR 寄存器如表 7-7 所列。

表 7-7 RSTCLR 寄存器

名 称	地 址	默认值	访问方式
RSTCLR	0xFFFF0234	0x00	R/W

7.3.3 上电复位操作

ADμC7019/7020/7021/7022/7024/7025/7026/7027 上有一个内部上电复位(POR)电路。当 LV_{DD} 低于 2.35 V 时,内部 POR 保持器件复位;当 LV_{DD} 高于 2.35 V 时,在器件解除复位前,内部定时器会停止计时 128 ms,在这段时间里,用户必须保证 IOV_{DD} 供电应该稳定到 2.7 V电平以上。同样,下电时,内部 POR 保持 ADμC7019/7020/7021/7022/7024/7025/7026/7027 复位,直到 LV_{DD} 下降到低于 2.35 V。

内部 POR 的运行的详细说明如图 7-7 所示。

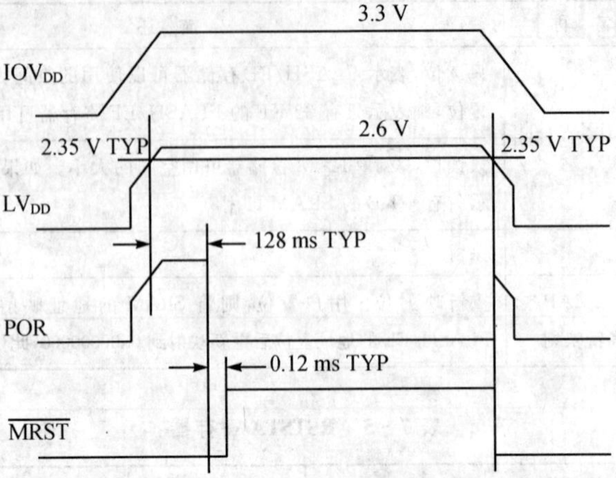

图 7-7　ADμC7019/7020/7021/7022/7024/7025/7026/7027 单片机内部复位操作

7.4　温度及电源监控

芯片都是在一定温度下、一定供电范围内才能正常工作，因此必须保证芯片工作在正常的温度和电压范围内。

7.4.1　温　度

芯片所能承受的温度都有一定的极限值，其最大绝对额定值如表 7-8 所列。一般情况下 $T_A=25$ ℃。

表 7-8　最大绝对额定值表

参　数	额定值
工作温度范围	
工业上	－40～＋125 ℃
存储温度范围	－65～＋150 ℃
节点温度	150 ℃
θ_{JA}热电阻(40 脚 CSP)	26 ℃/W
θ_{JA}热电阻(64 脚 CSP)	24 ℃/W
θ_{JA}热电阻(64 脚 LQFP)	47 ℃/W
θ_{JA}热电阻(80 脚 LQFP)	38 ℃/W
焊料达到最高点回落的温度	
锡铅熔合(10～30 s)	240 ℃
铅游离结合(20～40 s)	260 ℃

注意： 强度超出所列的最大绝对额定值可能会造成器件永久性损坏。器件长期应用在最大绝对额定值下会影响设备的可靠性。

任何时候使用器件都仅能有一项达到最大绝对额定值。

7.4.2 供电监控

供电监控器调节 ADμC7019/7020/7021/7022/7024/7025/7026/7027 上 IOV_{DD} 的供应。当 IOV_{DD} 引脚电压超过供电范围时，供电监控器将作出指示。监控器功能由 PSMCON 寄存器控制。如果在 IRQEN 或者 FIQEN 寄存器中使能，则监控器通过 PSMCON 寄存器中的 PSMI 位来中断内核，当 CMP 变为高电平时，此位立即清除。PSMCON 寄存器如表 7-9 所列。

表 7-9 PSMCON 寄存器

名 称	地 址	默认值	访问方式
PSMCON	0xFFFF0440	0x0008	R/W

PSMCON 寄存器的位描述如表 7-10 所列。

表 7-10 PSMCON 寄存器位描述

位	名 称	描 述
3	CMP	比较位。这是只读位，直接反映了比较器的状态，为 1 表明 IOV_{DD} 供电高于它的选择行程点，或者 PSM 处于掉电模式。为 0 表明 IOV_{DD} 低于它的选择行程点，当离开中断服务程序时，此位应被置位。
2	TP	行程点选择位。0=2.79 V，1=3.07 V
1	PSMEN	供电监控使能位。置 1 则使能供电监控电路，清零则供电监控电路无效
0	PSMI	供电监控中断位。当 CMP 为低时，此位由微转换器置为高，表示低 I/O 供电。PSMI 可以用于中断处理器，当 CMP 重新为高电平，PSMI 位可以写入 1 进行清除，写入 0 无效。由于不存在超时延迟，故一旦 CMP 为高，PSMI 将立即清除

7.5 有关的硬件及电路板布线设计

每个 ADμC7019/7020/7021/7022/7024/7025/7026/7027 的硬件电路设计都有一定的要求，本节将对硬件电路及电路板的设计给出一些参考建议。

7.5.1 线性电压调节器

每个 ADμC7019/7020/7021/7022/7024/7025/7026/7027 都需要供应一个 3.3 V 电压，但是内核逻辑需要 2.6 V供电。一个片上线性调节器从 IOV_{DD} 产生一个 2.6 V电压以提供给内核逻辑电路，LV_{DD} 引脚 21 为内核逻辑提供 2.6 V 供电。在 LV_{DD} 和 DGND 之间一定要连接一个 0.47 μF 的外补偿电容(尽量接近这些引脚)作为电荷储存器，如图 7-8 所示。

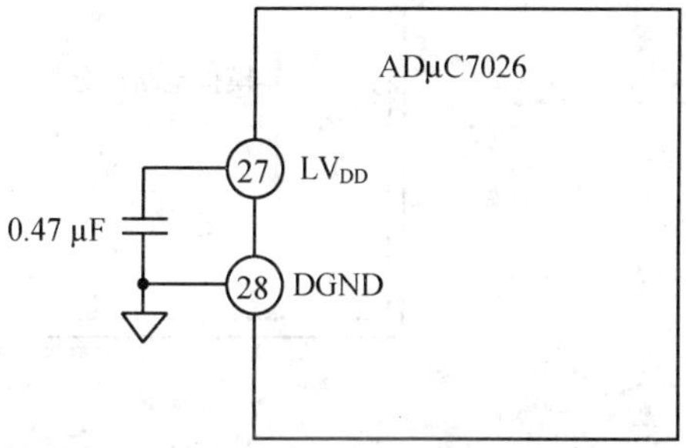

图 7-8 稳压器连接

LV_{DD} 引脚不能用于其他任何芯片。建议使用性

能良好且与 IOV_{DD} 解耦的供电电源以助于提高片上电压调节器的线性调节性能。

7.5.2 接地和电路板设计建议

由于数字转换器具有高分辨率的特点，为了得到最佳性能，必须格外注意 ADμC7019/7020/7021/7022/7024/7025/7026/7027 的接地和 PC 板布局设计，以使 ADC 和 DAC 达到最佳性能。

虽然 ADμC7019/7020/7021/7022/7024/7025/7026/7027 有各自独立的模拟地和数字地(AGND 和 IOGND)引脚，但若这两个地非常靠近器件，则可将它们就近接地，而不用将它们接到各自名义上的地，简化举例如图 7-9(a)所示。在数字地和模拟地已连在一起的系统中

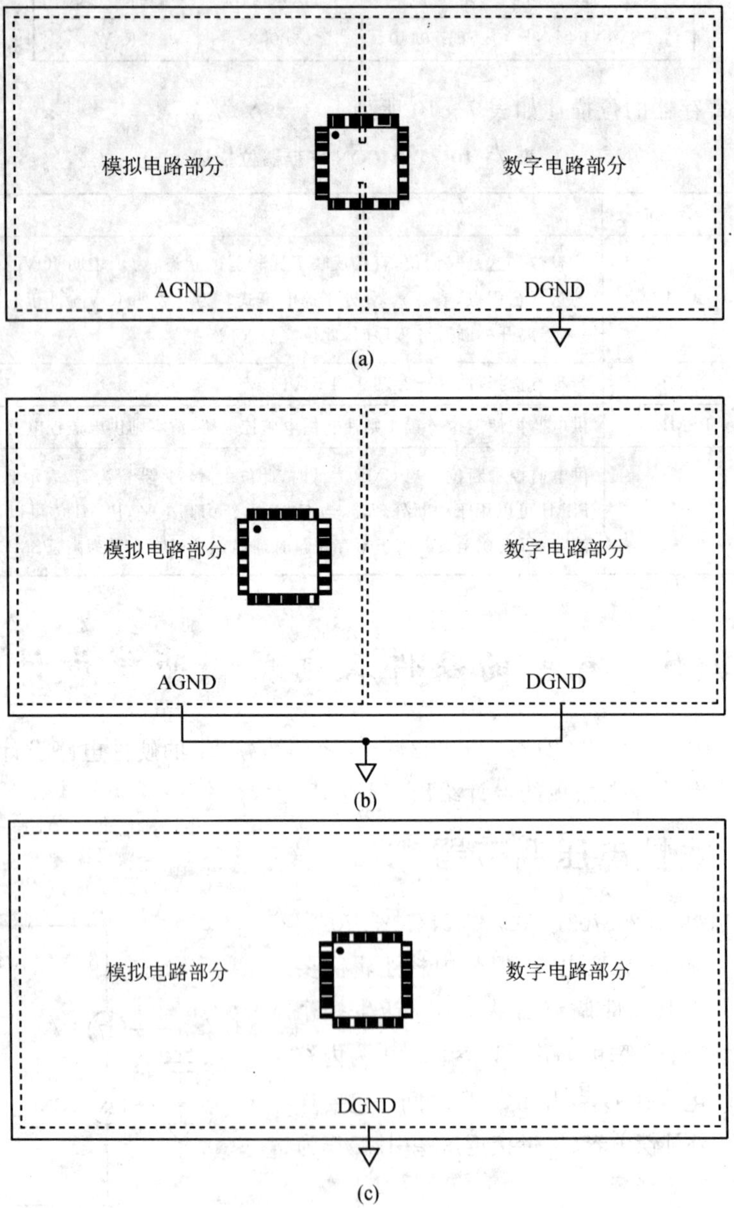

图 7-9　系统接地图解

(如系统电源处),则不能再将二种地接近器件处连接在一起,否则会导致产生地回路。在这种情况下,应将所有 ADμC7019/7020/7021/7022/7024/7025/7026/7027 的 AGND 和 IOGND 引脚都接到模拟地面上,如图 7-9(b)所示。在只有一个地的系统中,要确保在物理上将数字电路和模拟电路分别放在电路板的两个部分,这样可使数字部分电路的回流不经过模拟电路附近的地,同理,可使模拟部分的电流不经过数字电路附近的地。ADμC7019/7020/7021/7022/7024/7025/7026/7027 可放置于模拟电路和数字电路之间,如图 7-9(c)所示。

在所有这些特定情况和更复杂的实际应用中,尤其要注意来自电源的电流及入地的路径。确保所有电流返回到地的路径尽量接近电流到达器件的路径。

例如,在图 7-9(b)中,不要用 IOV_{DD} 给模拟电路中的器件供电,否则,从 IOV_{DD} 返回的电流将流过模拟地 AGND。同样,要尽量避免数字电流在模拟电路中流动,如果在图 7-9(c)板的左半面放置噪声数字芯片,则会发生数字电流在模拟电路中流动的情况。如有可能,尽量避免在地平面中产生大的中断(如在地平面层内形成一条长电路所产生的中断)。因为中断会促使返回信号传输路径过长。另外,应尽量采用一点到地,少用或不使用引线从过孔处分离引脚接地。

如果将快速逻辑信号(上升/下降时间小于 5 ns)连接到任何一个 ADμC7019/7020/7021/7022/7024/7025/7026/7027 的数字输入引脚,则应在相关的引脚上串联一个电阻,以保持 ADμC7019/7020/7021/7022/7024/7025/7026/7027 的输入引脚处的上升和下降时间长于 5 ns。通常 100 Ω 或 200 Ω 的电阻就足以防止电容性耦合产生的高速信号进入器件,并影响 A/D 转换的准确性。

7.5.3 典型系统设计

为实现在线编程、在线调试和仿真,需要增加一些必要的硬件,以便于进入下载、调试和仿真模式。下面简要介绍一下相关的硬件电路设计。

ADμC7020 的典型电路设计如图 7-10 所示,它总结了前面部分中讨论的一些硬件注意事项。

7.5.4 开发工具

ADμC7019/7020/7021/7022/7024/7025/7026/7027 单片机系列有 4 种典型的开发系统:

① ADμC7026 快速启动器是为那些想要全面理解硬件开发环境的新用户提供的,因为 ADμC7026 包含了 ADμC7019/7020/7021/7022/7024/7025/7026/7027 系列单片机的功能扩展集,使用这个系列中任何一种器件进行开发,这个快速启动器都适用,这些器件的代码都是完全兼容的。

② ADμC7020、ADμC7024 和 ADμC7026 快速启动是为那些已具有仿真器的用户提供的。这些系统包括如下的 PC 基础(Windows® 兼容)软硬件开发工具。

(1) 硬　件

- ADμC7019/7020/7021/7022/7024/7025/7026/7027 单片机开发板。
- 串行端口编程线。
- 适用于 RDI 的 JTAG 仿真器(包括 ADμC7026 快速启动器)。

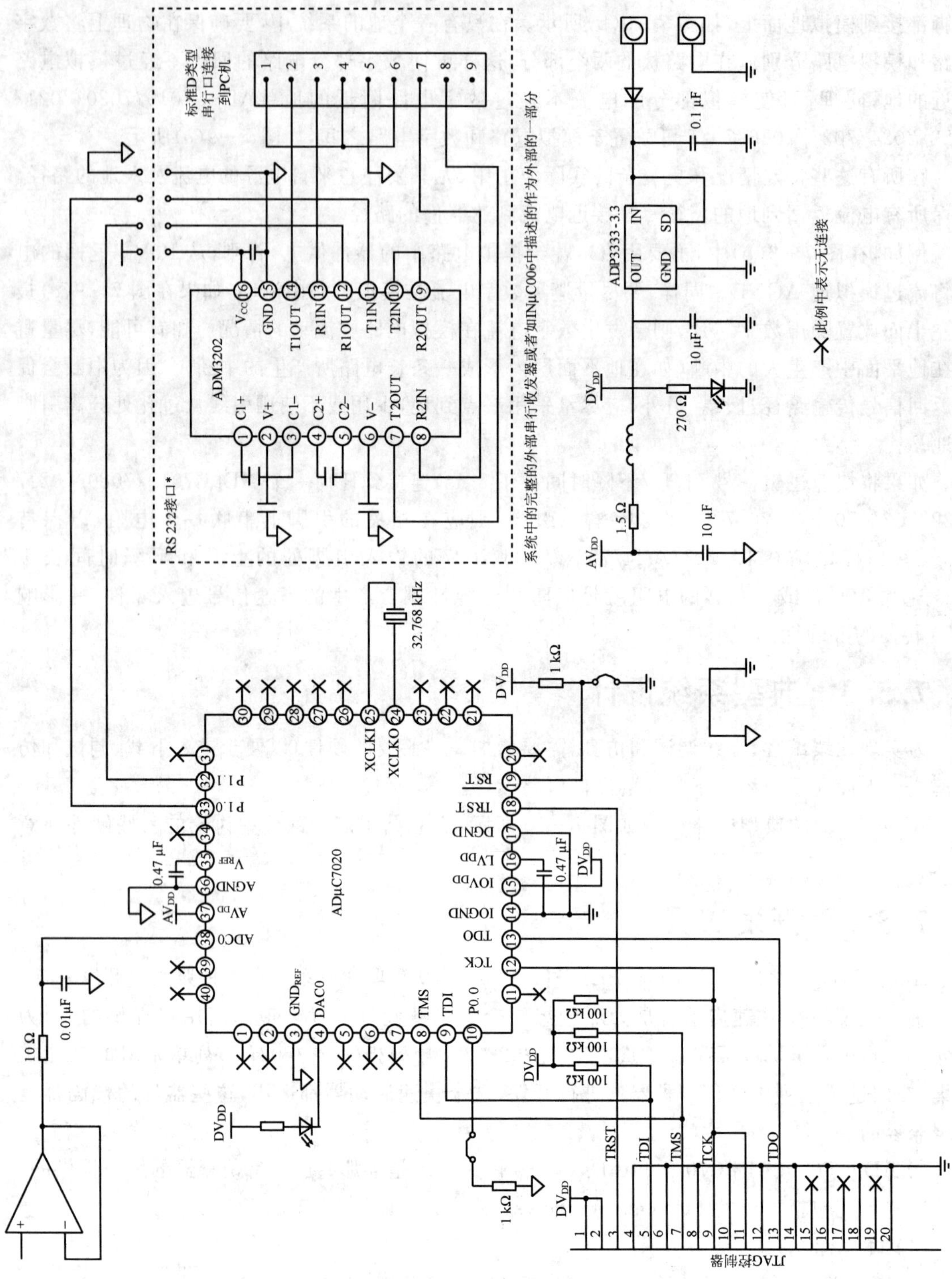
RS 232接口*
标准D类型串行口连接到PC机
ADM3202
ADμC7020
ADP3333-3.3
32.768 kHz
JTAG控制器
此例中表示无连接

图 7-10 典型系统设计

(2) 软　件

- 完整的开发环境，包含了汇编程序，编译器，非插入式的基于 JTGA 的调试器。
- 串联下载软件。
- 示例代码。

(3) 混　合

CD－ROM 文件。

7.5.5　在线串行下载

串行下载器是一个应用程序，允许用户通过 PC 上的标准串行口将程序连续下载到片内 FLASH/EE 存储器程序。

基于 UART 的串行下载器包含在所有开发系统中，对于在排序指南中不包括“I”后缀的 ADμC7019/7020/7021/7022/7024/7025/7026/7027 单片机适用。

基于 I^2C 的串行下载器可在 www.analog.com 中获取，这个软件要求的 USB 转 I^2C 的调整板可在 http://www.fh－pforzheim.de/stw－svs/texte/Dongle.html 中获取，基于 I^2C 的串行下载器只适用于排序指南中包括“I”后缀的器件模型。

以上就是实现在线串行下载的方法。

7.6　本章小结

本章主要介绍了若干系统的重要功能，包括时钟、复位和重新映射、温度、电源监控以及有关的硬件及电路板布线设计，这些功能都是使用芯片时必须知道的，对芯片的正常工作起着重要作用，是整个芯片功能中不可缺少的部分，用户使用芯片前必须了解这些功能，才能正确使用芯片。

第 8 章　μVision3 集成开发环境

ARM 公司开发的 ARM 开发工具 Real View MDK(Microcontroller Development Kit)，用于开发基于 ARM 内核微控制器的嵌入式应用程序。它适合不同层次的开发者使用，包括专业的应用程序开发工程师和嵌入式软件开发的初学者。MDK 包括符合工业标准的 RealView 编译工具、调试器以及实时组件，支持所有的 ARM 设备。MDK 的最新版本是 μVision3，可以开发基于 ARM7、ARM9、Cortex-M3 的微控制器应用程序。

8.1　安装 μVision3

μVision3 软件可以从 ULINK 仿真器产品光盘或者 Keil 网站 www.keil.com 获取安装文件(目前最新安装版本为 RealView MDK 3.24)。双击执行该文件，出现如图 8-1 所示的安装界面，根据界面安装向导的提示，完成 μVision3 软件的安装，如安装在 D:\Keil 目录下。

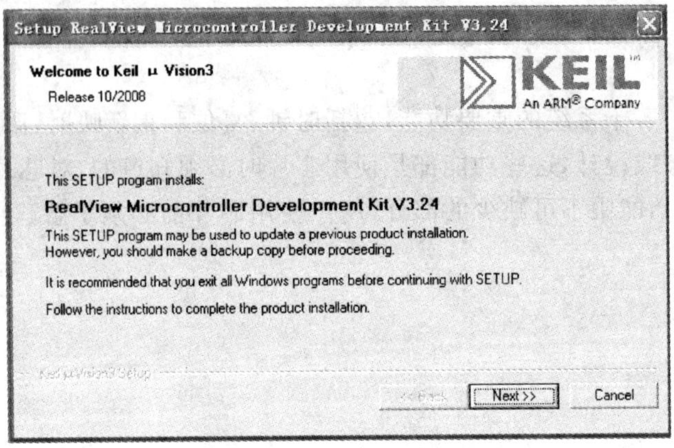

图 8-1　MDK 安装界面

8.2　μVision3 简单工程示例

μVision3 IDE 是一个基于窗口的软件开发平台，它集成了功能强大的编辑器、工程管理器以及 make 工具。μVision3 IDE 集成的工具包括 C 编译器、宏汇编器、链接/定位器以及十六进制文件生产器、软件仿真器和调试器。μVision3 有编译和调试两种工作模式，在这两种模式下设计人员可以查看并修改源文件。

μVision3 IDE 由如图 8-2 所示的多个窗口、对话框、菜单栏和工具栏组成。其中：菜单栏和工具栏用于实现快速的命令操作；工程工作区(project workspace)用于文件管理、寄存器调试、函数管理和手册管理等；输出窗口(output window)用于显示编译信息、搜索结果以及调试命令交互等；内存窗口(memory window)可以不同格式来显示内存中的内容；观测窗口

(watch & call stack window)用于观察、修改程序中的变量以及当前的函数调用关系；工作区(workspace)用于文件编辑、反汇编输出和一些调试信息的显示；外设对话框(peripheral dialogs)帮助设计者查看片上外设接口的工作状态。

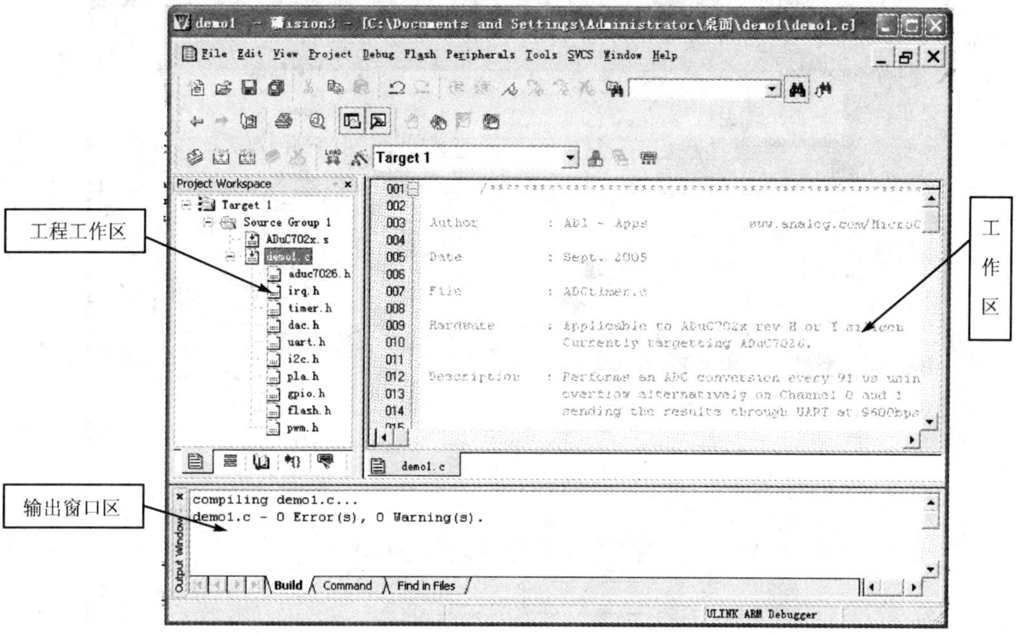

图 8-2 μVision IDE 窗口

由于篇幅受限，本书不详细介绍 μVision3 IDE 各窗口的内容和使用方法，只注重简单的工程应用。

8.2.1 设置编译器

利用 μVision3 创建应用程序，首先要设置编译器。设置编译器主要步骤如下所示。

① 打开 μVision3(关闭所有工程文件)，如图 8-3 所示。

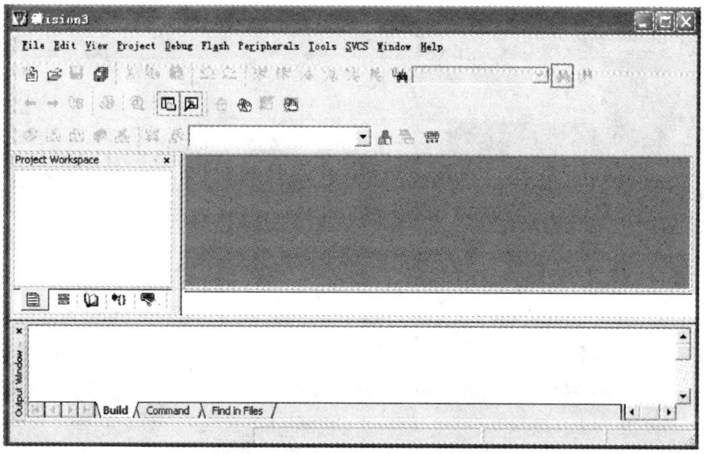

图 8-3 打开 μVision3 软件

② 选择工具集,选择 Project|Components,Environment,Books,进入编译器设置界面如图 8-4 所示。在 μVision3 中,既可以使用 ARM RealView 编译器,也可以使用 GNU GCC 编译器。当使用 GNU GCC 编译器时,需要安装相应的工具集。

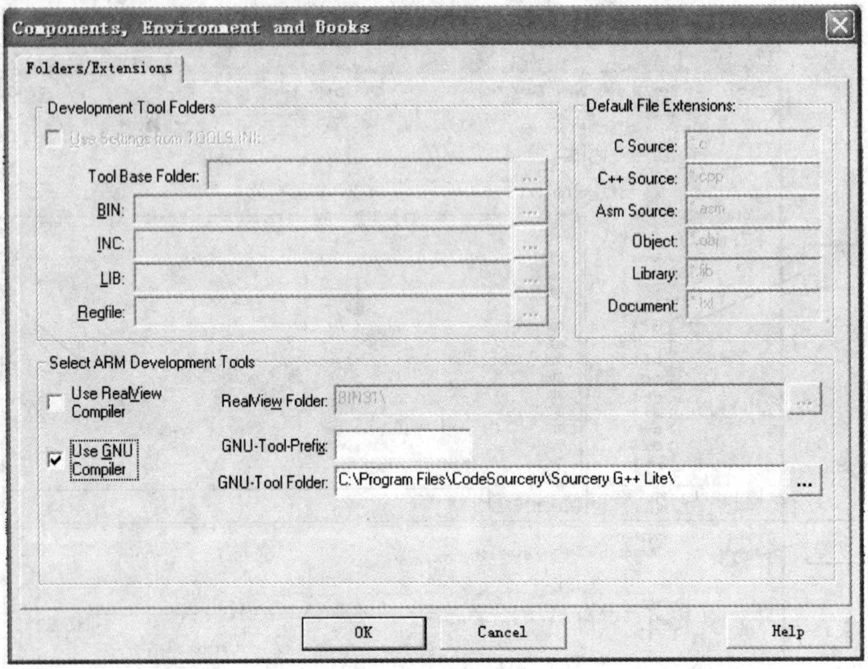

图 8-4　选择工具集

8.2.2　创建工程并选择处理器

单击 Project|New μVision Project 选项创建一个新的工程后,将弹出如图 8-5 所示的对话框。

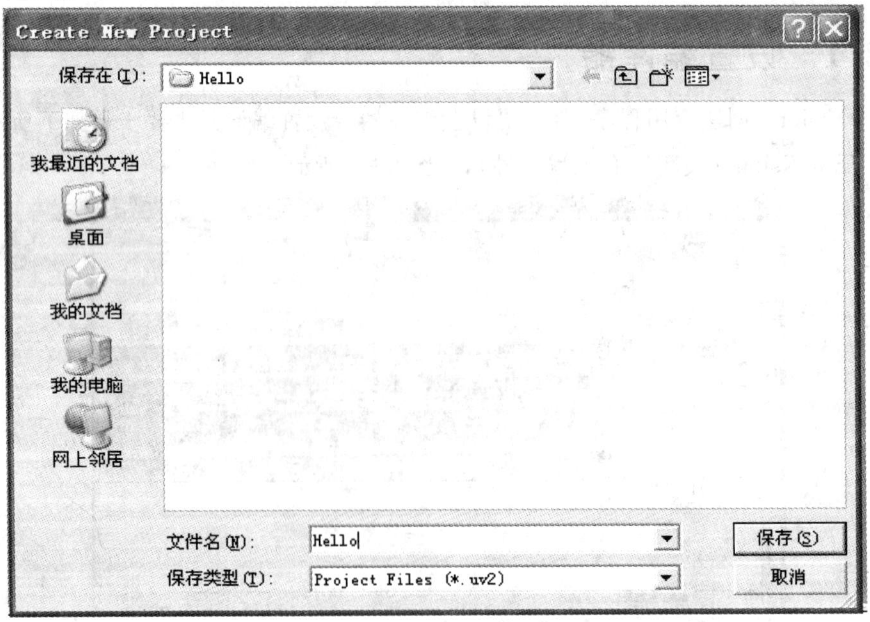

图 8-5　创建新工程对话框

在"文件名"文本框中输入新建工程的名字，单击"保存"按钮后即可创建一个新的工程。这里建一个新的文件夹 Hello，工程也命名为 Hello，单击"保存"按钮，这时将弹出如图 8－6 所示的对话框。

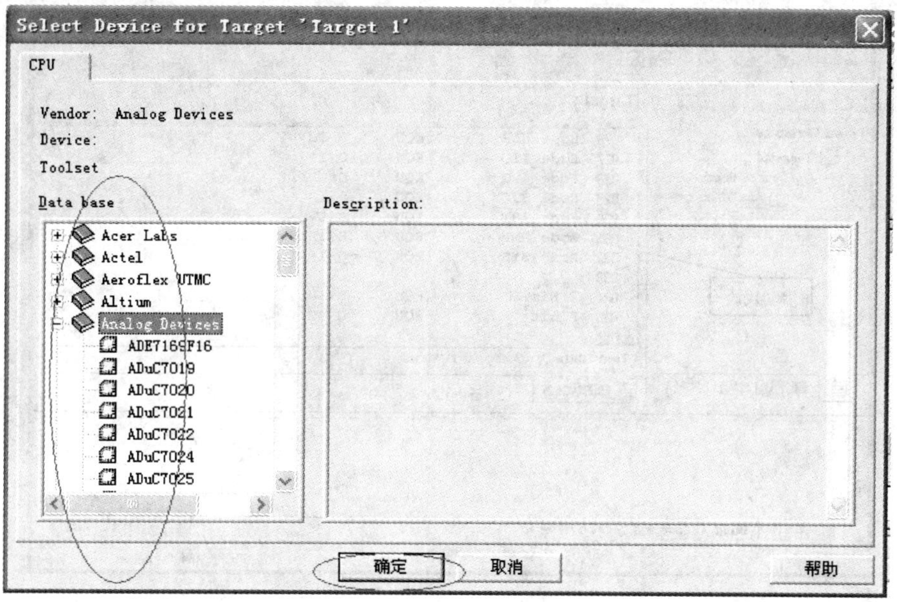

图 8－6　选择 CPU 类型

在图 8－6 的 CPU 型号列表中选择具体的 CPU 生产厂家及芯片型号。选择了某款处理器之后，μVision 3 将会自动为工程设置相应的工具选项，这可使得工具的配置过程简化。这里以 ADI 公司生产的 ADμC7026 为例，选择 ADμC7026，然后单击"确定"按钮。之后将弹出如图 8－7 所示的对话框。

图 8－7　复制启动代码到工程

对于大部分处理器设备，μVision 3 会提示用户是否在目标工程里加入 CPU 的相关启动代码，如图 8－8 所示。启动代码用来初始化目标设备的配置，完成运行时系统的初始化工作，对嵌入式系统开发而言是必不可少的。单击 OK 按钮便可将启动代码加入工程，这使得系统的启动代码编写的工作量大大减小。

μVision 3 提供默认的启动代码，对于大部分单芯片应用程序来说是一个很好的起点，但是，开发者必须根据自己目标硬件来调整部分启动代码的配置，否则可能无法使用。例如，CPU/PLL 时钟和总线系统往往会随目标系统的不同而不同，不能够自动配置。一些设备还提供了片上部件的使能/禁止可选项，这就需要开发者对目标硬件有足够的了解，以确保启动代码的配置与目标硬件完全匹配。

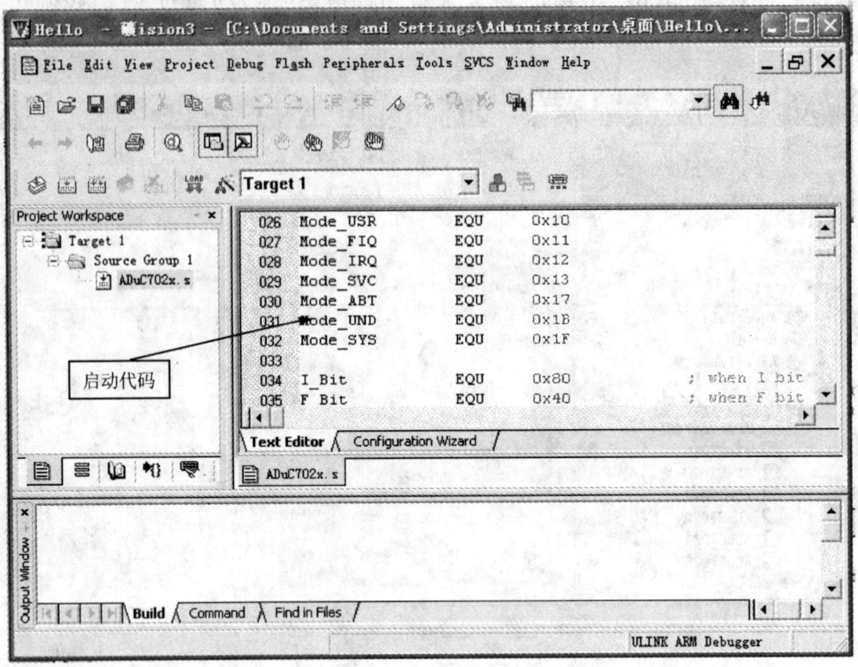

图 8-8　ADμC7026 启动代码

在设备数据库中为工程选择 CPU 后，在 Project Workspace 的 Books 菜单中就可以看到相应设备的用户手册，以供设计者参考，如图 8-9 所示。

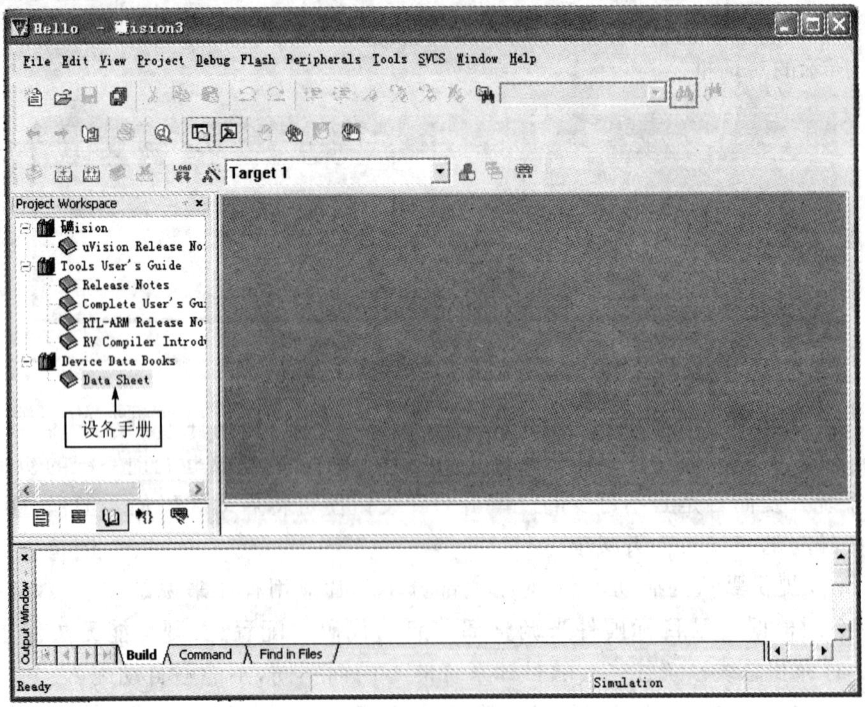

图 8-9　相应设备手册

8.2.3　硬件选项配置

μVision 3 可根据目标硬件的实际情况对工程进行配置。通过单击目标工具栏按钮或者选择 Project|Options for Target 选项，在弹出的 Target 选项卡中可指定目标硬件和选择设备片内组件的相关参数，如图 8－10 ～ 图 8－12 所示。

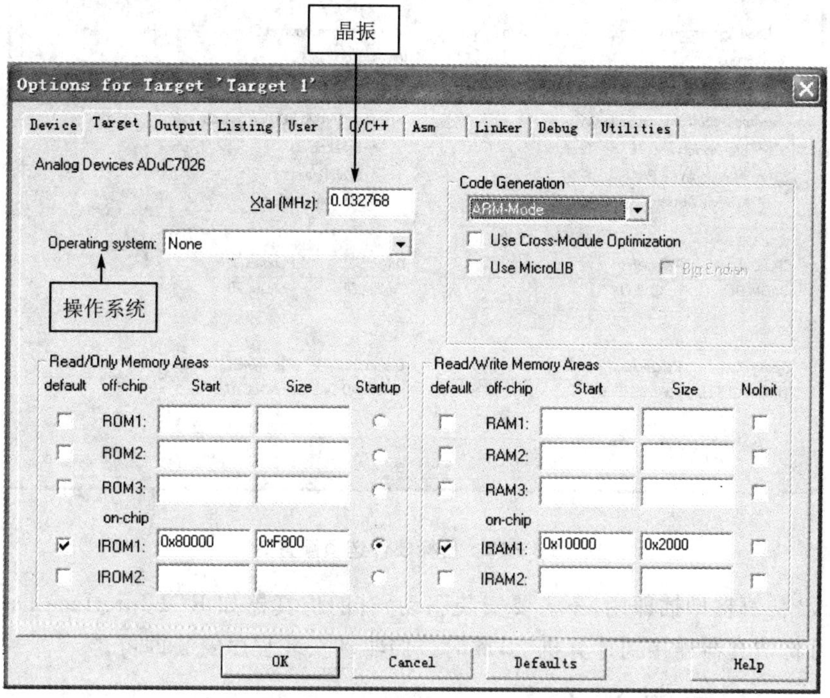

图 8－10　目标硬件选项配置 1

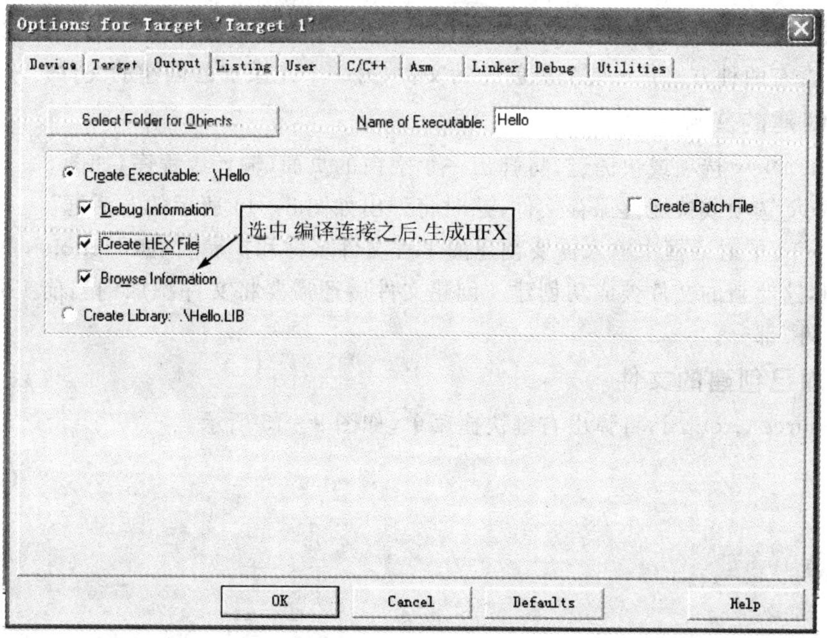

图 8－11　目标硬件选项配置 2

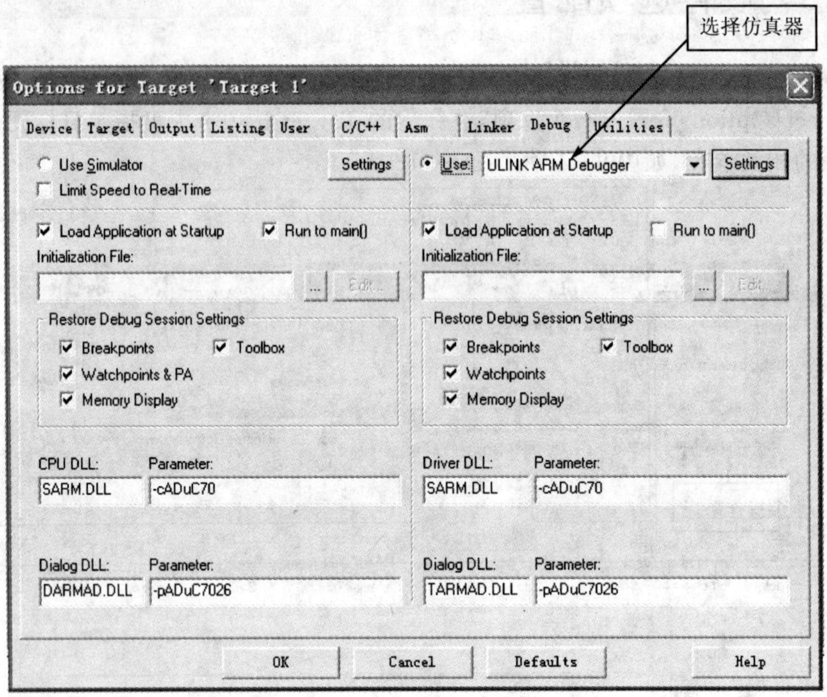

图 8-12　目标硬件选项配置 3

ULINK2 仿真器即插即用，不需要安装驱动，有的仿真器如 RDI Interface Driver 需要安装驱动，方可将仿真器连接到计算机上，此时按照驱动安装程序安装即可。

8.2.4　创建源文件

创建工程之后，需要添加用户程序文件，然后在程序文件中编写用户程序代码。添加用户程序文件通常有两种方式：一是个新创建的文件，另一个是添加已创建的文件。

1. 新创建的文件

单击 File|New 选项或快捷键，将弹出一个空白的页面，输入源程序，如图 8-13 所示。再单击 File|Save 选项或快捷键保存文件，这时将弹出如图 8-14 所示的对话框。

在图 8-14 的对话框中输入需要创建的工程文件名称和扩展名，如 Hello.c，然后单击“保存(S)”按钮，这时新的文件被成功创建。创建文件后还需要将文件添加到当前工程，见“添加已创建的文件”部分。

2. 添加已创建的文件

右击 Source Group 1，将弹出右键快捷菜单，如图 8-15 所示。

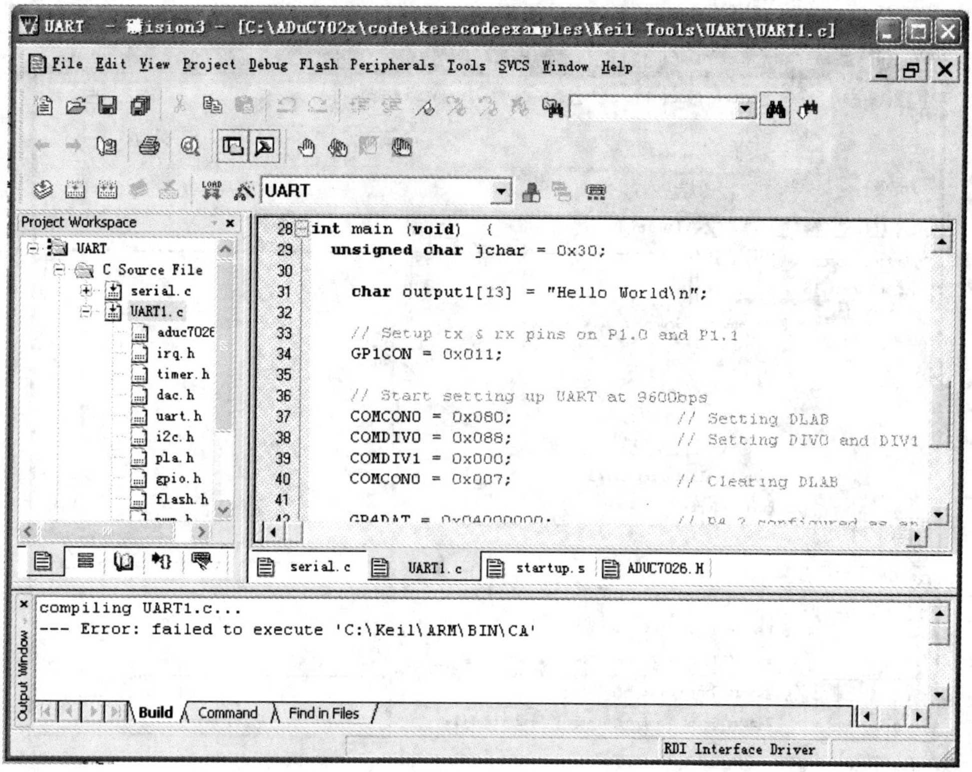

图 8-13 Hello.c 源程序

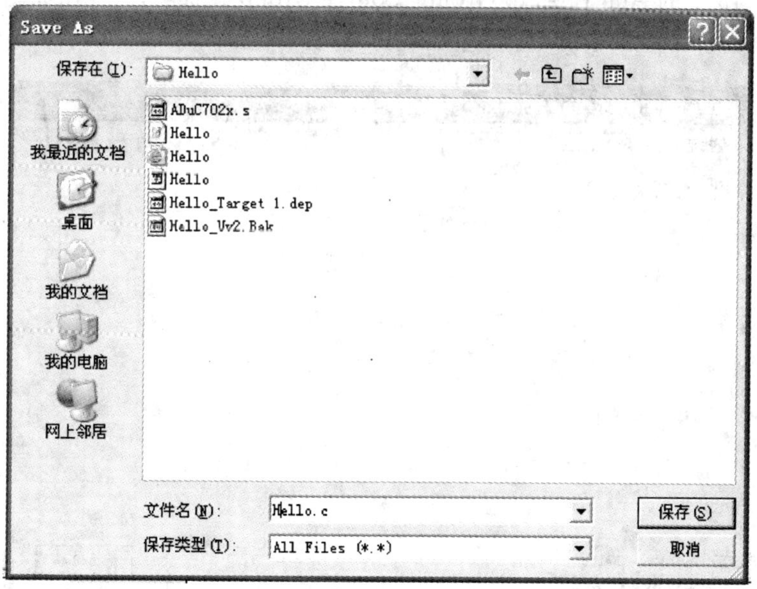

图 8-14 保存文件

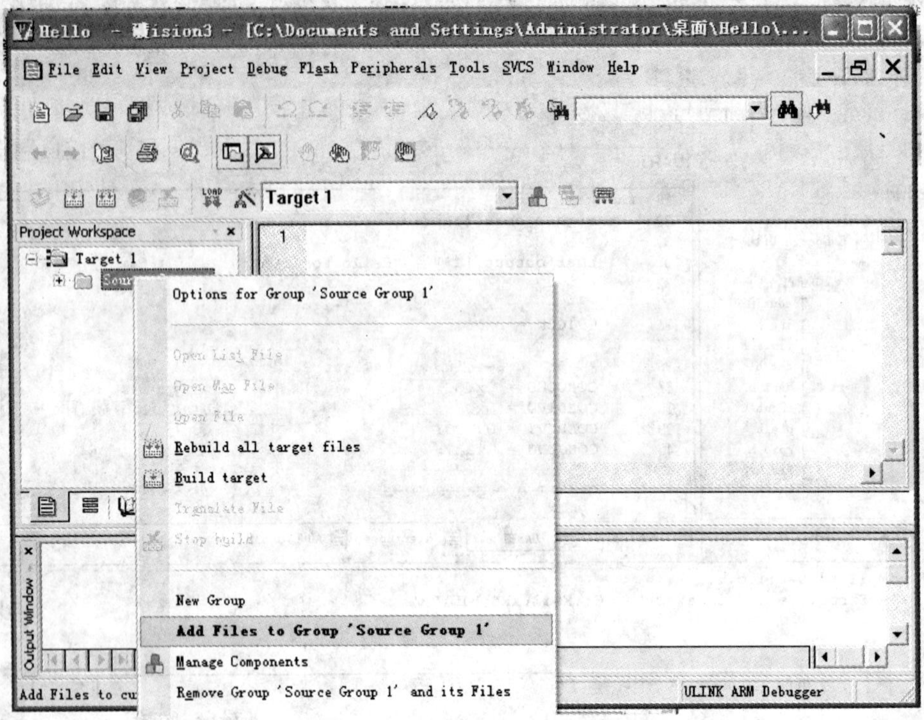

图 8-15 添加文件到工程

单击图 8-15 中的 Add Files to Group ‘Source Group 1’选项，将弹出如图 8-16 所示的对话框。

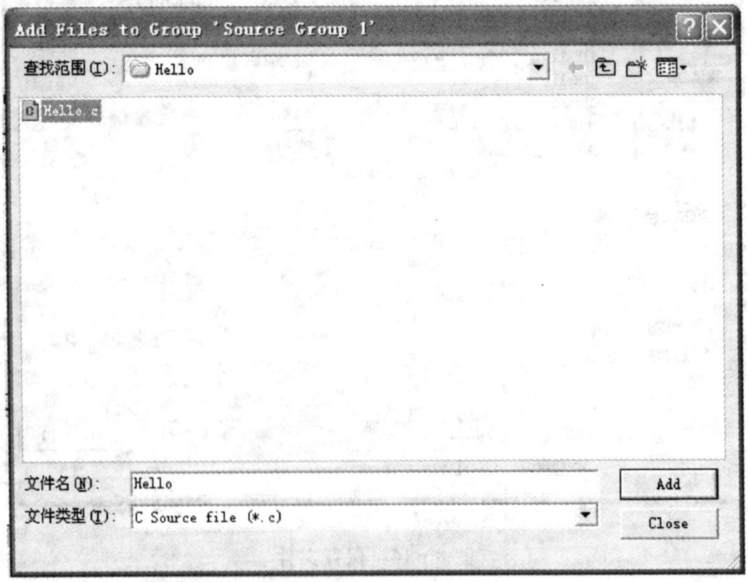

图 8-16 选择需要添加的文件

在图 8－16 所示的对话框中选择需要添加到工程的文件，然后单击 Add 按钮。这时文件被添加到工程，再单击 Close 按钮关闭该对话框即可。文件被添加到工程后即可开始编写修改程序代码了。

通常，设计人员应采用文件组来组织大的工程，将工程中同一模块或同一类型的源文件放在同一文件组中。可以通过 Project|Components，Environment，Books 打开的对话框创建自己的文件组。如图 8－17 所示。创建完文件组之后，在 Project Workspace 的 Files 菜单中会列出工程的文件列表。

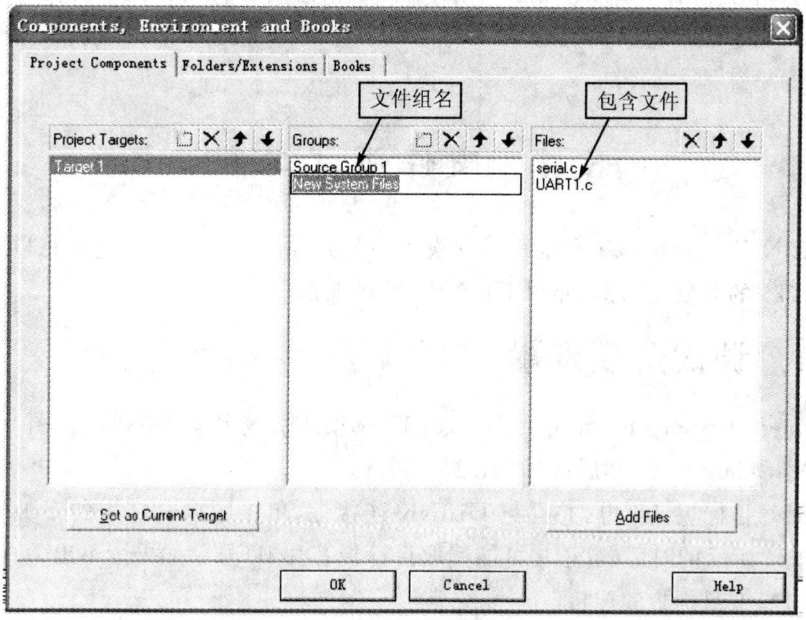

图 8－17　创建新的文件组

除了添加程序代码文件到工程外，还可以添加头文件（＊.h）和库文件（＊.lib）等。

8.3　编译链接工程

程序代码编写完成后需要编译链接生成目标代码，然后进行硬件调试或模拟仿真。编译目标代码可以单击 Project|Build target 选项，或按键盘的快捷键 F7，也可以单击工具栏中的按钮，如图 8－18 所示。

图 8－18　工具栏中的编译连接按钮

如果编译成功，开发环境下面的 Output Window 窗口中就会显示编译成功信息，如图 8－19所示。

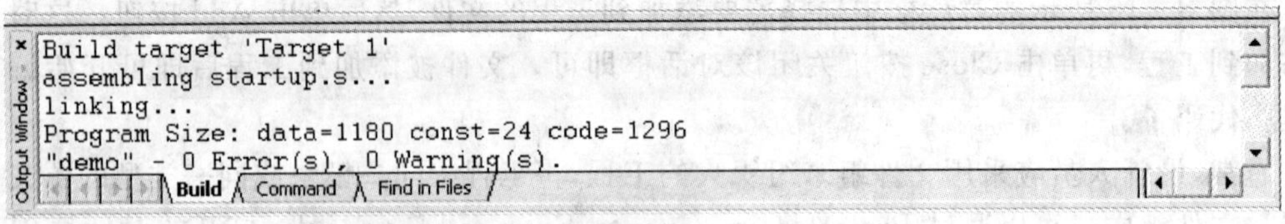

图 8-19 编译成功信息

编译成功之后，单击 Debug|Start/Stop Debug Session 选项，或者单击工具栏中的按钮，即进入仿真环境。如果编译不成功，则双击提示信息所在行，就会在 μVision 编辑窗口中打开并显示相应的出错源文件，光标会定位在该文件的出错行上，以方便用户快速定位出错信息。

8.4 硬件调试工程

使用 ULINK2 硬件调试工程前需要先设置一些必要的工程选项。这里将以 ADI 公司的基于 ADμC7026 的开发板为例，介绍 ULINK2 硬件调试。

8.4.1 调试选项设置

单击 Project|Options for target 'Target 1' 选项或快捷键，将弹出如图 8-20 所示的对话框。单击 Debug 标签，然后选择 ULINK 调试。

如果这时候目标板已上电，并且与 ULINK 连接上，单击图 8-20 中的 Settings 按钮，将弹出如图 8-21 所示的对话框，正常可能读取目标板芯片 ID 号。如果读不出 ID 号，则需要检查 ULink 与 PC 或目标板的连接。

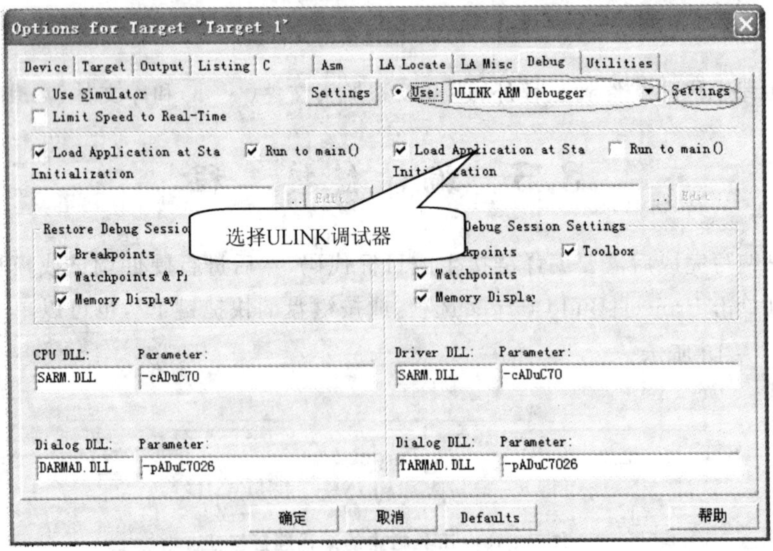

图 8-20 选择 ULink 调试

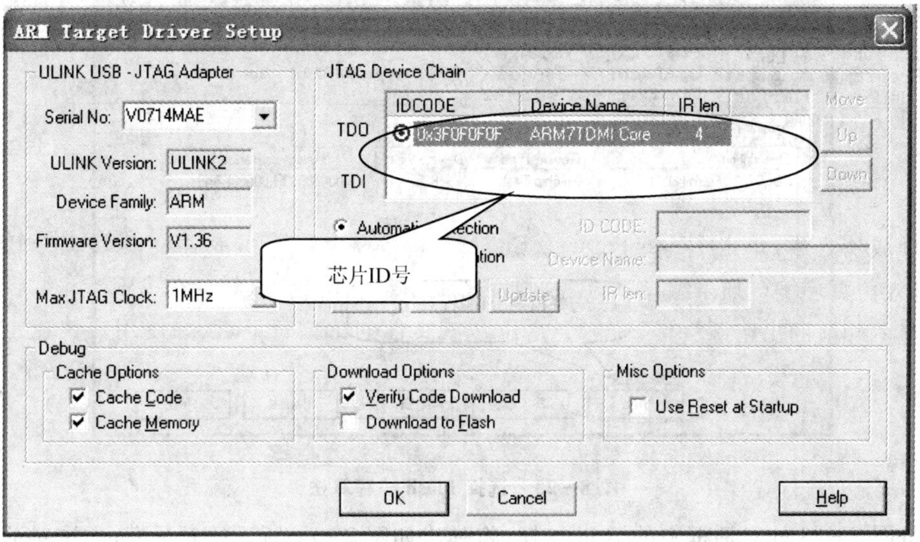

图 8-21 芯片 ID 号

8.4.2 工具选项

工具选项主要设置 Flash 下载选项。单击图 8-20 中的 Utilities 标签，将弹出如图 8-22 所示的对话框。

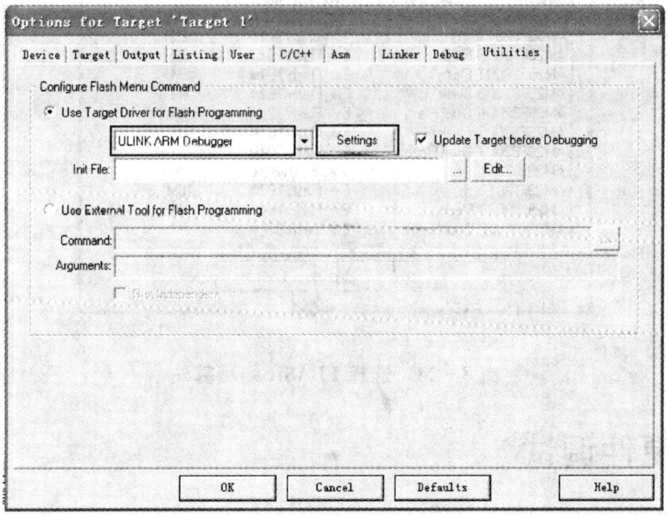

图 8-22 选择 ULINK 下载 FLASH

在图 8-22 对话框中选择 Use Target Driver for Flash Programming，再选择 ULINK ARM Debugger 下拉选项，同时选中 Update Target before Debugging 选项。这时还没有完成设置，还需要选择编程算法，单击 Settings 按钮将弹出如图 8-23 所示的对话框。

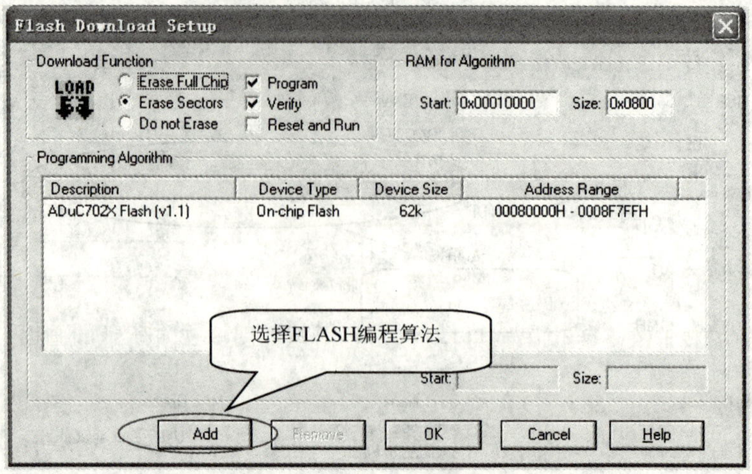

图 8-23　选择 Flash 编程算法

单击图 8-23 的对话框中的 Add 按钮，将弹出如图 8-24 所示的对话框，在该对话框中选中需要的 FLASH 编程算法。如对于 ADI 的 ADμC7026 芯片，由于其 FLASH 为 62 KB 则需要选择 ADμC702x Flash，如图 8-24 所示。

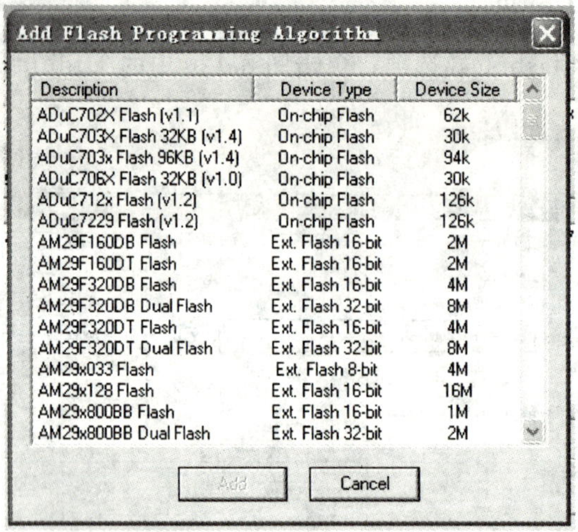

图 8-24　选择 FLASH 编程算法

8.4.3　硬件调试

1. 常规调试

开始调试工程则单击 Debug|Start/Stop Debug Session 选项或快捷键进入/退出调试状态。如果使用的 Keil 是评估版，将弹出如图 8-25 所示对话框，单击"确定"按钮运行在评估模式。评估版软件调试时有 16 KB 代码限制，FLASH 少于 16 KB 的芯片不会影响正常使用。

图 8-25 评估版模式

经过几秒钟下载 FLASH 代码到目标板后，将出现如图 8-26 所示的画面。

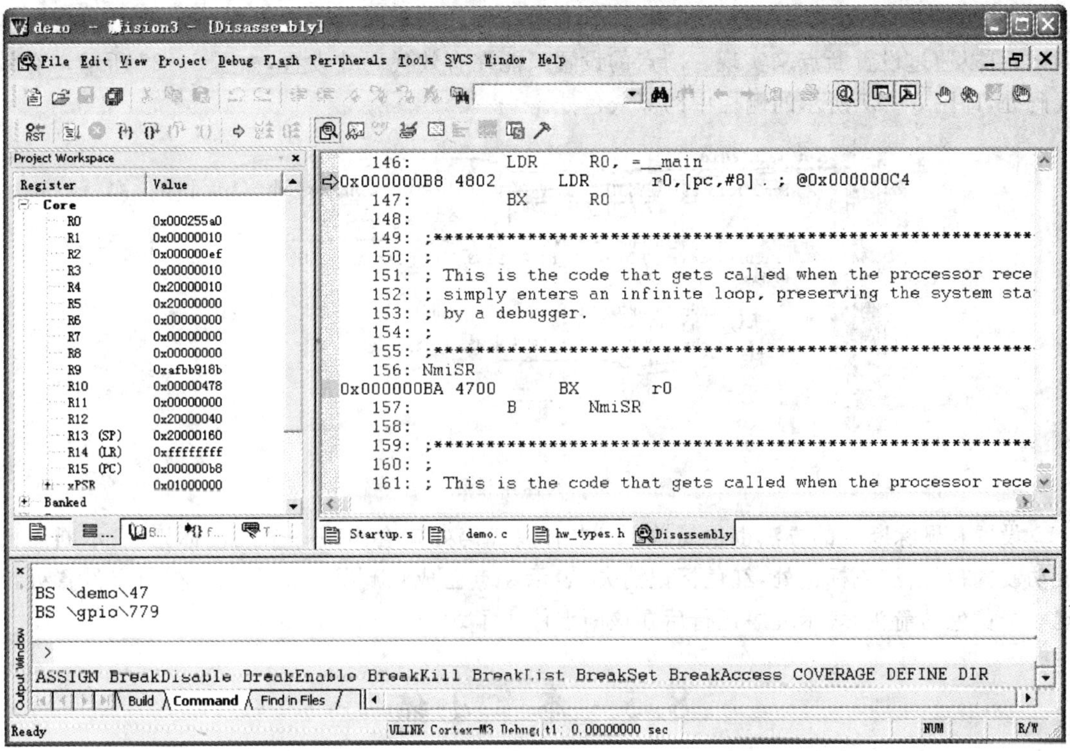

图 8-26 进入调试状态

从图 8-26 中可以看到当前主窗口出现了反汇编，也就是进入调试状态后默认进入汇编代码调试，只需要将 Disassembly 窗口关闭就可以回到正常代码调试。

单击 Debug|Run 选项、菜单栏的快捷键或按键盘 F5 快捷键全速运行程序，直到程序运行到断点时才停止在断点的位置，等待调试指令。

单击 Debug|Step 选项、菜单栏的快捷键或按键盘 F11 快捷键单步运行程序。单步运行程序也即每执行一次，程序代码一条语句。对于一个函数，当执行一个单步运行，程序指针将进入到函数内部。

单击 Debug|Start Over 选项、菜单栏的快捷键或按键盘 F10 快捷键单步跨越运行程序。该操作与单步运行程序很相似，不同的是该操作对于一个函数，不会进入到函数内部，而

跨越当前函数，运行到函数的下一条语句。

单击 Debug|Step Out of current Function 选项、菜单栏的快捷键 或按键盘 Ctrl+F11 快捷键跳出当前函数。执行该操作，程序将运行到当前函数返回的下一条语句。

单击 Debug|Run to Cursor line 选项、菜单栏的快捷键 或按键盘 Ctrl+F10 快捷键运行到当前指针。将光标移到有效的程序代码语句，然后执行该操作，程序将会全速运行。程序运行到光标所在语句时将停止。

单击 Debug|Stop Running 选项或菜单栏的快捷键 停止全速运行。当程序全速运行时，执行该操作可以停止当前程序的运行。

2. 设置断点

设置断点的作用是当程序全速运行时，需要在程序在不同的地方停止运行，然后进行单步调试，可以通过设置断点来实现。断点的设置只能在有效代码处设置，如图 8-27 所示。有效代码处，即图 8-27 所示的侧栏中的深灰色处。

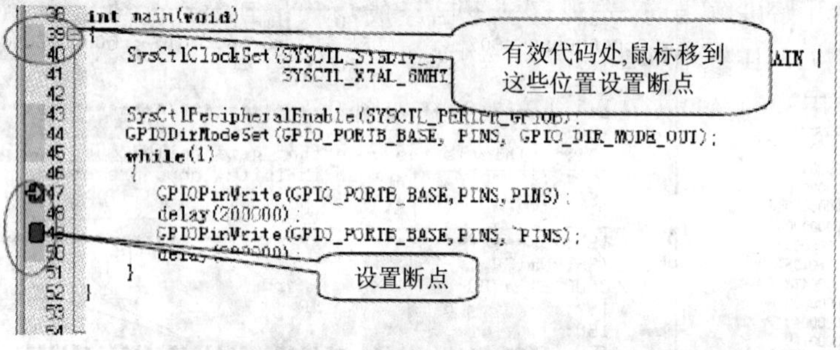

图 8-27　程序中设置断点

设置和删除断点的方法也很简单：双击有效代码处就会出现一个红色标记，表示断点已成功设置；双击红色标记处，红色标记消失，表示断点已成功删除。图 8-27 在断点设置处出现一个黄色的箭头，表示程序运行后在该断点停止了。

8.5　本章小结

μVision3 集成开发环境的功能相当强大，本章只是简单地介绍其中一些基本的使用方法，如果读者想对 μVision3 集成开发环境有更深入和全面的了解，请阅读该软件自带的《ARM Development Tools》帮助文档，如有问题也可登录网站 www.adhit.com.cn 和作者联系。

第 9 章　μC/OS II 在 ADμC7026 上的移植及应用

本章从 μC/OS II 在 ADμC7026 上的示例程序入手，介绍 μC/OS II 的内核特点，并对 μC/OS II 在 ADμC7026 上的移植相关代码进行了详细说明。其中，ARM 处理器通用的移植代码将在第 10 章给出，本章重点介绍板级支持包 BSP 以及应用相关的代码。

9.1　μC/OS II 示例程序

在本章内容开始讲解之前，先观察一下已经成功移植到 ADμC7026 上 μC/OS II 的代码运行现象，对 μC/OS II 有个初步的了解。

本章示例中用到的 ADμC7026 开发板实物如图 9-1 所示。

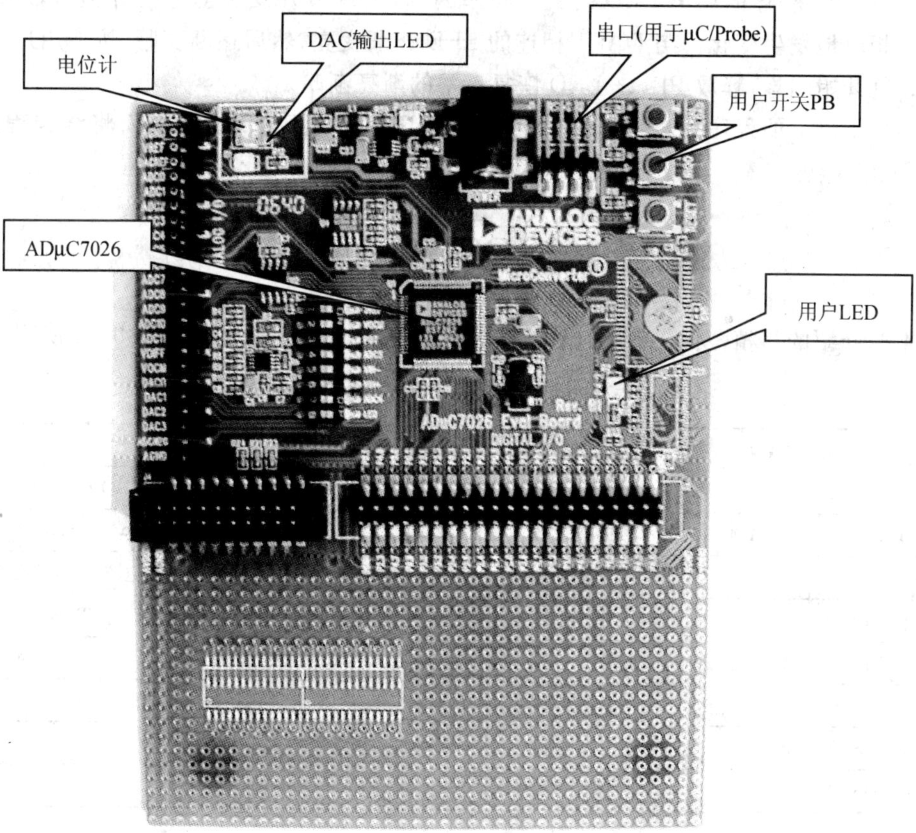

图 9-1　ADμC7026 开发板实物图

读者在安装了 IAR EWARM v5.11（ARM 嵌入式开发平台）后，可以访问 http://www.

micrium. com/analog/index. html 获取相应代码，并按以下路径：Micrium\Software\Evalboards\AnalogDevices\ADμC7026\IAR\OS－Probe 打开工程 ADμC7026－OS－Probe－v5 文件，编译后，通过 JTAG 连接至 ADμC7026 开发板。该程序中涉及到的硬件连接图如图 9－2所示，程序运行后即可观察到以下现象。

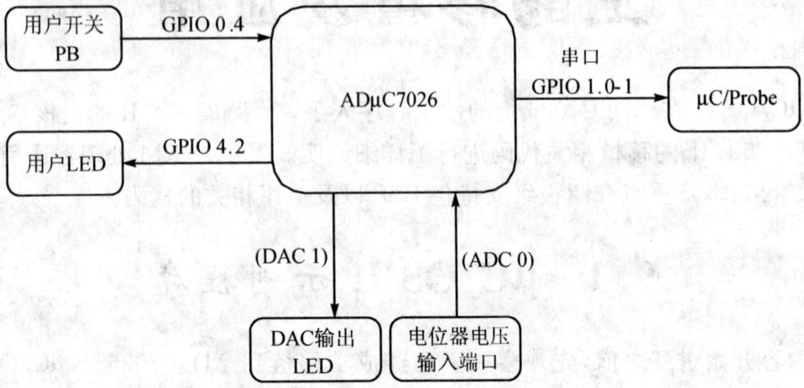

图 9－2　示例程序硬件连接示意图

与 GPIO4.2 相连的用户 LED 按一定频率闪烁，当调节开发板上电位计值时，LED 闪烁的频率会相应地发生变化。与 DAC1 相连的 LED 逐渐变亮，然后逐渐变暗，按下用户开关 PB 时，该 LED 开始闪烁，释放 PB，该 LED 恢复正常的渐亮渐暗。

在运行了以上的程序后，相信读者对 μC/OS II 有了大致的了解，下面将结合程序介绍 μC/OS II 的特点。

9.2　μC/OS II 内核简介

在本章介绍的移植范例中，共建立八个任务，它们的优先级及功能如表 9－1 所列。

表 9－1　移植代码中的任务信息

任务名称	优先级	实现的功能
AppTaskStart()，“Start Task”	2	初始化 μC/Probe，闪烁用户（P4.2 口对应）的 LED
AppTaskADC()，“ADC”	3	读取 ADC 的状态，作为输入传递给 AppTaskStart()
“DAC”	4	刷新 DAC 的输出，该输出决定了演示电路 LED 的亮度
AppTaskKbd()，“Kbd”	5	读取用户开关的状态，作为输入传递给 AppTaskDAC()
“Probe RS－232”	6	解析来自 μC/Probe 的信息包
“uC/Probe Stat”	7	为 μC/Probe 刷新 CPU 占用率
“uC/OS－II Stat”	9	统计堆栈占用情况
“uC/OS－II Idle”	10	空闲任务，CPU 空闲时执行

多任务系统 μC/OS II 中，内核负责管理各个任务，或者说为每个任务分配 CPU 时间，并且负责任务之间的通信。一个任务是一个简单的程序，该程序可以认为 CPU 完全只属于该程序自己。在上节运行的程序中，可以看到建立的任务并行不悖，好像各自独占 CPU。设计

实时应用程序时，首先要把问题分割成多个任务，每个任务都是整个应用的某一部分，每个任务被赋予一定的优先级，有自己的一套 CPU 寄存器和栈空间。μC/OS II 的任务可以是一个无限的循环，也可以在执行一次后被删除掉。要注意的是，这里所说的任务删除，并不是任务的代码被删除了，而是 μC/OS II 不再去调度它了，所以该任务代码不会再运行了。在 μC/OS II 中，每个任务的优先级是不同的，优先级的值越低，它代表任务的优先级越高，在就绪表中排得越靠前。内核提供的基本服务是任务管理，时间管理，任务之间的通信，内存管理及异常处理等。下面从任务状态开始逐步介绍 μC/OS II 的特点。

9.2.1 任务的状态

每个任务都处在图 9-3 所示的 5 种状态之一，这 5 种状态是休眠态、就绪态、运行态、挂起态(等待某一事件发生)和被中断态。

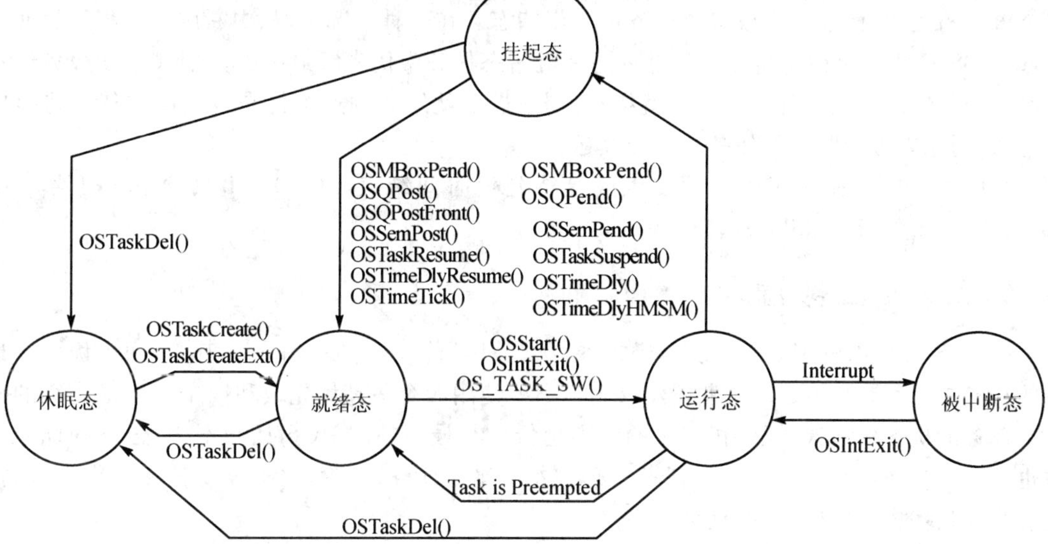

图 9-3 任务的状态

休眠态相当于该任务驻留在内存中，但并不被多任务内核所调度。通过调用下述两个函数之一把任务交给 μC/OS II：OSTaskCreate()或 OSTaskCreateExt()。这些调用只是将任务的起始地址、优先级、要求的堆栈空间告诉 μC/OS II。

就绪态意味着该任务已经准备好，可以运行了，但由于该任务的优先级比正在运行的任务的优先级低，还暂时不能运行。当任务一旦建立，这个任务就进入就绪态准备运行。任务的建立可以是在多任务运行开始之前，也可以是动态地被一个运行着的任务建立。如果一个任务是被另一个任务建立的，而这个任务的优先级高于建立它的那个任务，则这个刚刚建立的任务将立即得到 CPU 的控制权。一个任务可以通过调用 OSTaskDel()返回到睡眠态，或通过调用该函数让另一个任务进入睡眠态。

运行态是指该任务掌握了 CPU 的控制权，正在运行中。调用 OSStart()函数可以启动多任务。OSStart()函数运行进入就绪态的优先级最高的任务。只有高优先级的任务处于等待状态，或者是被删除时，就绪任务才能进入运行态。

挂起状态也可以叫做等待事件态(waiting),指该任务在等待,等待延时时间的到来或某一事件的发生。

正在运行的任务可以通过调用函数 OSTimeDly()或 OSTimeDlyHMSM()将自身延迟一段时间,于是这个任务进入等待状态,等待这段时间过去。下一个优先级最高的、并进入了就绪态的任务立刻被赋予了 CPU 的控制权。等待的时间过去以后,系统服务函数 OSTimeTick()使延迟了的任务进入就绪态。

正在运行的任务期待某一事件的发生也要等待,这是通过调用 OSSemPend(),OSMbox-Pend(),或 OSQPend()实现的。调用后任务进入了等待状态(waiting)。当任务因等待事件被挂起(pend),下一个优先级最高的任务立即得到了 CPU 的控制权。当事件发生时,被挂起的任务进入就绪态。事件发生的报告可能来自另一个任务,也可能来自中断服务子程序。

在中断发生时,除非该任务将中断关闭,或者 μC/OS II 将中断关闭,否则正在执行的任务将被挂起,响应中断,CPU 开始执行中断服务例程(ISR)。中断服务子程序可能会报告一个或多个事件的发生,而使一个或多个任务进入就绪态。在这种情况下,从中断服务子程序返回之前,μC/OS II 要判定被中断的任务是否还是就绪态任务中优先级最高的。如果中断服务子程序使一个优先级更高的任务进入了就绪态,则新进入就绪态的这个优先级更高的任务将得以运行,否则原来被中断了的任务才能继续运行。

当所有的任务都在等待事件发生或等待延迟时间结束,μC/OS II 执行空闲任务(idle task),即执行 OSTaskIdle()函数。

9.2.2 任务管理

μC/OS II 可以管理 64 个任务,经扩展可以增加到管理 256 个任务。其中,两个优先级最低的任务被保留,μC/OS II 作者还建议用户不要使用四个最高优先级和四个最低优先级的任务。任务的优先级越高,反映优先级的值则越低。在最新的 μC/OS II 版本中,任务的优先级数也可作为任务的标识符使用。任务管理包括:建立任务、删除任务、改变任务的优先级、挂起和恢复任务,以及获得有关任务的信息。

1. 建立任务

任务可以在多任务调度之前建立,也可以在运行其他任务的时候建立。但是在多任务调度之前,必须至少有一个已经建立了的任务,否则系统将崩溃。还要注意的是任务不能在中断服务程序中建立。建立任务时,系统会首先检测用户指定的优先级是否合理(是不是超过最大值,是否与已创建任务重复等),如果合理则放置一个标记,说明这个优先级已经占用了,其他任务不能再使用这个优先级。建立任务的函数是 OSTaskCreate()或 OSTaskCreateExt(),该函数给每个任务建立一个任务堆栈(堆栈可以由上往下减,也可以由下往上增,由参数设置决定),如果堆栈建立成功,就从空闲的任务控制块链表中获得一块任务控制块 OS_TCB,这个时候,相关函数会返回信息。建立任务函数检查返回信息,如果任务建立成功的话,会将任务计数器加一。如果失败,则返回失败信息,放弃此优先级,这样别的任务就可以使用这个优先级。

2. 堆栈检验

有时候,比如内存有限的情况下,确定任务实际需要的堆栈空间大小是有必要的,这样可以避免为任务分配过多的栈空间。注意:如果需要堆栈检验,那么在任务建立的时候,堆栈中存储必须是 0。而且要检验堆栈的任务必须要存在,还要允许检验堆栈。堆栈检验不是内核自动进行的，需要用户调用函数 OSTaskStkChk()，才会执行堆栈检验。当堆栈是从高内存地址向低地址存储的时候，就从低地址开始检验，直到发现存储值不为 0 的堆栈入口为止(因为堆栈是连续存储的)。而已用的堆栈就是堆栈大小减去空闲的堆栈，然后将所得到的信息保存。应该使自己的应用程序运行足够长的时间，并经历最坏的堆栈使用情况，这样才能得到正确的数目。一旦堆栈检测提供最坏情况的堆栈需求，就可以重新设置堆栈最终的大小了。为了系统升级和扩展，应该多分配 10%～100%的堆栈空间。

3. 删除任务

首先要明白的是，任务删除了，并不是把代码给删了，而是使任务进入了休眠状态，不再理会它了。任务被删除后，需重新创建任务才能使任务进入就绪态。而且不允许在中断服务程序中删除任务，也不允许删除空闲任务，但可以删除统计任务和任务自己。在删除任务的时候，要首先保证要删除的任务存在，否则没有办法删除。再分几种情况讨论：如果要删除的任务在就绪表中，就要从就绪表中删除；如果在等待列表中，就要从等待列表中删除；如果在事件标志等待表中，也要从此表中删除。这个时候删除任务要保证其他任务或者 ISR 不会让该任务重新开始执行，并且任务要释放或者删除自定义的 TCB，将任务计数器减一，把被删除任务的 TCB 的指针指向 NULL，把 OS_TCB 双向链表中的被删任务的 TCB 去除，退回到空闲 TCB 中，供其他任务使用。最后进行任务调度。

4. 请求删除任务

如果一任务正在占用一些内存缓冲区或者信号量一类资源，此时若另一任务想删除该任务，那么这些占有的资源就会因为没有释放而丢失，导致存储器有漏洞，系统崩溃。在这些情况下，应该让这个任务使用完资源释放后，再删除自己。用户需要编写程序，利用 OSTaskDelReq()函数实现任务间的通信。

5. 任务删除自己

当被删除的任务释放完它所有的资源时，就在删除任务函数 OSTaskDel()中，将传递参数设置为自己的优先级，这样就可以删除自己。在任务删除自己时，要保证任务不能是空闲任务，请求删除任务的优先级是有效的，且此任务存在。

6. 改变任务的优先级

可以调用函数 OSTaskChangePrio()来改变任务优先级。在改变前要检验，不能改变空闲任务的优先级，且要保证新旧优先级都是合法的，且不能被别的任务占有。如果要指定的新优先级空闲，则要保留这个优先级，这样，被释放的旧的优先级就防止过程中有别的任务来抢占。这样，被释放的旧的优先级就可以被其他任务使用了。再检查要改变优先级的任务是不是在就绪表中或者在等待信号量等，如果是，则要将它从就绪表或者等待列表中移除，将任务的 TCB 保存，将新的优先级也保存。完成这些步骤后，如果新优先级高于旧优先级，或者新优先级高于调用本函数任务的优先级，任务调度函数将被调用。

7. 任务挂起

调用函数 OSTaskSuspend()能挂起任务。不能挂起空闲任务，但可以挂起当前任务。要保证要挂起的任务是存在的。挂起的方法是操作任务控制块，置位它的挂起位。如果任务在就绪表中，就要从表中去除，如果等待或者延时，就将延时清零，再置位挂起位。挂起后，只有在被挂起任务是调用本函数的任务本身时，才需要任务调度。

8. 恢复任务

首先要检验不是空闲任务，再清除挂起位，延时清零。只有保证这两点，任务才处于就绪状态，再调用任务调度程序。

9. 获得任务信息

应用程序可以调用函 OSTaskQuery()数来获得自身或者其他应用程序的信息。OSTaskQuery()可获得指定任务(包括空闲任务)的任务块的复制。要十分小心地处理 OS_TCB 指向其他任务控制块的指针，不要改变这些指针。

9.2.3 任务控制块

μC/OS II 中，每个任务都有对应的任务控制块，它是操作系统中最重要的数据结构。它包含操作系统所需要的关于任务的所有信息：任务堆栈信息、任务优先级信息、任务状态信息以及任务控制信息等。实际上，操作系统中的每一个模块，包括涉及到任务调度、中断处理、任务通信与同步等都需要读取和修改它们。可以说，任务控制块定义了操作系统的状态。

当任务的 CPU 控制权被剥夺时，μC/OS II 用它来保存该任务的状态。当任务重新得到 CPU 控制权时，任务控制块能确保该任务从被中断的那一点开始执行。任务控制块的结构定义如下：

```
typedef struct os_tcb {
        OS_STK            * OSTCBStkPtr;
#if OS_TASK_CREATE_EXT_EN                    //是否允许对任务控制块进行扩充
    void              * OSTCBExtPtr;         //指向用户定义的任务控制块扩展数据
    OS_STK            * OSTCBStkBottom;      //指向任务堆栈的底部
    INT32U              OSTCBStkSize;        //任务堆栈的大小
    INT16U              OSTCBOpt;            //存放创建任务时的参数
    INT16U              OSTCBId;             //任务的识别 ID
#endif

    struct os_tcb     * OSTCBNext;
    struct os_tcb     * OSTCBPrev;           //实现任务控制块双链表

#if (OS_Q_EN && (OS_MAX_QS >= 2)) || OS_MBOX_EN || OS_SEM_EN
//是否采用消息机制
    OS_EVENT          * OSTCBEventPtr;       //指向事件控制块
#endif

#if (OS_Q_EN && (OS_MAX_QS >= 2)) || OS_MBOX_EN //是否采用消息机制
    void              * OSTCBMsg;            //指向传递给任务的消息指针
#endif
#if(OS_VERSION>=251)&&(OS_FLAG_EN>0)&&(OS_MAX_FLAGS>0)
//是否使用事件标志
#if OS_TASK_DEL_EN>0
OS_FALG_NODE          * OSTCBFlagNode;       //指向事件标志节点
#endif
OS_FALGS                OSTCBFlagsRdy;       //使任务进入就绪态的事件标志
#endif
```

```
    INT16U          OSTCBDly;              //任务的延时时钟节拍
    INT8U           OSTCBStat;             //任务的状态字
    INT8U           OSTCBPrio;             //任务的优先级
//以下四个用于加速任务进入就绪态的过程或进入等待事件发生状态的过程
    INT8U           OSTCBX;                //保存优先级的高 3 位
    INT8U           OSTCBY;                //保存优先级的低 3 位
    INT8U           OSTCBBitX;             //任务优先级在就绪表中的横向偏移位置
    INT8U           OSTCBBitY;             //任务优先级在就绪表中的纵向偏移位置

#if OS_TASK_DEL_EN                         //宏定义：是否允许删除任务
    BOOLEAN         OSTCBDelReq;           //指示任务是否需要删除自己的布尔量
#endif
} OS_TCB;
```

9.2.4 任务切换和调度

在本章开头介绍的程序中建立了八个任务，由内核负责切换、调度这些任务，任务在得到CPU的使用权、执行完相应操作后进入延时或等待消息、事件的阶段，这时就会引发一次任务调度。任务调度在操作系统中是非常频繁的，下面从就绪表开始，介绍 μC/OS II 是如何实现任务调度的。

1. 就绪表

每个任务被赋予不同的优先级等级，从 0 级到最低优先级 OS_LOWEST_PR1O，包括 0 和 OS_LOWEST_PR1O 在内（见文件 OS_CFG. H）。当 μC/OS II 初始化时，最低优先级 OS_LOWEST_PR1O 总是被赋给空闲任务 Idle Task。每个任务的就绪态标志都放入就绪表中，就绪表中有两个变量 OSRedyGrp 和 OSRdyTbl[]。在 OSRdyGrp 中，任务按优先级分组，8个任务为一组。OSRdyGrp 中的每一位表示在 8 组任务的每一组中是否有进入就绪态的任务。任务进入就绪态时，就绪表 OSRdyTbl[]中的相应元素的相应位置位。OSRdyGrp 与 OSRdyTbl[]的对应关系如图 9-4 所示。

实时内核采用如下算法使一个任务进入就绪状态：

```
OSRdyGrp| = OSMapTbl[prio>>3];
OSRdyTbl[prio>>3]| = OSMapTbl[prio&0x07];
```

找出就绪态中优先级最高的任务，实时内核采用如下算法：

```
y = OSUnMapTbl[OSRdyGrp];
x = OSUnMapTbl[OSRdyTbl[y]];
prio = (y<<3) + x;
```

例如，如果 OSRdyGrp 的值为二进制 01101000，查 OSUnMapTbl[OSRdyGrp]得到的值是 3，它相应于 OSRdyGrp 中的第 3 位 bit3，这里假设最右边的一位是第 0 位 bit0。类似地，如果 OSRdyTbl[3]的值是二进制 11100100，则 OSUnMapTbl[OSRdyTbl[3]]的值是 2，即第 2 位。于是任务的优先级 Prio 就等于 26，即(3 * 8+2)。利用这个优先级的值，查任务控制块优先级表 OSTCBPrioTbl[]，得到指向相应任务的任务控制块 OS_TCB 的工作就完成了。

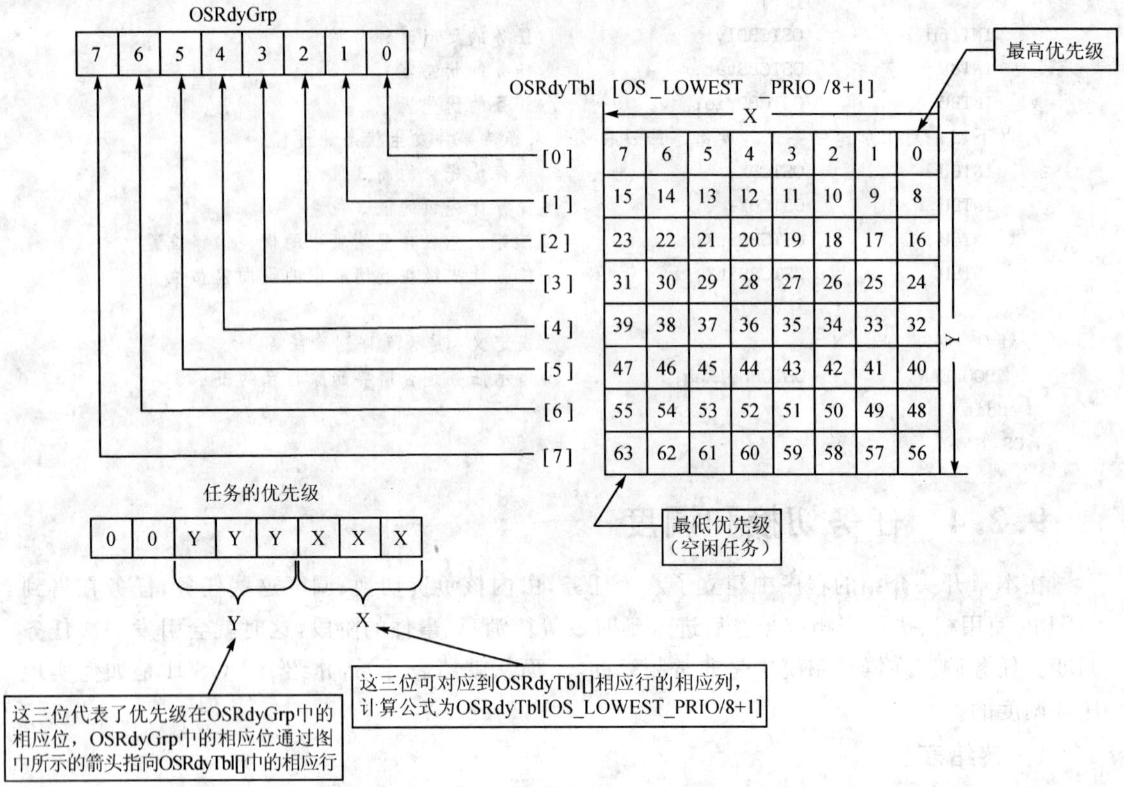

图 9-4 μC/OS II 任务就绪表

2. 任务切换与调度

μC/OS II 总是运行进入就绪态任务中优先级最高的那一个。确定哪个任务优先级最高，由调度器(scheduler)使该任务进入运行态。任务级的调度是由函数 OSSched()完成的，而中断级的调度是由另一个函数 OSIntExt()完成的。μC/OS II 任务调度所花的时间是常数，与应用程序中建立的任务数无关。如果在中断服务子程序中调用 OSSched()，此时中断嵌套层数 OSIntNesting>0，或者由于用户至少调用了一次给任务调度上锁函数 OSSchedLock()，使 OSLockNesting>0，任务调度函数 OSSched()将退出，不做任务调度。如果不是在中断服务子程序调用 OSSched()，并且任务调度是允许的，即没有上锁，则任务调度函数将找出那个进入就绪态且优先级最高的任务，进入就绪态的任务在就绪任务表中对相应的位置位。一旦找到那个优先级最高的任务，OSSched()判断这个优先级最高的任务是不是当前正在运行的任务，如果是，则返回该任务，不做调度。注意，在 μC/OS 中曾经是先得到 OSTCBHighRdy，然后和 OSTCBCur 作比较。因为这个比较是两个指针型变量的比较，在 8 位和一些 16 位微处理器中这种比较相对较慢，而在 μC/OS II 中是两个整数的比较。并且，除非用户实际需要做任务切换，在查任务控制块优先级表 OSTCBPrioTbl[]时，不需要用指针变量来查 OSTCBHighRdy。综合这两项改进，即用整数比较代替指针的比较和当需要任务切换时再查表，使得 μC/OS II 比 μC/OS 在 8 位和一些 16 位微处理器上要更快一些。

为实现任务切换，OSTCBHighRdy 必须指向优先级最高的那个任务控制块 OS_TCB，这是通过将以 OSPrioHighRdy 为下标的 OSTCBPrioTbl[]数组中的那个元素赋给 OSTCB-

HighRdy 来实现的。接着,统计计数器 OSCtxSwCtr 加 1,以跟踪任务切换次数。最后宏调用 OS_TASK_SW()来完成实际上的任务切换。

任务切换很简单,由以下两步完成:将被挂起任务的微处理器寄存器推入堆栈,然后将较高优先级的任务的寄存器值从栈中恢复到寄存器中。在 μC/OS II 中,就绪任务的栈结构总是看起来跟刚刚发生过中断一样,所有微处理器的寄存器都保存在栈中。换句话说,μC/OS II 运行就绪态的任务所要做的一切,只是恢复所有的 CPU 寄存器,并运行中断返回指令。为了做任务切换,运行 OS_TASK_SW(),人为模仿了一次中断。多数微处理器由软中断指令或者陷阱指令 TRAP 来实现上述操作。中断服务子程序或陷阱处理(trap hardler)也称作事故处理(exception handler),必须提供中断向量给汇编语言函数 OSCtxSw()。OSCtxSw()除了需要 OS_TCBHighRdy 指向即将被挂起的任务,还需要让当前任务控制块 OSTCBCur 指向即将被挂起的任务。

9.2.5 任务间通信与同步

任务间或中断服务与任务间有时需要传递数据的通信,这种信息传递称为任务间的通信。在本章介绍的代码中,任务间通信使用了消息邮箱与消息队列。

任务 AppTaskKbd()通过消息邮箱机制,将开关 PB 的状态发送给任务 AppTaskDAC(),在任务 AppTaskKbd()中,发送消息的部分代码如下:

```
pb_prev = PB_GetStatus(1);                    /* 得到开关 PB 的状态 */
    if (pb_prev == DEF_TRUE) {
    OSMboxPost(AppKbdMbox,(void *)1);         /* 开关 PB 按下,则发送"1"到消息邮箱
                                                          AppKbdMbox */
    } else {
    OSMboxPost(AppKbdMbox,(void *)2);         /* 开关 PB 释放,则发送"2"到消息邮箱
                                                          AppKbdMbox */
    }
```

任务 AppTaskDAC()通过以下语句接收到 AppTaskKbd()传递过来的消息:

```
msg = (CPU_INT32U)OSMboxAccept(AppKbdMbox);
```

任务 AppTaskDAC()根据 msg 的值决定(DAC0 对应的)LED 是执行渐亮渐暗操作(PB 释放时)还是闪烁操作(PB 按下时)。

任务 AppTaskADC()通过消息队列的方式将电位计 A/D 转换的结果传递给任务 AppTaskStart(),用于决定用户(P4.2 口对应)LED 闪烁的频率。代码类似,不再罗列。

μC/OS II 中,任务间信息的传递有两个途径:通过全程变量或发消息给另一个任务。用全程变量时,必须保证每个任务或中断服务程序独享该变量。中断服务中保证独享的唯一办法是关中断。如果两个任务共享某变量,各任务实现独享该变量的办法可以是关中断再开中断,或使用信号量。信号量的使用主要用于避免出现优先级反转造成系统的停滞(详见 Jean J. Labrosse 先生的《MicroC/OS－II,The Real－Time Kernel》一书)。倘若只使用全程变量进行通信,任务并不知道什么时候全程变量被中断服务程序修改了,除非中断程序以信号量方式向任务发信号或者是该任务以查询方式不断周期性地查询变量的值。要避免这种情况,可以像示例代码那样使用消息邮箱或消息队列。消息邮箱或消息队列传递的实际上是指向要传递

消息内容的指针。

9.2.6 中断与中断处理

中断是一种硬件机制,用于通知 CPU 有个异步事件发生了。中断使得 CPU 可以在事件发生时才予以处理,而不必让微处理器连续不断地查询是否有事件发生。中断一旦被识别,CPU 保存部分(或全部)现场(context)即部分或全部寄存器的值,跳转到专门的子程序,称为中断服务子程序(ISR)。μC/OS II 中,中断服务子程序做事件处理,处理完成后,程序让进入就绪态的优先级最高的任务开始运行。

通过两条特殊指令:关中断(Disable Interrupt)和开中断(Enable Interrupt)可以让微处理器不响应或响应中断。在实时环境中,关中断的时间应尽量的短。关中断影响中断延迟时间。关中断时间太长可能会引起中断丢失。微处理器一般允许中断嵌套,也就是说在中断服务期间,微处理器可以识别另一个更重要的中断,并服务于那个更重要的中断。

与中断有关的系统调用包括进入中断函数 OSIntEnter(),退出中断函数 OSIntExit()以及中断切换函数 OSIntCtxSw()等。进入中断函数 OSIntEnter()告知内核用户在做中断服务,然后才能开始服务于申请中断的设备。而退出中断函数 OSIntExit()则标志着中断服务子程序的结束,OSIntExit()是通过调用 OSIntCtxSw()实现在中断返回时的任务切换的。

μC/OS II 中断过程的示意图如图 9-5 所示。

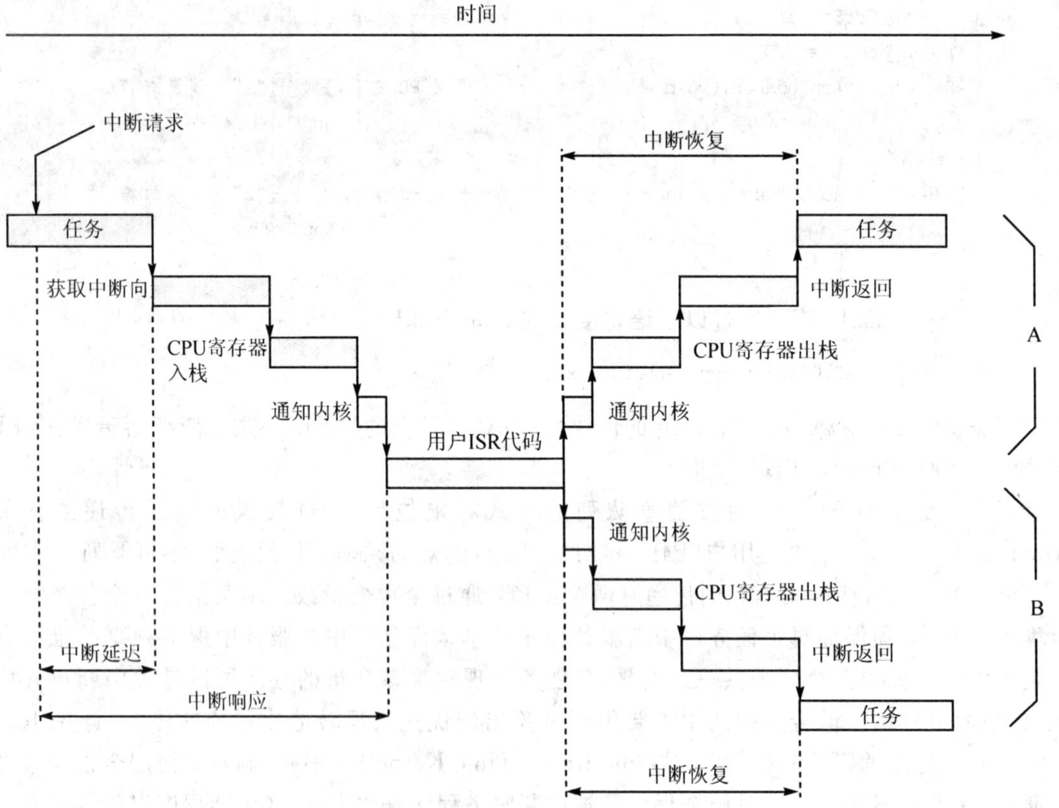

图 9-5 μC/OS II 中断过程

当中断发生时，需要进行相应的处理才能进入中断服务子程序，这段延迟时间即为中断响应时间。如图 9－5 所示，μC/OS II 内核中，由中断函数决定返回到被中断的任务(情况 A)还是运行因中断服务子程序而进入就绪态的优先级最高的任务(情况 B)。这就是 μC/OS II 中断服务的整个过程。

9.2.7 时钟节拍和时钟管理

时钟节拍是特定的周期性中断。μC/OS II 每个时钟节拍中断一次，这个中断可以看作是操作系统心脏的脉动。中断之间的时间间隔取决于不同的应用，一般在 10～200 ms。时钟的节拍式中断使得内核可以将任务延时若干个整数时钟节拍，以及当任务等待事件发生时提供等待超时的依据。时钟节拍率越快，系统的额外开销就越大。

各种实时内核都有将任务延时若干个时钟节拍的功能。然而这并不意味着延时的精度是 1 个时钟节拍，只是在每个时钟节拍中断到来时对任务延时做一次裁决而已。

在 μC/OS II 中，与时钟节拍有关的系统调用有时钟节拍函数 OSTimeTick()，任务延时函数 OSTimeDly()等。μC/OS II 的时钟节拍服务是通过在中断服务子程序中调用系统函数 OSTimeTick()来实现的。时钟节拍函数 OSTimeTick()主要完成以下几件事情：

① 调用钩子函数 OSTimeTickHook()。

② 调用 OSTime()累加从开机以来的时间。

③ 给每个用户任务控制块 OS_TCB 中的时间延时项减 1。

④ 如果时间延时项减到 0，那么把这个任务的状态置为就绪态。

系统调用任务延时函数 OSTimeDly()用来将申请该服务的任务延时一段时间，这段时间的长短由时钟节拍的数目来确定。除此之外，该函数还会使 μC/OS II 进行一次调度，并且执行下一个优先级更高的就绪态任务。

9.3 移植规划

目前，μC/OS II 已成功运用于 ARM、DSP 和 FPGA 等多种处理器。为了使 μC/OS II 能在某个微处理器或微控制器上运行，必须首先完成移植工作。接下来将结合本章介绍的移植范例对 μC/OS II 在 ADμC7026 处理器上移植的相关代码加以说明。

一个实际应用的 μC/OS II 工程应包括图 9－6 所示的五个模块。其中，与移植有关的主要是“ARM 通用的移植代码”模块和“BSP”模块。“ARM 通用的移植代码”模块包含四个文件，是针对 ARM7 系列芯片通用的移植代码，而“BSP”模块是为了在不同厂家具体的目标板上运行 μC/OS II 而编写的有针对性的代码，而用户为实现具体的工作编写的任务代码是包含在“用户代码”模块的。

本章介绍的移植代码是应用于 ADμC7026 的，移植的准备知识请参见 Jean J. Labrosse 先生的《MicroC/OS－II，The Real－Time Kernel》一书的第 13 章，在此不在加以介绍。移植代码中，“ARM Port”模块同时适用于 ARM7 和 ARM9 处理器。不同的芯片内部结构不同，应用时只需修改“BSP” 模块。用户可将本章介绍的移植用于基于 ARM 和 Thumb 的应用程序，该移植在两种模式下均可使用。鉴于以上原因，本书将 “ARM 通用的移植代码”作为第 10 章给出。

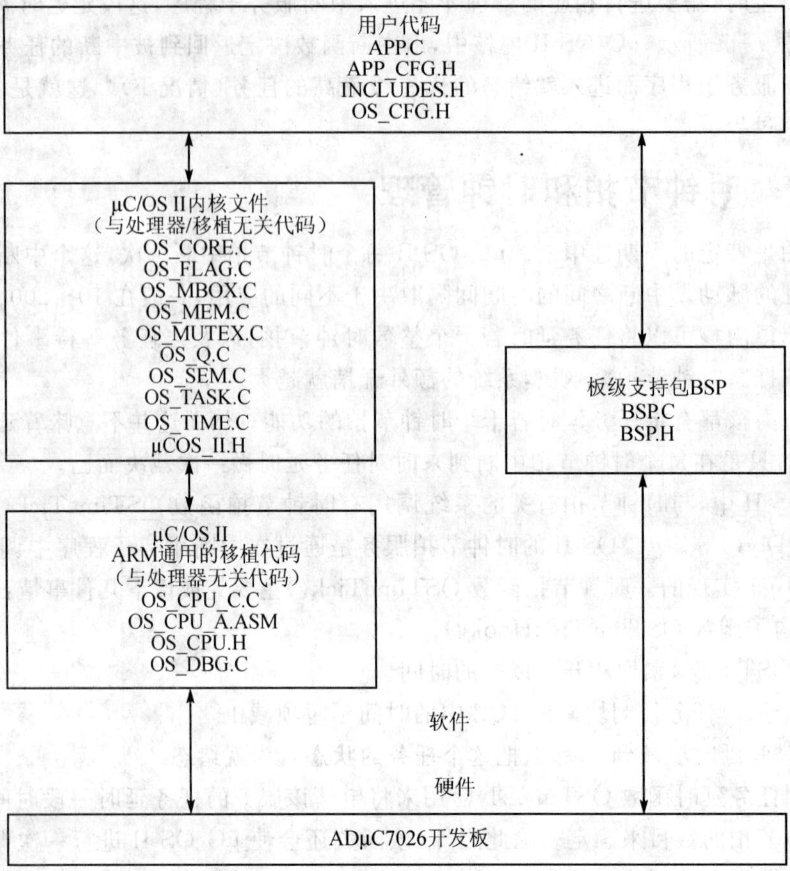

图 9-6　示例程序模块示意图

9.3.1 ARM 工作模式的选择

ARM 处理器有多种不同的类型，其中最受欢迎的是 ARM7TDMI 和 ARM92xT。ADμC7026 使用前者作为其内核。ARM7TDMI 核各个字母代表的含义如下所述。

(1) T (Thumb)

T 表示的是 Thumb 压缩指令集。一个 ARM 标准指令是 32 位字长。ARM7TDMI 处理器支持另一种 16 位的压缩指令集，即 thumb 指令集。使用 thumb 指令集代替 ARM 标准指令集，可以得到更快的存储器执行速度和更强的编码密度。

名称后缀含 T，即表示该 ARM 处理器可运行 Thumb 指令。

(2) D(Debug)

D 表示的是支持片上调试。这意味着用户所用的特定 ARM7 处理器提供片上调试功能，该功能一般是通过一个 JTAG 接口实现。

(3) M(Multiply)

M 表示 CPU 中含了硬件乘法指令，支持长字乘法。

(4) I(Embedded ICE macrocell)

I 表示的是嵌入式 ICE 模块，它是集成在处理器内部的调试硬件，允许在调试中设置断点和监测点。

由于 ARM 处理器结构的特点，笔者选择了 SVC 模式来运行任务，ARM 寄存器组及模式介绍如下所述。

1. ARM 寄存器

如图 9－7 所示 ARM7TDMI 处理器一共有 37 个可用的 32 位寄存器：31 个通用寄存器和 6 个状态寄存器。每种处理器模式使用专有的寄存器组。

在任意时刻，只有 18 个寄存器是可以同时使用的：15 个通用 32 位寄存器(R0～R14)、程序计数器(R15)、当前程序状态寄存器(CPSR)及堆栈指针寄存器(SPSR)(SPSR 在 SYS 模式下不可用)。其他的寄存器仅用于系统级设计和例外操作。

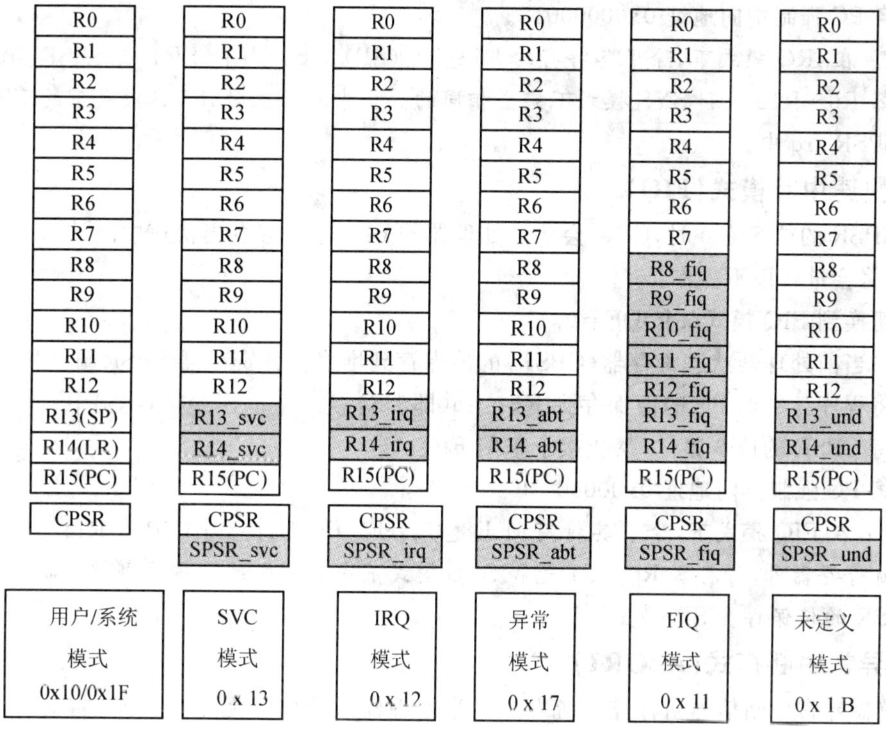

图 9－7 ARM 寄存器模型

CPU 可以处于以下 7 个模式：用户模式 USER，系统模式 SYS，管理模式 SVC，常规中断模式 IRQ，快速中断模式 FIQ，异常中断模式 ABORT 和未定义模式 UNDEF (参见图 9－7)。

2. 用户模式(USER)

用户模式是优先级最低的模式。事实上，在用户模式下很多指令无法执行。为此，μC/OS II 应用程序不能在用户模式下执行。在该模式下，只有寄存器 R0～R15 及 CPSR 是可用的。

3. 系统模式(SYS)

系统模式使用和用户模式一样的寄存器组，但在系统模式下代码运行的优先级是最高的。该模式下，只有寄存器 R0～R15 及 CPSR 是可用的。

4. 管理模式(SVC)

管理模式为上电默认模式，该模式下处理器可执行所有指令。在该模式下无法使用寄存器 R13 和 R14，而是用备用寄存器 R13_svc 和 R14_svc 来代替。换句话说，处于 SVC 模式时只有图 9-7 中 SVC 栏下的寄存器才是可用的。本移植范例中，任务运行于 SVC 模式。

5. 常规中断模式(IRQ)

当 CPSR 的位 7 为 0 时，CPU 会认为处理器的 IRQ 输入端发出中断请求。中断发生时，CPU 将会进行以下操作：

① 切换到 IRQ 模式(MODE=0x12)；

② 将当前处理器状态寄存器(CPSR)的值保存到堆栈指针寄存器 SPSR_irq 中；

③ 将程序计数器 PC 的值保存到 R13_irq(即 IRQ 模式下的连接寄存器)中；

④ 将 CPSR 的位 7 置位，禁止接下来的 IRQ；

⑤ 将 PC 强制指向地址 0x00000018。

注意：在 IRQ 模式下，除了其特有的 R13_irq (SP)、R14_irq (LR) 及 SPSR_irq 寄存器外，寄存器 R0～R12 是和 SYS 模式下完全相同的。当中断产生时，SVC 模式下的 CPSR 的值保存在 SPSR_irq 中。

6. 快速中断模式(FIQ)

当 CPSR 的位 6 为 0 时，CPU 会认为处理器的 FIQ 输入端发出快速中断请求。中断发生时，CPU 将会进行以下操作：

① 切换到 FIQ 模式(MODE=0x11)；

② 将当前处理器状态寄存器(CPSR)的值保存到堆栈指针寄存器 SPSR_irq 中；

③ 将程序计数器 PC 的值保存到 R14_irq(即 FIQ 模式下的连接寄存器)中；

④ 将 CPSR 的位 6 置位，禁止接下来的 FIQ；

⑤ 将 PC 强制指向地址 0x0000001C。

注意：在 FIQ 模式下，除了其特有的 R8_fiq、r12_fiq、R13_fiq (SP)、R14_fiq (LR) 及 SPSR_fiq 寄存器外，寄存器 R0～R7 是和 SYS 模式下完全相同的。当中断产生时，SVC 模式下的 CPSR 的值保存在 SPSR_fiq 中。

7. 异常中断模式(ABORT)

存储器异常中断信号由存储系统发出。当处理器试图执行无效指令时，将会有一个指令异常中断产生。该中断发生时，CPU 将会进行如下操作：

① 切换到 ABORT 模式(MODE=0x17)；

② 将当前处理器状态寄存器(CPSR)的值保存到堆栈指针寄存器 SPSR_abt 中；

③ 将程序计数器 PC 的值保存到 R14_abt(即 ABORT 模式下的连接寄存器)中；

④ 将 CPSR 的位 7 置位，禁止接下来的 IRQ；

⑤ 将 PC 强制指向地址 0x0000000C。

一个数据存取操作所存取的数据为无效数据时将激活一个数据异常中断。一个数据异常中断导致以下操作：

① 切换到 ABORT 模式(MODE=0x17)；

② 将当前处理器状态寄存器(CPSR)的值保存到堆栈指针寄存器 SPSR_abt 中；

③ 将程序计数器 PC 的值保存到 R14_abt(即 ABORT 模式下的连接寄存器)中；

④ 将 CPSR 的位 7 置位，禁止接下来的 IRQ；

⑤ 将 PC 强制指向地址 0x00000010。

8. 未定义模式(UNDEF)

若 ARM 执行一个协处理器指令,它将等待任何一个外部协处理器响应,以确认其指令执行权。若无协处理器响应,一个未定义指令异常(事件)将会产生,执行以下操作:

① 切换到 UNDEF 模式(MODE=0x1B);

② 将当前处理器状态寄存器(CPSR)的值保存到堆栈指针寄存器 SPSR_und 中;

③ 将程序计数器 PC 的值保存到 R14_und(即 UNDEF 模式下的连接寄存器)中;

④ 将 CPSR 的位 7 置位,禁止接下来的 IRQ;

⑤ 将 PC 强制指向地址 0x00000004。

9.3.2 开发工具的选择

本书使用 IAR EWARM v5.11(ARM 嵌入式开发平台)来实现移植,EWARM 包含了一个代码编辑器、一个 C/EC++编译器、一个汇编器、一个链接/定位器和 C-Spy 调试器。C-Spy 调试器实际上包括了一个支持用户在板上运行之前对代码进行检测的 ARM 仿真器。该开发 C 编译器支持函数的可重入,可以用 C 语言打开和关闭中断,另外还支持函数的内联,即允许用户在 C 源代码中插入汇编语言。

另外,需要特别注意的是:本书所使用的 IAR 编译器版本默认为程序代码运行在系统模式下,事实上编译器在系统模式下调入函数 main()。然而当启动 μC/OS II 时,是转换到管理模式下进行的,所有运行的任务也均处于管理模式。

用户可以使用 ARM 模式或 Thumb 模式创建实例代码,如图 9-8 所示。

注意:用户需使能图中的“Generate interwork code”项生成配合代码。

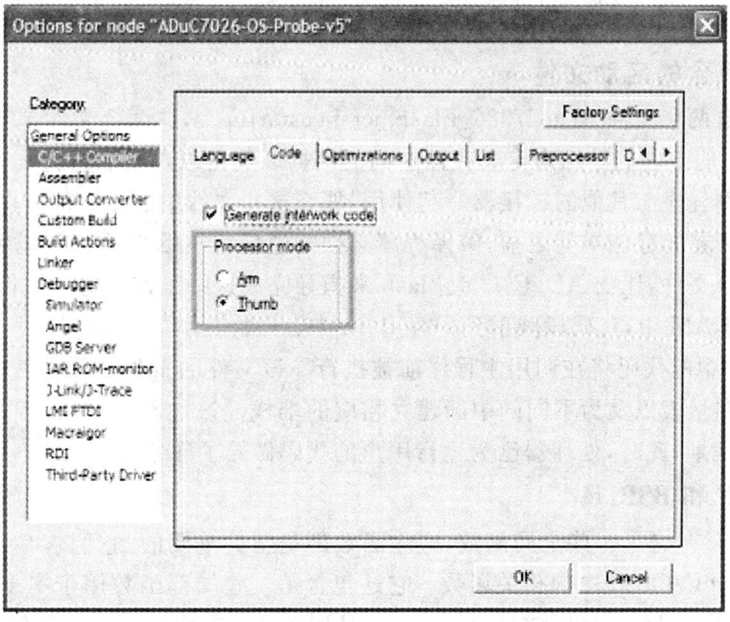

图 9-8 在 IAR EWARM 的 Thumb 模式下创建代码

9.4 应用代码

如图 9-6 所示，要在 ADμC7026 上运行 μC/OS II，还需要完成“ARM 通用移植”和“BSP”两个模块的编写。其中“ARM 通用移植”是 ARM 处理器通用的移植代码，我们在第 10 章给出；“BSP”板级支持包包含了与 ADμC7026 相关的代码，我们将在本小节加以说明。另外，读者可以将本章介绍的移植范例作为工程模板使用，直接在 APP. C 中编写自己的任务，并修改 OS_CFG 中的相关内容即可。本小节将分别介绍 BSP、OS_CFG、INCLUDES. H 以及 APP. C。

9.4.1 板级支持包 BSP

板级支持包包含启动文件(cstartup. s)、BSP. C、BSP. H、ioADμC7026. h 以及处理器头文件等。它封装了通用 I/O 口的访问功能，这些文件是应用程序与 ADμC7026 评估板之间的接口。

每个 BSP 都应该包含一个 BSP 初始化函数，我们称之为 BSP_Init()。且该函数应该在用户应用程序代码中被调用。本章采用的移植代码在 BSP 中封装了 μC/OS II 时钟节拍处理程序，因为异常处理程序实际上是属于用户应用代码，而不是 μC/OS II 的内核代码。用户可以简单地通过改变 BSP 为时钟节拍选择任何一个定时器或中断源，从而使 μC/OS II 移植更为方便地应用于不同的目标硬件。时钟节拍中断处理程序为 Tmr_TickHndlr()，该程序位于文件 BSP. c 中。

另外，一般默认通用异常处理程序 OS_CPU_ExceptHndlr()在 BSP. C 中被声明。

下面将分别介绍 BSP 中的启动文件、BSP. C 和 BSP. H、BSP 初始化函数以及时钟节拍函数。

1. IAR 包含的启动文件

BSP 中包含两个文件 ADμC7026_Flash. icf 和 cstartup. s，这两个文件是与 IAR EWARM v5. 1x 配套使用的。它们是用来定义存储空间的结构以及在载入或执行代码前初始化处理器的。如果该示例程序与其他的链接器一起使用，那么这些文件中的相应部分也要复制过去。

在利用处理器的存储空间之前，编译程序必须知道应该在哪里放置代码和数据。IAR 需要一个连接命令文件，比如 ADμC7026_Flash 来指导完成这些工作。这个文件规定，数据段和堆栈位于内存 RAM 中，代码段映射到闪存 flash 中。

cstartup. s 中的代码将在调用主程序前被执行。该文件的重要工作是按照 ARM 内核的要求建立中断向量表以及为不同的中断建立相应的堆栈。该代码运行后，程序跳转到主函数 main()所在的地址，此时，处理器已为运行用户的代码做好了准备。

2. BSP. C 和 BSP. H

文件 BSP. C 包含了一些全局函数，这些函数都是至关重要的，它们包括初始化处理器操纵 LED 灯以及 μC/OS II 中的相关函数。它还包含了一些局部函数用于实现相应的功能，如初始化 LED 对应的 I/O 口以及初始化 μC/OS II 时钟节拍的定时器。本节仅对示例程序中用到的以及用户可能调用的全局函数加以讨论。

在 BSP. C(函数的原型在 BSP. C 中)当中定义的全局函数按功能大致分为两类：处理器

重要功能初始化和用户接口服务。前者主要包括以下五个函数。

① BSP_Init() 在启动多任务处理(即调用 OS_Start())之后,应用程序代码调用 BSP_Init()来初始化处理器的重要功能(尤其是 μC/OS II 的时钟节拍中断)。该函数必须在使用 BSP 中的其他函数之前被调用。

② BSP_IntDisAll() 调用 BSP_IntDisAll()来禁止所用的中断,因此可以在处理器未准备好处理它们之前禁止任何中断。

③ BSP_IntVectSet() 调用 BSP_IntVectSet()为指定的 IRQ 中断设置中断向量。

④ BSP_IntEn() 调用 BSP_IntEn()来使能指定的 IRQ 中断。

⑤ BSP_CPU_ClkFreq() 以 Hz 的形式返回时钟频率。

本移植提供六个连接用户部件的函数:

① LED_Toggle(),LED_On()和 LED_Off() 这三个函数分别用于闪烁、点亮和熄灭 LED 灯。如果将参数 0 传递给函数,LED_Toggle(),LED_On() 和 LED_Off()对开发板上所有的 LED 进行相应的操作。传递参数为 1 时,仅对相应的 LED 进行操作,本示例中特定的 LED 指的是 P4.2 连接的 LED。

② PB_GetStatus() 调用该函数需要传递的参数为要检测的开关对应的 ID 号。如果按下要检测的开关,PB_GetStatus()返回 DEF_TRUE。如果没有按下该开关,则返回 DEF_FALSE。本例中使用的用户开关 ID 号为 1 时,对应的是开发板上连接在 P0.4 口的用户开关。

③ ADC_GetStatus() 该函数的自变量为欲进行 A/D 采样的 I/O 口对应的 ID 号,返回值为 A/D 采样的转换值。传递参数 ID 为 1 时,对 ADC0 采样,即演示电路中电位器连接的端口。

④ DAC_SetOutput() 函数的第一个自变量为 DAC 输出端口对应的 ID(本示例中对应的是 DAC0),并根据第二个自变量的值设置该端口输出给定的电压值。

3. BSP 初始化函数

```
void  BSP_Init (void)
{
BSP_PLL_Init();                                    /* Note 1 */
BSP_LED_Init();                                    /* Note 2 */
BSP_PB_Init();
BSP_ADC_Init();                                    /* Note 3 */
BSP_DAC_Init();
BSP_IntCtrlInit();                                 /* Note 4 */
BSP_Tmr_TickInit();                                /* Note 5 */
}
```

Note 1:初始化 PLL 产生 41.78 MHz 时钟。

Note 2::初始化 LED 和用户开关 PB 的对应的 I/O 口。

Note 3:初始化 ADC 输入和 DAC 输出。

Note 4:初始化中断控制器。

Note 5:初始化 μC/OS II 时钟节拍中断源。

4. 时钟节拍初始化及中断函数

下面列出了给 μC/OS II 时钟节拍初始化的函数 Tmr_TickInit()和时钟节拍中断处理函数 Tmr_TickISR_Handler()。这些也可作为初始化中断和处理中断的应用例子。

```
static  void  Tmr_TickInit (void)
{
    CPU_INT32U  clk_freq;
    BSP_IntVectSet(BSP_IRQ_TIMER0,Tmr_TickISR_Handler);        /* Note 1 */
    T0CON = DEF_BIT_06| DEF_BIT                                  /* Note 2 */
    clk_freq = BSP_CPU_ClkFreq();                                /* Note 3 */
    T0LD = clk_freq / 256 / OS_TICKS_PER_SEC;
    T0CON| = DEF_BIT_07;                                         /* Note 4 */
    BSP_IntEn(BSP_IRQ_TIMER0);                                   /* Note 5 */
}
```

Note 1：处理程序设置时钟中断向量入口 Tmr_TickISR_Handler()为函数。

Note 2：计时器设置成周期模式,并将系统时钟 1/256 分频。

Note 3：计算 CPU 时钟频率,根据 CPU 时钟频率算出定时器装载值。

Note 4：定时器使能。

Note 5：使能定时器中断。

```
void  Tmr_TickISR_Handler (void)
{
    OSTimeTick();                                                /* Note 1 */
    T0CLRI = 0xFF;                                               /* Note 2 */
}
```

Note 1：OSTimeTick()通知 μC/OS II 进入时钟节拍中断处理。

Note 2：清除定时器中断。

9.4.2 OS_CFG.H

OS_CFG.H 文件用来配置 μC/OS II、定义用户的应用程序中允许任务的最大个数、决定使能哪项服务(信号量、消息邮箱和消息列队等)、设置空闲任务和统计任务所占用的空间等。用户可以在这个文件中设置 60 个左右 #define。关于每个变量的定义及其相关作用用户可查阅 Jean J. Labrosse 的《MicroC/OS - II, The Real - Time Kernel》一书。本节介绍的 OS_CFG.H 是针对 μC/OS II V2.83 或更高版本的,也可以和先前版本的 μC/OS II 一起使用。下面我们对一些基本的配置进行说明：

① OS_APP_HOOKS_EN 设置成 1,这样 OS_TCB 中的循环计数器的值就能被保留。

② 空闲任务堆栈的大小(OS_TASK_IDLE_STK_SIZE)、统计任务堆栈的大小(OS_TASK_STAT_STK_SIZE)和计时器(OS_TASK_TMR_STK_SIZE)任务均被设置成 96 个 OS_STK 型变量(每个 4 字节)的大小,也就是说每个任务堆栈都是 384 字节。如果用户增加代码,则需要考虑可供使用的堆栈的情况。

③ OS_DEBUG_EN 设置为 1,用于通过 Kernel Awareness Plug - in 向 IAR 的 C - Spy

提供 μC/OS II 应用对象的信息。该项设置为零可以节省一定的空间，但并不能节省太多空间。

④ OS_LOWEST_PRIO 设置为 10，允许建立 11 个任务。

⑤ OS_MAX_TASKS 用于定义用户程序中可以使用的最多任务数。该应用实例中设置为 8，用户可以在增加两个任务到该应用代码中。如果仍需要增加任务数的话，需要修改该项的值。

⑥ OS_TICKS_PER_SEC 设置成 100 Hz，这个值可以根据需要而改变，用户可以通过调整时钟节拍初始化函数 Tmr_TickInit()的参数来改变频率值。该项的值一般在 10～1 000 Hz 之间选取。时钟节拍的频率越高，系统的负担越重。当然，较高的时钟节拍的频率能得到更好的时间间隔。

9.4.3 INCLUDES. H

INCLUDES. H 是一个主头文件，它出现在每个. C 文件的第一行。INCLUDES. H 文件使得工程项目中的每个. C 文件均无需分别考虑其实际上需要哪些头文件，使用 INCLUDES. H 文件的唯一缺点是它可能包含一些与当前要编译的. C 文件实际上不相干的头文件，这意味着每个文件的编译时间都可能会延长。但由于它增强了代码的可移植性，故而本移植代码仍然决定采用这种方法。

用户可以通过重新编辑 INCLUDES. H 增加自己的头文件，但这些头文件必须添加在头文件列表的最后。下面程序清单演示了一个典型 INCLUDES. H 头文件的内容。当然，用户可以按需要添加自己的头文件。

INCLUDES. H

```
#include <ctype.h>
#include <stdarg.h>
#include <stdio.h>
#include <stdlib.h>
#include <string.h>
#include <app_cfg.h>
#include <ucos_ii.h>
#include <bsp.h>
```

9.4.4 APP. C

在本章介绍的移植代码中，与应用有关的代码都包含在文件 APP. C 中，用户可以将该工程作为模板，在 APP. C 中添加相应的代码以做进一步的使用。

APP. C 中包含以下五个函数：

① main()是应用程序的入口点，就像大部分 C 程序一样。这个函数初始化操作系统，通过 AppTaskStart()创建要首先运行的任务，启动多任务切换，然后退出。

② AppTaskStart()，创造用户要求的任务以后，进入一个死循环，该循环使 LED 以一定的频率闪烁，该频率与电位计的值有关。

③ AppTaskKbd()监视用户开关的状态。当开关被按下或者释放，这个任务将向 AppTaskDAC()发送一个信息，它将要么开始闪烁 LED(按下开关)，要么继续正常操作(释放开关)。

④ AppTaskADC()监视电位计当前的输入值。当电位计的输入值改变时，这个任务将向 AppTaskStart()发送一个信息，LED 的闪烁频率会作相应改变。

⑤ AppTaskDAC()控制 DAC 输出 LED。

以下选取 main()和 AppTaskStart()做相应的说明。

```
void  main (void)                                       /* Note 1 */
{
    CPU_INT08U  err;
    BSP_IntDisAll();                                    /* Note 2 */
    OSInit();                                           /* Note 3 */
    OSTaskCreateExt(AppTaskStart,                       /* Note 4 */
                    (void*)0,
(OS_STK )&AppTaskStartStk[APP_TASK_START_STK_SIZE - 1],
                    APP_TASK_START_PRIO,
                    APP_TASK_START_PRIO,
                    (OS_STK *)&AppTaskStartStk[0],
                    APP_TASK_START_STK_SIZE,
                    (void*)0,
OS_TASK_OPT_STK_CHK|OS_TASK_OPT_STK_CLR);
    #if  OS_TASK_NAME_SIZE>13                           /* Note 5 */
      OSTaskNameSet(APP_TASK_START_PRIO,"Start Task",&err);
    #endif

    OSStart();                                          /* Note 6 */
}
```

Note 1：和大多数 C 语言程序一样，代码都是以 main()开始的。

Note 2：所用的中断都被中止，以确保应用程序在完全初始化之前没有被中断。

Note 3：在创建任务或者调用其他内核服务之前，必须调用 OSInit()，这些初始化对所有的 μC/OS II 应用都是必须的。

Note 4：至少有一个任务必须建立(在这种情况下，利用 OSTaskCreateExt()去获得关于这个任务的额外信息)。另外，μC/OS II 在 OSInit()中创造一个或者两个内部任务。μC/OS II 创建一个空任务 OS_TaskIdle()，这是必须的。如果在 OS_cfg. h 中把 OS_TASK_STAT _EN 设置成 1，将会创建统计任务 OS_TaskStat()。

Note 5：从版本 V2.6x 起，可以对 μC/OS II 任务(和其他内核对象)命名，并在运行或调试时显示任务名。本移植实例中，AppTaskStart()被命名为“Start Task”。因为 C - Spy 能够与来自 Micriμm 的 Kernel Awareness Plug - In 一起工作，所以在调试时能够显示任务名。

Note 6：在主函数的最后，调用 OSSTart()来启动 μC/OS II 下的多任务处理。然后 μC/OS II 将开始执行 AppTaskStart()，因为这是现有任务中优先级最高的，另外两个任务：OS_TaskStat()和 OS_TaskIdle()都具有低的优先级。

```
static  void  AppTaskStart (void *p_arg)
```

```
{
    CPU_INT16U      delay;
    void             *msg;
    CPU_INT32U      adc;
    CPU_INT08U      err;
    (void)p_arg;
    BSP_Init();                                    /* Note 1 */
#if  (OS_TASK_STAT_EN > 0)
     OSStatInit();                                 /* Note 2 */
#endif
#if (uC_PROBE_OS_PLUGIN  > 0) || \                 /* Note 3 */
    (uC_PROBE_COM_MODULE > 0)
    AppInitProbe();
#endif
    LED_Off()
    AppEventCreate();                              /* Note 4 */
    AppTaskCreate();
    msg = OSQPend(AppADCQ,0,&err);                 /* Note 5 */
    if  (err == OS_ERR_NONE) {
        adc    = (CPU_INT32U)msg;
        delay = (adc >> 4) + 16;
    } else {
        delay = 1000;
    }
     while (DEF_TRUE) {                            /* Note 6 */
        /* Blink LED */
    }
}
```

Note 1：BSP_Init()初始化板支持包：包括 I/O 口，时钟中断节拍等，会在下一小节详细介绍这部分内容。

Note 2：OSStatInit() 初始化 μC/OS II 的统计任务。该函数只有在用户将 OS_cfg.h 中的 OS_TASK_STAT_EN 设置成 1 才能够被执行。这个统计任务测量 CPU 的使用率(用百分比形式显示)并对所有通过 OSTaskCreateExt()建立的、并使能堆栈检查的任务进行堆栈检查。

Note 3：AppInitProbe()初始化用于监控 μC/OS II 运行状态的 μC/Probe Plug-in，它统计每个任务的 CPU 使用率，并初始化 μC/Probe 通用通信模块；ProbeRS232_Init() 初始化 RS-232 通信模块。当这个模块被初始化之后，安装在 Windows 中的应用程序 μC/Probe 就能够从处理器中下载数据了。

Note 4：创建了一个消息队列和一个消息邮箱用于任务间通信。

Note 5：得到 A/D 装换的当前值，作为 adc 的初值，并根据得到的初值计算出延迟时间。

Note 6：任何由 μC/OS II 管理的任务要么进入无限循环“等待”其他事件的发生，要么中止本身。这个任务进入一个无限循环，该循环中来自电位计的 A/D 转换的值被存储到一个全局变量中。

9.5　本章小结

本章从移植成功的示例程序引入，简要介绍了 μC/OS II 的内核特点，然后对示例程序中的移植代码进行了说明。移植代码中，通用的 ARM 移植模块在第 10 章给出，重点对板级支持包 BSP 以及应用代码文件 APP.C 进行了说明。读者可以访问网站 http://www.micrium.com/analog/index.html 得到相应的代码，代码在 ADμC7026 开发板上成功运行，验证了 μC/OS II 的强大功能。

第 10 章　ARM 处理器通用的 μC/OS II 移植文件

本章将分别对与 ARM 处理器通用的 μC/OS II 移植文件 OS_CPU. H、OS_CPU_C. C、OS_CPU_A. ASM 进行说明，最后，本章还介绍了 ADμC7026 中的中断向量表，并对中断服务过程进行说明，阅读中断向量表将有助于读者了解 μC/OS II 的内核机制。

10.1　OS_CPU. H

OS_CPU. H 包括了用＃define 语句定义的、与处理器相关的常数、宏以及类型。

1. OS_CPU. H 外部变量

OS_CPU_GLOBALS 和 OS_CPU_EXT 允许用户声明该移植特有的全局变量。

OS_CPU. H 外部变量程序清单

```
#ifdef  OS_CPU_GLOBALS
#define OS_CPU_EXT
#else
#define OS_CPU_EXT extern
#endif
```

2. OS_CPU. H，数据类型

OS_CPU. H 数据类型程序清单

```
typedef unsigned char BOOLEAN;
typedef unsigned char INT8U;
typedef signed char INT8S;
typedef unsigned short INT16U;         /* Note 1 */
typedef signed short INT16S;
typedef unsigned int INT32U;
typedef signed int INT32S;
typedef float FP32;                    /* Note 2 */
typedef double FP64;
typedef unsigned int OS_STK;           /* Note 3 */
typedef unsigned int OS_CPU_SR;        /* Note 4 */
```

Note 1　若用户参考 IAR 编译器文档，将会发现短数据格式为 16 位，整数格式为 32 位。绝大多数的 ARM 编译器拥有相同的定义。

Note 2　虽然 μC/OS II 不使用浮点数，但仍包含浮点数数据格式。

Note 3　ARM 处理器的堆栈入口都是 32 位宽度的，故 OS_STK 被声明。所有任务堆栈必须将 OS_STK 作为其数据类型予以声明。

Note 4　ARM 处理器的状态寄存器(CPSR 和 SPSR)是 32 位的。当用到 OS_CRITICAL_METHOD＃3 时，需使用 OS_CPU_SR 数据类型。本章介绍的移植方法只支持 OS_CRITICAL_METHOD ＃3，因为它是 μC/OS II 移植的优先选用方法。

3. OS_CPU.H 临界段

同所有的实时内核程序一样，当访问代码临界区时 μC/OS II 需禁止中断，访问完成后再对中断重新使能。μC/OS II 分别定义了两个宏用于禁止和使能中断：OS_ENTER_CRITICAL()与 OS_EXIT_CRITICAL()。μC/OS II 总共定义了三种禁止和使能中断的方法(在 Jean J. Labrosse 的《MicroC/OS-II，The Real-Time Kernel》中有详细介绍)，但用户只需选择其中一种使用即可。选择方式取决于处理器和编译器。在绝大多数情况下，所选方式为 OS_CRITICAL_METHOD ＃3。

OS_CRITICAL_METHOD ＃3 通过编写一个可以将 CPU 的状态寄存器值保存到一个变量中的函数来执行 OS_ENTER_CRITICAL()。OS_EXIT_CRITICAL() 通过调用另一个函数来还原状态寄存器的值。在《MicroC/OS-II，The Real-Time Kernel》中，Labrosse 先生推荐分别调用 OS_ENTER_CRITICAL()和 OS_EXIT_CRITICAL() 中函数 OS_CPU_SR_Save()和 OS_CPU_SR_Restore()，这两个函数的代码在 OS_CPU_A.S 中被声明。

OS_CPU.H，OS_ENTER_CRITICAL()及 OS_EXIT_CRITICAL()程序清单。

```
#define OS_CRITICAL_METHOD 3
#if OS_CRITICAL_METHOD == 3
#if OS_CPU_INT_DIS_MEAS_EN > 0
#define OS_ENTER_CRITICAL() {cpu_sr = OS_CPU_SR_Save(); \
OS_CPU_IntDisMeasStart();}
#define OS_EXIT_CRITICAL()    {OS_CPU_IntDisMeasStop(); \
OS_CPU_SR_Restore(cpu_sr);}
#else
#define OS_ENTER_CRITICAL() {cpu_sr = OS_CPU_SR_Save();}
#define OS_EXIT_CRITICAL() {OS_CPU_SR_Restore(cpu_sr);}
#endif
#endif
```

4. OS_CPU.H 堆栈增长方向

ARM 的堆栈从存储器的高地址开始指向低地址。故为在 μC/OS II 指明这种堆栈方向，将 OS_STK_GROWTH 位置为 1。

OS_CPU.H 堆栈方向程序清单

```
#define OS_STK_GROWTH 1
```

5. OS_CPU.H 任务级的代码切换

OS_TASK_SW()是一个宏，它是在 μC/OS II 从低优先级任务切换到最高优先级任务时被调用的，OS_TASK_SW()总是在任务级代码中被调用的。另一个函数 OSIntExit()用于在中断服务程序中被调用，使得在更高优先级任务处于就绪状态时，执行任务切换功能。任务切换只是简单地将处理器寄存器保存到将被挂起的任务的堆栈中，并且将更高优先级的任务从堆栈中恢复出来。

在 μC/OS II 中，处于就绪状态任务的堆栈结构看起来就像刚发生过中断并将所有的寄存器保存到堆栈中的情形一样。换句话说，μC/OS II 要运行处于就绪状态的任务必须要做的事就是将所有处理器寄存器从任务堆栈中恢复出来，并且执行中断的返回。为了切换任务可以通过执行 OS_TASK_SW()来产生中断。大部分的处理器会提供软中断或是陷阱(TRAP)指令来完成这个功能。ISR 或是陷阱处理函数(也叫做异常处理函数)的向量地址必须指向汇编语言函数 OSCtxSw()。

本移植中没有采用软中断机制，而是将堆栈结构设置成与中断堆栈结构一样，OS_TASK_SW()只会简单的调用 OSCtxSw()而不是将某个向量指向 OSCtxSw()。

当 μC/OS II 调用宏 OS_TASK_SW()时，执行任务级的任务切换。由于任务切换是与处理器相关的，故 OS_TASK_SW()需执行一个汇编语言程序 OSCtxSw()，该程序将在 OS_CPU_A. ASM 中予以声明。

OS_CPU. H 任务级的任务切换程序清单

```
#define OS_TASK_SW()  OSCtxSw()
```

6. OS_CPU. H 相关函数的原型

函数原型程序清单 1 使用 OS_CRITICAL_METHOD #3 来使能或禁止中断。用户需要注意的是这些原型均在开头使用特殊的关键字_arm。这是一个显示函数在 ARM 模式下运行的 IAR 关键字，当函数被调用时，编译器将会生成相应的指令。

OS_CPU. H 函数原型程序清单 1

```
#if OS_CRITICAL_METHOD == 3
__arm OS_CPU_SR OS_CPU_SR_Save(void);
__arm void OS_CPU_SR_Restore(OS_CPU_SR cpu_sr);
#endif
```

程序清单 10.1.1.7 所示函数原型为异常处理相关函数。OS_CPU_InitExceptVect()需从 BSP 中调用以将 CPU 的异常向量初始化到 8 个异常处理程序，这 8 个异常处理器程序为 OS_CPU_ARM_XYZ 汇编函数。这些函数立即保存 CPU 的状态，并跳转到一个通用的异常处理程序 OS_CPU_ARM_ExceptHndlr()中。该通用的异常处理程序将进行 μC/OS II 的内部任务管理，并最终调用一个文件"BSP"中的开发板和应用程序有关的异常处理函数 OS_CPU_ExceptHndlr()。OS_CPU_ExceptHndlr()的示意性代码在 10.3 小节给出，用汇编语言编写的代码将在 OS_CPU_A. ASM 加以详细说明。

关键字_arm 表明这些函数不论是从 Thumb 模式还是 ARM 模式下调用的，都将在 ARM 模式下运行。

OS_CPU. H 函数原型程序清单 2

```
void OS_CPU_InitExceptVect(void);
__arm void OS_CPU_ARM_ExceptResetHndlr(void);
__arm void OS_CPU_ARM_ExceptUndefInstrHndlr(void);
__arm void OS_CPU_ARM_ExceptSwiHndlr(void);
__arm void OS_CPU_ARM_ExceptPrefetchAbortHndlr(void);
__arm void OS_CPU_ARM_ExceptDataAbortHndlr(void);
__arm void OS_CPU_ARM_ExceptAddrAbortHndlr(void);
```

```
__arm void OS_CPU_ARM_ExceptIrqHndlr(void);
__arm void OS_CPU_ARM_ExceptFiqHndlr(void);
void OS_CPU_ExceptHndlr(INT32U except_type);
```

对于版本 2.77，函数 OSCtxSw()，OSIntCtxSw()以及 OSStartHighRdy()的函数原型需放到 OS_CPU.H 中。这样做是有意义的，因为这些都是移植特有文件。同样地，关键字_arm 表明这些函数不论是从 Thumb 模式还是 ARM 模式下调用，都将在 ARM 模式下运行。

OS_CPU.H 函数原型程序清单 3

```
__arm void OSCtxSw(void);
__arm void OSIntCtxSw(void);
__arm void OSStartHighRdy(void);
```

函数原型程序清单 3 的函数原型用于测量中断禁止时间的函数。一般来说，先在中断被禁止时读出定时器的值，在下次使能中断之前再读一遍该值，两次定时器计数的差值即为中断禁止时间。实际上函数 OS_CPU_IntDisMeasStop()会持续跟踪记录计数增量的最大值，亦即最大中断禁止时间。该部分将在以后章节进行详细介绍。

OS_CPU.H 函数声明程序清单

```
#if OS_CRITICAL_METHOD == 3
void OS_CPU_IntDisMeasInit(void);
void OS_CPU_IntDisMeasStart(void);
void OS_CPU_IntDisMeasStop(void);
INT16U OS_CPU_IntDisMeasTmrRd(void);
#endif
```

10.2 OS_CPU_C.C

μC/OS II 移植要求用户用 C 语言写入 10 个十分简单的钩子函数。

- OSInitHookBegin()
- OSInitHookEnd()
- OSTaskCreateHook()
- OSTaskDelHook()
- OSTaskIdleHook()
- OSTaskStatHook()
- OSTaskStkInit()
- OSTaskSwHook()
- OSTCBInitHook()
- OSTimeTickHook()

典型的 μC/OS II 仅要求用户编写函数 OSTaskStkInit()。另外，用户编写其他的函数可扩展系统内核的相应功能。为了测量中断禁止时间，还加入以下函数：

- OS_CPU_IntDisMeasInit()
- OS_CPU_IntDisMeasStart()

- OS_CPU_IntDisMeasStop()

注意：为了使编译器能够使用此文件中声明的函数，用户还需将 OS_CFG.H 定义常数 OS_CPU_HOOKS_EN 置位。

1. OS_CPU_C.C OSInitHookBegin()

此函数在 μC/OS II 的 OSInit()函数一开始即被调用。它提供了移植专用的附加初始化代码的机会。这下面例子中，将初始化用于 OS_TMR.C 模型中(当 OS_TMR_EN 被置位时)的全局变量 OSTmrCtr ()。

OS_CPU_C.C OSInitHookBegin()程序清单

```
void OSInitHookBegin (void)
{
    #if OS_TMR_EN > 0
    OSTmrCtr = 0;
    #endif
}
```

2. OS_CPU_C.C OSInitHookEnd ()

此函数在 μC/OS II 的 OSInit()函数即将结束时被调用。它提供了移植专用的附加初始化代码的机会。这下面例子中将初始化用于中断禁止时测量时间代码中(当 OS_CPU_INT_DIS_MEAS_EN 被置位时)的全局变量。

OS_CPU_C.C OSInitHookEnd()程序清单

```
void OSInitHookEnd (void)
{
    #if OS_CPU_INT_DIS_MEAS_EN > 0
    OS_CPU_IntDisMeasInit();
    #endif
}
```

3. OS_CPU_C.C OSTaskCreateHook ()

当一个任务被建立时，此函数被 μC/OS II 的 OSTaskCreate()或 OSTaskCreateExt()函数调用。在给出的例子中，调用了 μC/OS - View 初始化函数(μC/OS - View 是一个对 μC/OS II 非常有用的可选模型，用于在任务运行时展现各个任务的状态。用户可以访问 www.micrium.com 来获取更多的细节)。

需要特别注意的是，当函数 OSView_TaskCreateHook()被调用时，μC/OS - View 的常驻目标代码必须作为一部分包含在用户建立的任务中。在下面的例子程序中，用户需要将一个 #define OS_VIEW_MODULE 1 添加到应用程序 OS_CFG.H 中。若 OS_VIEW_MODULE 为 0，只需通知编译器 ptcb 未被使用，避免一次编译器警告。

OS_CPU_C.C OSTaskCreateHook ()程序清单

```
void OSTaskCreateHook (OS_TCB *ptcb)
{
    #if OS_VIEW_MODULE > 0
    OSView_TaskCreateHook(ptcb);
```

```
    #else
    (void)ptcb;
    #endif
}
```

4. OS_CPU_C.C OSTaskStkInit()

μC/OS II默认任务运行在管理模式下，寄存器 CPSR 初始化为 ARM_SVC_MODE（ARM 模式下为 0x13，Thumb 模式下为 0x33）。典型情况下，ARM 编译器将第一个函数自变数传递到 R0 寄存器中。接下来，通过以下程序来看一下 μC/OS II 中的任务代码。

μC/OS II 的任务代码程序清单

```
void MyTask (void * p_arg)
{
    /* 与传递过来的数据'p_arg'有关的操作，可选的 */
    while (1) {
    /* 任务主体 */
    }
}
```

每个任务都要有自己的堆栈，为了实现任务间的切换，每个任务的堆栈结构都要一致。下面程序清单中的代码对已建立的任务的堆栈结构进行初始化。建立的任务会接收一个非强制（可选 optional）的变量“p_arg”，此即该变量会在任务建立时被传递到 R0 的原因。绝大多数 CPU 寄存器的初始值都是不重要的，所以可以将其初始化成相应寄存器的编号，这样会大大便利 RAM 中堆栈的调试和检测。该初始值在任务第一次建立时是十分有用的，当然，随着代码的运行，寄存器值极有可能会发生改变。任务堆栈初始化的程序代码如下：

OS_CPU_C.C OSTaskStkInit()程序清单

```
OS_STK * OSTaskStkInit (void ( * task)(void * pd),void * p_arg,OS_STK * ptos,INT16U opt)
{
    OS_STK * stk;
    INT32U task_addr;
    opt = opt;                                     /* 'opt' 未使用，防止编译器报警 */
    stk = ptos;                                    /* 载入堆栈指针 */
    task_addr = (INT32U)task &~1;
    * (stk) = (INT32U)task_addr;                   /* PC */
    * (-- stk) = (INT32U)0x14141414L;              /* R14 (LR) */
    * (-- stk) = (INT32U)0x12121212L;              /* R12 */
    * (-- stk) = (INT32U)0x11111111L;              /* R11 */
    * (-- stk) = (INT32U)0x10101010L;              /* R10 */
    * (-- stk) = (INT32U)0x09090909L;              /* R9 */
    * (-- stk) = (INT32U)0x08080808L;              /* R8 */
    * (-- stk) = (INT32U)0x07070707L;              /* R7 */
    * (-- stk) = (INT32U)0x06060606L;              /* R6 */
    * (-- stk) = (INT32U)0x05050505L;              /* R5 */
    * (-- stk) = (INT32U)0x04040404L;              /* R4 */
```

```
    *(--stk) = (INT32U)0x03030303L;                /* R3 */
    *(--stk) = (INT32U)0x02020202L;                /* R2 */
    *(--stk) = (INT32U)0x01010101L;                /* R1 */
    *(--stk) = (INT32U)p_arg;                      /* R0 : 传递的数据 */
    If ((INT32U)task & 0x01) {                     /* 判断任务运行在 Thumb 还是 ARM 模式 */
        *(--stk) = (INT32U)ARM_SVC_MODE_THUMB;     /* CPSR 为 THUMB 模式 */
    } else {
        *(--stk) = (INT32U)ARM_SVC_MODE_ARM;       /* CPSR 为 ARM 模式 */
    }
return (stk);
}
```

图 10-1 演示了当任务建立时怎样初始化堆栈结构。

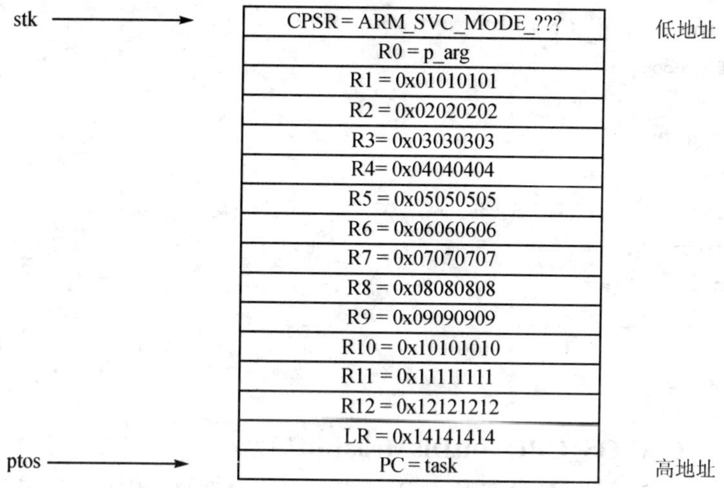

图 10-1 移植中任务的堆栈结构

任务被建立后，堆栈栈顶指针的最终值将被 μC/OS II 函数 OSTaskStkInit()放置于该任务的 OS_TCB 中。访问该任务的任务控制块 TCB，即可获得堆栈指针，从而恢复该任务的运行环境或进行其他操作，并实现任务的调度。

5. OS_CPU_C.C OSTaskSwHook()

当任务转换发生时，函数 OSTaskSwHook()被调用。该函数可用来扩展移植代码的功能，如可加入代码实现测量任务的执行时间或在任务切换时在特定引脚输出一个脉冲等功能。在下面的例子中，调用了任务切换函数 OSView_TaskSwHook()，该调用是在假设 μC/OS-View 已作为用户建立工程的一部分且 OS_CFG.H 中的 OS_VIEW_MODULE 被置位的条件下进行的。

OS_CPU_C.C OSTaskSwHook()程序清单

```
void OSTaskSwHook (void)
{
    #if OS_VIEW_MODULE > 0
    OSView_TaskSwHook();
```

```
    #endif
}
```

6. OS_CPU_C.C OSTimeTickHook()

OSTimeTickHook()在函数OSTimeTick()一开始即被调用。在以下示例程序中，调用了μC/OS-View函数OSView_TickHook()。同样，这也是以μC/OS-View已作为用户建立工程的一部分且OS_CFG.H中的OS_VIEW_MODULE被置位的前提下实现的。

OSTimeTickHook()还控制着何时进行μC/OS II的更新，该功能是通过向定时器任务发送信号完成的。

OS_CPU_C.C OSTimeTickHook()程序清单

```
void OSTimeTickHook (void)
{
    #if OS_VIEW_MODULE > 0
    OSView_TickHook();
    #endif
    #if OS_TMR_EN > 0
    OSTmrCtr++;
    if (OSTmrCtr >= (OS_TICKS_PER_SEC / OS_TMR_CFG_TICKS_PER_SEC)){
        OSTmrCtr = 0;
        OSTmrSignal();
    }
    #endif
}
```

7. OS_CPU_C.C OS_CPU_IntDisMeasInit()

OS_CPU_IntDisMeasInit()被函数OSInitHookEnd()调用，用于对如下所示的在中断禁止时，代码执行时间测量相关变量的初始化。

一般来说，将函数添加到移植以允许对中断禁止时间的测量。这并不是移植所必需的，但它能够提供用户系统对中断响应的有用信息。

中断禁止时间的测量方式很简单。只需在禁止中断后读取一个非同步(free running)的16位(32位)定时器的值，并在再次使能中断前一时刻再次读该定时器，计算两次读数的差值，其中最大差值即为中断禁止时间的最大值。该差值仅代表定时器的计数值，用户需要知道数值增加(减少)速度，以便将其换算为实际时间值。

下面程序清单中的函数初始化测量值，并可在任意时刻被调用，进行最大计数值的“复位”。

OS_CPU_C.C OS_CPU_IntDisMeasInit()程序清单

```
#if OS_CPU_INT_DIS_MEAS_EN > 0
void OS_CPU_IntDisMeasInit (void)
{
    OS_CPU_IntDisMeasNestingCtr = 0;     /* 清除以下函数中的变量 */
    OS_CPU_IntDisMeasCntsEnter = 0;
    OS_CPU_IntDisMeasCntsExit = 0;
```

```
    OS_CPU_IntDisMeasCntsMax = 0;
    OS_CPU_IntDisMeasCntsDelta = 0;
    OS_CPU_IntDisMeasCntsOvrhd = 0;
    OS_CPU_IntDisMeasStart(); /* 测量运行 OS_CPU_IntDisMeasStart()、
                               OS_CPU_IntDisMeasStop()两个函数占用的时间,测量
                               值存入变量 OS_CPU_IntDisMeasCntsOvrhd 中 */
    OS_CPU_IntDisMeasStop();
    OS_CPU_IntDisMeasCntsOvrhd = OS_CPU_IntDisMeasCntsDelta;
}
#endif
```

8. OS_CPU_C.C OS_CPU_IntDisMeasStart()

当函数 OS_ENTER_CRITICAL()将中断禁止时,OS_CPU_IntDisMeasStart()被调用。

OS_CPU_C.C OS_CPU_IntDisMeasStart()程序清单

```
#if OS_CPU_INT_DIS_MEAS_EN > 0
void OS_CPU_IntDisMeasStart (void)
{
    OS_CPU_IntDisMeasNestingCtr++;                        /* Note 1 */
    if (OS_CPU_IntDisMeasNestingCtr == 1) {               /* Note 2 */
      OS_CPU_IntDisMeasCntsEnter = OS_CPU_IntDisMeasTmrRd();
    }
}
#endif
```

Note 1:若用户嵌套函数 OS_ENTER_CRITICAL()调用,将会有一个嵌套计数器处于持续计数状态。

Note 2:若这是 OS_ENTER_CRITICAL()的一级套用,则用户应用程序中定义的函数 OS_CPU_IntDisMeasTmrRd()被调用,用以读取一个自由计数的 16 位定时器的值。当然,用户也可使用 32 位的定时器,此时只需重新声明相应的变量和原型即可。定时器的值保存在 OS_CPU_IntDisMeasCntsEnter 中。

9. OS_CPU_C.C OS_CPU_IntDisMeasStop()

当函数 OS_EXIT_CRITICAL()将中断并再次使能时,OS_CPU_IntDisMeasStop()被调用。

OS_CPU_C.C OS_CPU_IntDisMeasStop()程序清单

```
#if OS_CPU_INT_DIS_MEAS_EN > 0
void OS_CPU_IntDisMeasStop (void)
{
    OS_CPU_IntDisMeasNestingCtr--;                       /* Note 1 */
    if (OS_CPU_IntDisMeasNestingCtr == 0) {
      OS_CPU_IntDisMeasCntsExit = OS_CPU_IntDisMeasTmrRd();
      OS_CPU_IntDisMeasCntsDelta = OS_CPU_IntDisMeasCntsExit
                                   - OS_CPU_IntDisMeasCntsEnter;          /* Note 2 */
        if(OS_CPU_IntDisMeasCntsDelta>OS_CPU_IntDisMeasCntsOvrhd)
```

```
            {                                          /* Note 3 */
              OS_CPU_IntDisMeasCntsDelta -= OS_CPU_IntDisMeasCntsOvrhd;
            } else {
              OS_CPU_IntDisMeasCntsDelta = OS_CPU_IntDisMeasCntsOvrhd;
            }
            if (OS_CPU_IntDisMeasCntsDelta > OS_CPU_IntDisMeasCntsMax) {          /* Note 4 */
            OS_CPU_IntDisMeasCntsMax = OS_CPU_IntDisMeasCntsDelta;
          }
        }
    }
#endif
```

Note 1：由于嵌套计数器为减计数，故而仅在最终嵌套调用函数 OS_EXIT_CRITICAL() 时进行时间测量。

Note 2：当中断被禁止时，测量定时器计数值的差值。

Note 3：运行时间测量函数 OS_CPU_IntDisMeasStart()、OS_CPU_IntDisMeasStop() 占用的时间的值存入变量 OS_CPU_IntDisMeasCntsOvrhd。为避免计数增量值减去的数值大于运行时间测量函数占用的时间的值，应先进行判断。当计数增量值小于运行时间测量函数占用的时间的值时，我们认为运行时间测量函数占用的时间的值即为计数增量值。

Note 4：记录 OS_CPU_IntDisMeasCntsMax 中的最大值。

10.3 OS_CPU_A.ASM

μC/OS II 移植要求用户编写 5 个较为简单的汇编函数。由于部分异常处理代码是以汇编格式编写的，故 ARM 移植实际上包含了 14 个函数。这些函数是必需的，因为通常来说用户无法使用 C 语言进行寄存器的存储和还原。这些函数为：

- OS_CPU_SR_Save()
- OS_CPU_SR_Restore()
- OSStartHighRdy()
- OSCtxSw()
- OSIntCtxSw()
- OS_CPU_InitExceptVect()
- OS_CPU_ARM_ExceptResetHndlr()
- OS_CPU_ARM_ExceptUndefInstrHndlr()
- OS_CPU_ARM_ExceptSwiHndlr()
- OS_CPU_ARM_ExceptPrefetchAbortHndlr()
- OS_CPU_ARM_ExceptDataAbortHndlr()
- OS_CPU_ARM_ExceptAddrAbortHndlr()
- OS_CPU_ARM_ExceptIrqHndlr()
- OS_CPU_ARM_ExceptFiqHndlr()

1. OS_CPU_A.ASM OS_CPU_SR_Save()

下面程序清单中的代码功能为实现 CPSR 寄存器的保存，然后按照 OS_CRITICAL_METHOD #3 中要求的将中断禁止。在以下应用示例中，IRQ 和 FIQ 均被禁止。

需要注意的是，返回适当模式使用的是指令 BX LR。特别地，若在 ARM 模式下调用函数 OS_CPU_SR_Save()，则 CPSR 位 5 值应为 0。若返回 Thumb 模式，则 CPSR 的位 5 将通过指令 BX 被置位。

OS_CPU_A.ASM OS_CPU_SR_Save()程序清单

```
OS_CPU_SR_Save
MRS  R0,CPSR        ;置位 CPSR 中的 IRQ 和 FIQ 位来禁止中断
ORR  R1,R0,#OS_CPU_ARM_CONTROL_INT_DIS
MSR  CPSR_c,R1
BX   LR                          ;中断已禁止，原始的 CPSR 存在 R0 中
```

2. OS_CPU_A.ASM OS_CPU_SR_Restore()

下面程序清单中的代码实现的功能是按照 OS_CRITICAL_METHOD #3 的要求还原 CPSR 寄存器。此函数被调用的前提条件是寄存器 R0 中保存的是所需要的 CPSR 寄存器状态。值得注意的是，更新的仅仅是 CPSR 的控制段(即 CPSR 的低 8 位)。

同样，通过执行指令 BX LR 返回正确模式(ARM 或 Thumb)。

OS_CPU_A.ASM OS_CPU_SR_Restore()程序清单

```
OS_CPU_SR_Restore
MSR  CPSR_c,R0
BX  LR
```

3. OS_CPU_A.ASM OSStartHighRdy()

使就绪状态的任务开始运行的函数叫做 OSStart()。μC/OS II 在 OSStart()之前完成了一系列初始化操作，在函数 OSStart()之后内核开始运行。在用户调用 OSStart()之前，用户必须至少已经建立了自己的一个任务。函数 OSStartHighRdy()被 OSStart()调用，用以启动运行在调用函数 OSStart()之前创建的优先级最高的任务。OSStart()将 OSTCBHighRdy 设为指向具有最高优先级的任务的任务控制块 OS_TCB。在 μC/OS II 中处于就绪状态的任务的堆栈结构看起来就像刚发生过中断并将所有的寄存器保存到堆栈中的情形一样。要想运行最高优先级任务，用户所要做的是将所有处理器寄存器按顺序从任务堆栈中恢复出来，并且执行中断的返回。简单一点的描述是，堆栈指针总是储存在任务控制块(即它的 OS_TCB)的开头。换句话说，也就是要想恢复的任务堆栈指针总是储存在 OS_TCB 的 0 偏址内存单元中。

OS_CPU_A.ASM OSStartHighRdy()程序清单

```
OSStartHighRdy                              ;(1) 切换到 SVC 模式
MSR  CPSR_c,#(OS_CPU_ARM_CONTROL_INT_DIS | OS_CPU_ARM_MODE_SVC)
LDR  R0,?OS_TaskSwHook                      ;(2)调用 OSTaskSwHook()
MOV  LR,PC
BX  R0
LDR  R0,?OS_Running                         ;(3)设置 OSRunning 为 TRUE;
MOV  R1,#1
```

```
STRB  R1,[R0]
;切换到优先级最高的任务
LDR  R0,?OS_TCBHighRdy        ;(4)得到优先级最高的任务控制块TCB的地址
LDR  R0,[R0]                   ;得到堆栈指针
LDR  SP,[R0]                   ;将SP指向新任务的堆栈
LDR  R0,[SP],#4                ;(5)得到新任务的CPSR的值,做好返回正确模式的准备
(ARM or Thumb)
MSR  SPSR_cxsf,R0
LDMFD  SP!,{R0-R12,LR,PC}^     ;(6)将新任务的运行环境出栈
```

程序中

(1):IAR编译器的启动代码中在运行主程序main()之前,将ARM设置为SYS模式。由于SVC模式运行用寄存器SPSR来返回到相应的ARM或THUMB模式,所以我们决定在μC/OS II中使用SVC模式。这时,中断必须是禁止的。此处禁止中断是为了确定这一点。

(2):在启动优先级最高的任务之前我们要调用OSTaskSwHook(),来允许用户添加自己的代码。使用BX指令是因为OSTaskSwHook()可能在ARM或THUMB模式下被编译。所有的ARM指令都是32位的,所以ARM不能将一个32位的地址包含在一条指令中。因此OSTaskSwHook()的地址实际上是在文件的末尾被声明的,ARM通过PC相对寻址得到该地址。典型情况时,编译后的指令如下:

```
?OS_TaskSwHook:
DC32 OSTaskSwHook
```

DC32是一条汇编伪指令,用来声明在代码中包含一个32位的常量。?OS_TaskSwHook是一个地址标志。

(3):μC/OS II中的标志量OSRunning置位表示μC/OS II将在第一个任务启动之时开始运行。同样,所有的ARM指令都是32位的,所以ARM不能将一个32位的地址包含在一条指令中。因此OSRunning实际上是在文件的末尾被声明的,ARM通过PC相对寻址得到该地址。典型情况时,编译后的指令如下:

```
?OS_Running:
DC32 OSRunning
```

(4):得到了任务堆栈的栈顶指针。(被OSTaskCreate()或OSTaskCreateExt()存储在TCB中)。任务堆栈指针总是储存在OS_TCB的0偏址内存单元中。

(5):从任务的堆栈中得到CPSR的值,然后将值存入SPSR寄存器中。在任务堆栈初始化时,在CPSR对应的位置根据任务模式的不同存入不同的值(ARM模式下存入0x00000013,Thumb模式下存入0x00000033)。下一条指令从SPSR寄存器中恢复CPSR的值,并根据寄存器SPSR的值将任务设置为正确的模式(ARM或Thumb)。

(6):从堆栈中恢复任务的运行环境,因为PC的值是出栈的最后一个元素,当PC被装载时,程序会立即跳转到相应地址的。任务的代码会在PC被装载之时运行。值得注意的是"^"表示出栈同时复制SPSR的值到CPSR,同时根据寄存器SPSR的值将任务设置为正确的模式(ARM或Thumb)。

4. OS_CPU_A. ASM OSCtxSw( )

如前面所述，任务级的切换问题是通过发软中断命令或依靠处理器执行陷阱指令来完成的。中断服务例程、陷阱或异常处理例程的向量地址必须指向 OSCtxSw()。

以下示意性代码表示的是执行任务级别转换的代码。当一个具有更高优先级的任务就绪或当前任务出现无法继续执行的情况(例如进行函数 OSTimeDly()，OSSemPend()的调用、信号量无效等)时，函数 OSCtxSw()被调用。这些代码必须写在汇编语言中，因为用户不能直接从 C 中访问 CPU 寄存器。注意，在 OSCtxSw()和用户定义的函数 OSTaskSwHook()的执行过程中，中断是禁止的。本章介绍的移植方法仅将 OSCtxSw()作为一个函数在中断禁止时调用，实现任务切换。记住，所有的任务均运行在管理程序调用模式 SVC 下。一个任务级的任务转换仅包括存储当前任务下的 SVC 寄存器，以便延缓和还原新任务下的 SVC 寄存器。相应示意性代码如下所示：

```
void OSCtxSw(void)
{
    保存处理器寄存器到被中断任务的堆栈中；/＊ (1) ＊/
    OSPrioCur = OSPrioHighRdy; /＊ (2) ＊/
    将当前任务的堆栈指针保存到当前任务的 OS_TCB 中：
    OSTCBCur ->OSTCBStkPtr = Stack pointer; /＊ (3) ＊/
    调用用户定义的 OSTaskSwHook();/＊ (4) ＊/
    得到需要恢复的任务的堆栈指针：
     Stack pointer = OSTCBHighRdy ->OSTCBStkPtr; /＊ (5) ＊/
     OSTCBCur   = OSTCBHighRdy; /＊ (6) ＊/
    将所有处理器寄存器从新任务的堆栈中恢复出来，执行中断返回指令；/＊ (7) ＊/
}
```

任务切换的过程如图 10-2 所示，指令相应的操作已在图中做了标记。不难发现，事实上我们并没有进行 SPSR 寄存器的存储和还原。这是由于 SPSR 仅用于返回相应任务中，且仅在中断被禁止时使用。

任务级任务切换的实际代码如下面程序清单所示。

OS_CPU_A. ASM OSCtxSw()程序清单

```
OSCtxSw
；保存当前任务内容
STMFD   SP!,{LR}                    ；返回地址入栈
STMFD   SP!,{LR}
STMFD   SP!,{R0 - R12}              ；寄存器入栈
MRS     R0,CPSR                     ；当前 CPSR 入栈
TST      LR,#1                      ；检测是否为 Thumb 模式调用
ORRNE   R0,R0,#OS_CPU_ARM_CONTROL_THUMB
；若是，则置位 T-bit
STMFD   SP!,{R0}
LDR      R0,?OS_TCBCur              ；OSTCBCur ->OSTCBStkPtr = SP;
LDR      R1,[R0]
STR      SP,[R1]
```

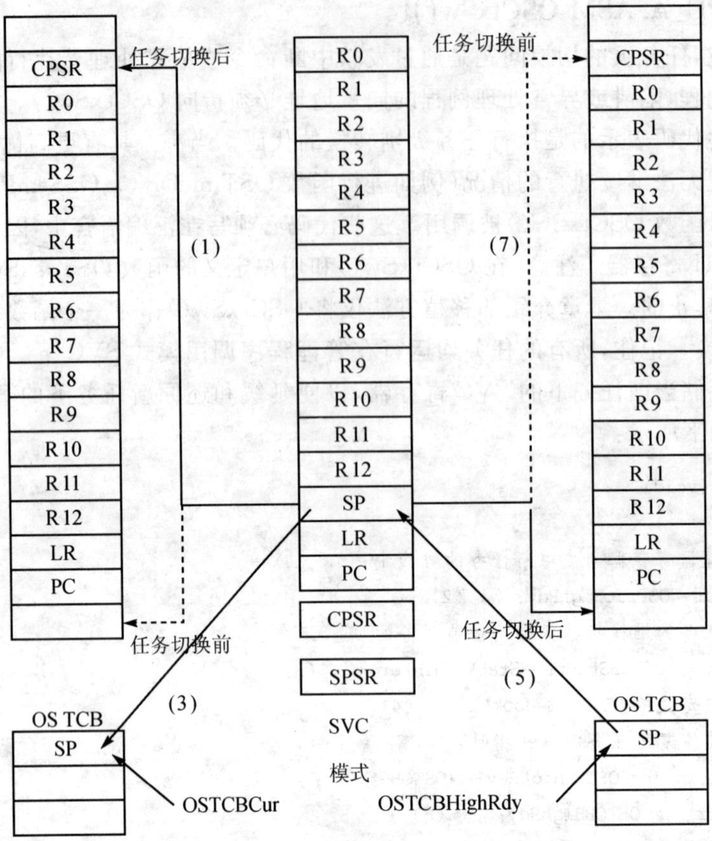

图 10-2　任务级的任务切换

```
LDR     R0,?OS_TaskSwHook            ; OSTaskSwHook();
MOV     LR,PC                        ;ADμC7026 采用三级流水线技术,必须在此处
给 LR 赋值才能正确返回
BX      R0
LDR     R0,?OS_PrioCur               ; OSPrioCur = OSPrioHighRdy;
LDR     R1,?OS_PrioHighRdy
LDRB    R2,[R1]
STRB    R2,[R0]
LDR     R0,?OS_TCBCur                ; OSTCBCur = OSTCBHighRdy;
LDR     R1,?OS_TCBHighRdy
LDR     R2,[R1]
STR     R2,[R0]
LDR     SP,[R2] ; SP = OSTCBHighRdy->OSTCBStkPtr;
;恢复新任务内容
LDMFD SP!,{R0}                       ; 新任务的 CPSR 出栈
MSR     SPSR_cxsf,R0
LDMFD SP!,{R0-R12,LR,PC}^            ; 新任务内容出栈
```

5. OS_CPU_A.ASM OSIntCtxSw()

当一个异常处理程序完成后,函数 OSIntExit()被调用,以判断是否存在比中断任务更为

重要的任务需要被执行。若存在，则 OSIntExit()继续判断接下来运行哪个任务，并通过调用函数 OSIntCtxSw()完成向该任务的切换。不难看出，OSIntCtxSw()与函数 OSCtxSw()的后半段完全相同。将它们作为两个单独函数处理是为了简化调试过程。特别的，若用户想要在 OSIntCtxSw()中设置一个断点，则需在任务级切换时点击该断点(假设 OSIntCtxSw()只是函数 OSCtxSw()中的一个标签)。当然，这样做会使调试过程相应复杂一些。

OS_CPU_A. ASM OSIntCtxSw()程序清单

```
OSIntCtxSw
LDR     R0,?OS_TaskSwHook                ; 调用 OSTaskSwHook()
MOV     LR,PC
BX      R0
LDR     R0,?OS_PrioCur                   ; OSPrioCur = OSPrioHighRdy
LDR     R1,?OS_PrioHighRdy
LDRB    R2,[R1]
STRB    R2,[R0]
LDR     R0,?OS_TCBCur                    ; OSTCBCur = OSTCBHighRdy
LDR     R1,?OS_TCBHighRdy
LDR     R2,[R1]
STR     R2,[R0]
LDR     SP,[R2]                          ; SP = OSTCBHighRdy->OSTCBStkPtr
;恢复新任务的运行环境
LDMFD   SP!,{R0}                         ; 新任务的 CPSR 出栈
MSR     SPSR_cxsf,R0
LDMFD   SP!,{R0-R12,LR,PC}^              ; 新任务内容出栈
```

6. OS_CPU_A. ASM 中断例程

8 个 ARM 异常处理程序从属于 μC/OS II 移植，用于减少将 μC/OS II 集成到其产品中的工作量。事实上，这 8 个异常处理程序只是采用一般方式编写，可以用于任何 ARM 处理器，不论该处理器是否包含内置中断控制器。CPU 的中断向量由函数 OS_CPU_ARM_InitExceptVect()初始化。该函数将 8 个异常向量映射到的 8 个异常处理程序函数 OS_CPU_ARM_Except_XYZ_IIndlr()中。程序清单 1 所示函数 OS_CPU_ARM_ExceptIrqHnldr()即为其中之一。这 8 个异常处理程序均需保存寄存器 R0～R12 及 LR，并转移到全局处理程序 OS_CPU_ARM_ExceptHndlr()中，如程序清单 2 所示。该处理程序决定异常事件是否打断了一个任务或另一个低优先级异常事件的执行。若是的话，则分别转移到程序 OS_CPU_ARM_ExceptHndlr_BreakTask() (程序清单 3)或 OS_CPU_ARM_ExceptHndlr_BreakExcept(),(程序清单 4)。这两个转移最终都会调用一个与开发板无关、且不依赖于处理器的异常处理程序 OS_CPU_ExceptHndlr()，该程序位于 BSP(板级支持包)中。由于无法采用 C 语言进行 CPU 寄存器操作，故所有这些异常处理程序(除 OS_CPU_ExceptHndlr()外)均以汇编语言编写。

OS_CPU_ARM_ExceptIrqHndlr()程序清单 1

```
;*****************************************************************
;                    INTERRUPT REQUEST EXCEPTION HANDLER
;
; Register Usage:  R0    中断类型
```

```
;                       R1
;                       R2
;                       R3      程序返回地址
;*************************************************************
    OS_CPU_ARM_ExceptIrqHndlr
    SUB      LR,LR,#4                ; LR-4 得到正确的中断返回地址
    STMFD    SP!,{R0-R12,LR}         ; 入栈工作的寄存器
    MOV      R3,LR                   ; 保存连接寄存器 LR
    ; 将中断类型设为 OS_CPU_ARM_EXCEPT_IRQ
    MOV      R0,#OS_CPU_ARM_EXCEPT_IRQ
    ; 跳转到全局中断服务例程
    B        OS_CPU_ARM_ExceptHndlr
```

OS_CPU_ARM_ExceptHndlr()程序清单 2

```
;*************************************************************
;                GLOBAL EXCEPTION HANDLER
;
; Register Usage:  R0    中断类型
;                  R1    当前中断例程中的 SPSR
;                  R2    被中断的 CPU 模式
;                  R3    程序返回地址
;*************************************************************
    OS_CPU_ARM_ExceptHndlr
    MRS     R1,SPSR            ; 保存 CPSR(被打断的是中断时为 SPSR)
    ; 判断被打断的是一个任务还是另一个低优先级的中断
    ; SPSR.Mode = FIQ,IRQ,ABT,UND : 其他的中断
    ; SPSR.Mode = SVC : 任务 Task
    ; SPSR.Mode = USR : * 不支持的类型 *
    AND     R2,R1,#OS_CPU_ARM_MODE_MASK
    CMP     R2,#OS_CPU_ARM_MODE_SVC
    BNE     OS_CPU_ARM_ExceptHndlr_BreakExcept
```

OS_CPU_ARM_ExceptHndlr_BreakTask()程序清单 3

```
;*************************************************************
;                EXCEPTION HANDLER: TASK INTERRUPTED
;
; Register Usage: R0    中断类型
;                 R1    当前中断例程中的 SPSR
;                 R2    当前中断例程中的 CPSR
;                 R3    程序返回地址
;                 R4    当前中断模式下的堆栈指针 SP
;被打断的是任务时需要将任务的运行环境保存到任务的堆栈上,被打断的是中断(即中断嵌套)时,则
 不用执行此操作
;*************************************************************
    OS_CPU_ARM_ExceptHndlr_BreakTask
```

```
MRS     R2,CPSR                 ;保存当前中断例程中的 CPSR
MOV     R4,SP                   ;保存当前中断模式下的堆栈指针 SP
;切换到 SVC 模式并禁止中断
MSR     CPSR_c,#(OS_CPU_ARM_CONTROL_INT_DIS | OS_CPU_ARM_MODE_SVC)
;向被中断任务的堆栈保存其运行环境
STMFD   SP!,{R3}                ;压栈任务的 PC
STMFD   SP!,{LR}                ;压栈任务的 LR
STMFD   SP!,{R5 - R12}          ;压栈任务的 R12 - R5.
LDMFD   R4!,{R5 - R9}
;从当前中断模式的堆栈中取出任务的 R4 - R0
STMFD   SP!,{R5 - R9}
STMFD   SP!,{R1}                ;压栈任务的 CPSR 被打断的是中断时为 SPSR)LDR
LDR     R1,?OS_Running          ;if (OSRunning == 1)

LDRB    R1,[R1]
CMP     R1,#1
BNE     OS_CPU_ARM_ExceptHndlr_BreakTask_1
;处理中断嵌套计数器
LDR     R3,?OS_IntNesting       ;OSIntNesting++;
LDRB    R4,[R3]
ADD     R4,R4,#1
STRB    R4,[R3]
LDR     R3,? OS_TCBCur          ;OSTCBCur->OSTCBStkPtr = SP;
LDR     R4,[R3]
STR     SP,[R4]
OS_CPU_ARM_ExceptHndlr_BreakTask_1
MSR     CPSR_cxsf,R2            ;回到中断模式
;执行中断例程
;OS_CPU_ExceptHndlr();
LDR     R1,?OS_CPU_ExceptHndlr
MOV     LR,PC
BX      R1
;恢复任务环境时并没有用到任务的堆栈,因此必须调整堆栈指针。
ADD     SP,SP,#(14 * 4)
;切换到 SVC 模式并禁止中断
MSR     CPSR_c,#(OS_CPU_ARM_CONTROL_INT_DIS | OS_CPU_ARM_MODE_SVC)
;调用 OSIntExit()。如果有高优先级的任务就绪,这次调用可能不会返回。
LDR     R0,?OS_IntExit
MOV     LR,PC
BX      R0
;恢复新任务的运行环境
LDMFD   SP!,{R0}                ;出栈新任务的 CPSR
MSR     SPSR_cxsf,R0
LDMFD   SP!,{R0 - R12,LR,PC};出栈新任务的运行环境
```

OS_CPU_ARM_ExceptHndlr_BreakExcept()程序清单 4

```
;*****************************************************************
;        EXCEPTION HANDLER: EXCEPTION INTERRUPTED
;
; Register Usage:  R0 Exception Type
;                  R1
;                  R2
;                  R3
;*****************************************************************
   OS_CPU_ARM_ExceptHndlr_BreakExcept
       MRS   R2,CPSR             ; 保存当前中断例程中的 CPSR
       ; 切换到 SVC 模式并禁止中断
       MSR   CPSR_c,#(OS_CPU_ARM_CONTROL_INT_DIS | OS_CPU_ARM_MODE_SVC)
       ; 处理中断嵌套计数器
       LDR   R3,?OS_IntNesting   ; OSIntNesting++;
       LDRB  R4,[R3]
       ADD   R4,R4,#1
       STRB  R4,[R3]
       MSR   CPSR_cxsf,R2        ; 回到中断模式
       ; 执行中断例程
       ; OS_CPU_ExceptHndlr();
       LDR   R3,?OS_CPU_ExceptHndlr
       MOV   LR,PC
       BX    R3
       ; 切换到 SVC 模式并禁止中断
       MSR   CPSR_c,#(OS_CPU_ARM_CONTROL_INT_DIS | OS_CPU_ARM_MODE_SVC)
       ; 处理中断嵌套计数器
       LDR   R3,?OS_IntNesting   ; OSIntNesting--;
       LDRB  R4,[R3]
       SUB   R4,R4,#1
       STRB  R4,[R3]
       MSR   CPSR_cxsf,R2        ; 恢复被中断的模式
       ;恢复被中断例程的运行环境
       LDMFD SP!,{R0-R12,PC}^    ; 恢复工作寄存器,从中断例程返回
```

需要注意的是,异常处理程序的绝大多数工作实际上都是在以C语言形式编写的OS_CPU_ExceptHndlr()中完成的。程序清单5所示为OS_CPU_ExceptHndlr()的示意性代码。异常处理程序负责区分异常事件和中断,确定中断源,同时负责运行相应代码以处理中断设备。

OS_CPU_ExceptHndlr()程序清单5

```
void OS_CPU_ExceptHndlr (INT32U except_type)
{
    /* 依据中断类型执行相应的代码 */
    /* 如果是 IRQ 或 FIQ */
    while (有设备中断时) {
        /* 清除中断设备 */
```

```
        /* 处理中断 */
    }
}
```

OS_CPU_ExceptHndlr()实际是用户应用程序的一部分，并不属于 μC/OS II 移植。这是由于异常处理程序随着中断控制器存在与否的不同情况及其存在时因控制器类型的不同而发生改变。

需要强调的一点是，异常处理程序需要“看”一下是否有多于一个的中断设备，并在返回OS_CPU_ARM_ExceptHndlr()之前将其处理完。这样可以避免当多重中断同时发生或在处理一个中断的过程中，一进入异常处理程序就进行保存 CPU 寄存器的操作并在退出时恢复这些寄存器。

注意：该移植此刻支持中断嵌套。

最后，作为一般准则，用户应使异常处理程序尽可能的短，处理所用设备、缓冲器数据(必要的话)，并通过信号启动一个任务进行数据的处理工作。例如：若用户使用的是以太网控制器，则只需通知某任务接收到以太网数据包并令其将该数据包从以太网控制器中提取出来即可。

10.4 OS_DBG.C

OS_DBG.C 是一个被添加到 V2.62 中的文件，它提供了 Kernel Aware 调试器，用以提取 μC/OS II 的信息及相关配置。特别的，OS_DBG.C 包含了大量的放置于 ROM 中的常量，这些常量可以被调试器读取并显示。由于用户当前使用的调试器可能并不需要该文件，故在编译中可将其忽略。

对于 IAR 编译器及 Nohau 仿真器，Micrium 公司开发基于 Windows 的 μC/OS II 插入模块需要用到 OS_DBG.C，故用户在使用 IAR 的 C-Spy 或 Nohau 的 Seehau 时要将该文件包含进去。

10.5 中断向量表及中断服务序列

10.5.1 中断向量表

ARM 中包含了一个起始地址为 0x00000000 的异常向量表(也可称为中断向量表)。该向量表仅有 8 个入口，但每个入口都有足够的空间容纳一个 32 位的指令。一般来说，向量表中的指令是一个带有 26 位目的地址的转移指令，也就是说，ARM 可以从向量储存单元地址向上或向下移动 0x0200000。由于仅对所有可以引起 ARM 中断的设备提供一个地址，故转移代码必须确定中断源所在。

ARM 中断向量如表 10-1 所列。

当 CPU 确认了来自中断设备的外部中断 IRQ(例如 IRQ 中断使能)时，CPU 指向地址 0x00000018，以期寻获一个跳转到 OS_CPU_ARM_ExceptIrqHndlr()的指令。有时候，OS_CPU_ARM_ExceptIrqHndlr()代码并不在普通转移指令可跳转范围之内，此时不将‘B OS_

CPU_ARM_ExceptIrqHndlr’放于地址 0x0000000018 中，而是采用指令“LDR PC,[PC,# 0x18]”。该指令指定将存储单元 0x00000038 的内容下载到 PC，而 0x00000038 中仅放入了 OS_CPU_ARM_ExceptIrqHndlr()的 32 位地址。这将允许异常处理程序放置于 ARM32 位寻址范围内的任何地址。类似的推论也可用于 FIQ。概括来说，需要将表 10－2 所列的值赋给中断向量。

表 10－1 ARM 中断向量表

中断类型	模式	中断向量地址	中断类型	模式	中断向量地址
复位	SVC	0x00000000	数据异常	Abort	0x00000010
未定义指令	UND	0x00000004	地址异常	Abort	0x00000014
软中断	SVC	0x00000008	IRQ(常规中断)	IRQ	0x00000018
取指异常	Abort	0x0000000C	FIQ(快速中断)	FIQ	0x0000001C

表 10－2 中断向量

中断类型	模式	中断向量地址	内容
IRQ(常规中断)	IRQ	0x00000018	LDR PC,[PC,#0x18]或 0xE59FF018
FIQ(快速中断)	FIQ	0x0000001C	LDR PC,[PC,#0x18]或 0xE59FF018
…	…	…	…
		0x00000038	OS_CPU_ARM_ExceptIrqHndlr()的地址
		0x0000003C	OS_CPU_ARM_ExceptFiqHndlr()的地址

若用户是在 RAM 中调试代码，则需确保 BSP 调用函数 OS_CPU_ARM_InitExceptVect()，这会将异常向量表初始化到异常处理程序。

在 RAM 中装入中断向量的程序清单

```
[…]
(*(INT32U *)OS_CPU_ARM_EXCEPT_IRQ_VECT_ADDR) =
OS_CPU_ARM_INSTR_JUMP_TO_HANDLER;
(*(INT32U *)OS_CPU_ARM_EXCEPT_IRQ_HANDLER_ADDR) =
(INT32U)OS_CPU_ARM_ExceptIrqHndlr;
[…]
```

该过程的前提条件是 RAM 地址为 0x00000000。绝大多数 ARM 处理器允许用户将 RAM 重新映射到存储单元 0x00000000 中，这个操作是在调用 OS_CPU_ARM_InitExceptVect()之前在示例 BSP 中完成的。

若在存储单元 0x00000000 处为 Flash(或 ROM)，则需确保启动文件在编译期间正确初始化异常向量表。

10.5.2 中断服务序列

以下是当 IRQ 产生时进行的一系列事件(假设 CPSR 的位 I 为 0)：

① CPU 切换到 IRQ 模式(MODE=0x12)；

② 将 CPSR 内容保存到 SPSR_irq 寄存器；

③ 返回地址 PC 保存到 R14_irq 中；

④ 将 CPSR 的位 I 置位，禁止更多 IRQ；

⑤ PC 强制指向地址 0x00000018；

⑥ 将 OS_CPU_ARM_ExceptIrqHndlr()的地址载入 PC，因为在地址 0x00000018 处放置了指令 LDR PC，[PC，#0x18]。

CPU 执行 OS_CPU_ARM_ExceptIrqHndlr()中的代码，然后 OS_CPU_ARM_ExceptHndlr()（这两个函数代码见 OS_CPU_A.S）调用 OS_CPU_ExceptHndlr()（函数代码见 BSP.C），根据中断源的不同进行相应的操作。

当 OS_CPU_ARM_ExceptHndlr()从 OS_CPU_ExceptHndlr()中返回时，它调用 OSIntExit()（当被打断的是任务时），用它来判断是简单地返回被中断的任务还是由于中断使优先级更高的任务就绪而切换到该任务。

如果被中断仍然是优先级最高的任务，OSIntExit()返回到 OS_CPU_ARM_ExceptHndlr()，从而简单地返回被中断的任务。

如果有更重要的任务就绪，OSIntExit()调用 OSIntCtxSw()（代码见 OS_CPU_A.S），该函数负责切换到更重要的任务。

当 FIQ 中断发生时，μC/OS II 一系列操作是类似的。

10.6 本章小结

本章介绍了 ARM 处理器通用的 μC/OS II 移植文件，并对 ADμC7026 中的中断向量表、中断服务过程进行了说明，了解这些移植的具体工作更有助于读者深入认识并进一步应用 μC/OS II。

附录　完整的存储器映射寄存器(MMR)列表

IRQ 基址＝0xFFFF0000

	名　称	字　节	访问方式	默认值
0x0000	IRQSTA	4	R	0x00000000
0x0004	IRQSIG[1]	4	R	0x00XXX000
0x0008	IRQEN	4	R/W	0x00000000
0x000C	IRQCLR	4	W	0x00000000
0x0010	SWICFG	4	W	0x00000000
0x0100	FIQSTA	4	R	0x00000000
0x0104	FIQSIG[1]	4	R	0x00XXX000
0x0108	FIQEN	4	R/W	0x00000000
0x010C	FIQCLR	4	W	0x00000000

注：1. 由外部中断引脚电平决定(P0.4,P0.5,P1.4,P1.5)。

系统控制基址＝0xFFFF0200

	名　称	字　节	访问方式	默认值
0x0220	REMAP[1]	1	R/W	0x00
0x0230	RSTSTA	1	R/W	0x01
0x0234	RSTCLR	1	W	0x00

注：1. 由型号决定。

定时器基址＝0xFFFF0300

	名　称	字　节	访问方式	默认值
0x0300	T0LD	2	R/W	0x0000
0x0304	T0VAL	2	R	0xFFFF
0x0308	T0CON	2	R/W	0x0000
0x030C	T0CLR1	1	W	0xFF
0x0320	T1LD	4	R/W	0x00000000
0x0324	T1VAL	4	R	0xFFFFFFFF
0x0328	T1CON	2	R/W	0x0000
0x032C	T1CLR1	1	W	0xFF
0x0330	T2CAP	4	R/W	0x00000000
0x0340	T2LD	4	R/W	0x00000000
0x0344	T2VAL	4	R	0xFFFFFFFF
0x0348	T2CON	2	R/W	0x0000
0x034C	T2CLR1	1	W	0xFF
0x0360	T3LD	2	R/W	0x0000
0x0364	T3VAL	2	R	0xFFFF
0x0368	T3CON	2	R/W	0x0000
0x036C	T3CLR1	1	W	0x00

PLL 基址＝0xFFFF0400

	名　称	字　节	访问方式	默认值
0x0404	POWKEY1	2	W	0x0000
0x0408	POWCON	2	R/W	0x0003
0x040C	POWKEY2	2	W	0x0000
0x0410	PLLKEY1	2	W	0x0000
0x0114	PLLCON	1	R/W	0x21
0x0418	PLLKEY2	2	W	0x0000

PSM 基址＝0xFFFF0440

	名　称	字　节	访问方式	默认值
0x0440	PSMCON	2	R/W	0x0008
0x0444	CMPCON	2	R/W	0x0000

参考基址＝0xFFFF0480

	名　称	字　节	访问方式	默认值
0x048C	REFCON	1	R/W	0x00

ADC 基址＝0xFFFF0500

	名　称	字　节	访问方式	默认值
0x0500	ADCCON	2	R/W	0x0600
0x0504	ADCCP	1	R/W	0x00
0x0508	ADCCN	1	R/W	0x01
0x050C	ADCSTA	1	R	0x00
0x0510	ADCDAT	4	R	0x00000000
0x0514	ADCRST	1	R/W	0x00
0x0530	ADCGN	2	R/W	0x0200
0x0534	ADCOF	2	R/W	0x0200

DAC 基址＝0xFFFF0600

	名　称	字　节	访问方式	默认值
0x0600	DAC0CON	1	R/W	0x00
0x0604	DAC0DAT	4	R/W	0x00000000
0x0608	DAC1CON	1	R/W	0x00
0x060C	DAC1DAT	4	R/W	0x00000000
0x0610	DAC2CON	1	R/W	0x00
0x0614	DAC2DAT	4	R/W	0x00000000
0x0618	DAC3CON	1	R/W	0x00
0x061C	DAC3DAT	4	R/W	0x00000000

UART 基址＝0xFFFF0700

	名　称	字　节	访问方式	默认值
0x0700	COMTX	1	R/W	0x00
	COMRX	1	R	0x00
	COMDIV0	1	R/W	0x00
0x0704	COMIEN0	1	R/W	0x00
	COMDIV1	1	R/W	0x00
0x0708	COMIID0	1	R	0x01
0x070C	COMCON0	1	R/W	0x00
0x0710	COMCON1	1	R/W	0x00
0x0714	COMSTA0	1	R	0x06
0x0718	COMSTA1	1	R	0x00
0x071C	COMSCR	1	R/W	0x00
0x0720	COMIEN1	1	R/W	0x04
0x0724	COMIID1	1	R	0x01
0x0728	COMADR	1	R/W	0xAA
0x072C	COMDIV2	2	R/W	0x0000

I^2C0 基址＝0xFFFF0800

	名　称	字　节	访问方式	默认值
0x0800	I^2C0MSTA	1	R	0x00
0x0804	I^2C0SSTA	1	R	0x01
0x0808	I^2C0SRX	1	R	0x00
0x080C	I^2C0STX	1	W	0x00
0x0810	I^2C0MRX	1	R	0x00
0x0814	I^2C0MTX	1	W	0x00
0x0818	I^2C0CNT	1	R/W	0x00
0x081C	I^2C0ADR	1	R/W	0x00
0x0824	I^2C0BYTE	1	R/W	0x00
0x0828	I^2C0ALT	1	R/W	0x00
0x082C	I^2C0CFG	1	R/W	0x00
0x0830	I^2C0DIV	2	R/W	0x1F1F
0x0838	I^2C0D0	1	R/W	0x00
0x083C	I^2C0D1	1	R/W	0x00
0x0840	I^2C0D2	1	R/W	0x00
0x0844	I^2C0D3	1	R/W	0x00
0x0848	I^2C0CCNT	1	R/W	0x01
0x084C	I^2C0FSTA	2	R	0x0000

I^2C1 基址＝0xFFFF0900

	名　称	字　节	访问方式	默认值
0x0900	I^2C1MSTA	1	R	0x00
0x0904	I^2C1SSTA	1	R	0x01
0x0908	I^2C1SRX	1	R	0x00
0x090C	I^2C1STX	1	W	0x00
0x0910	I^2C1MRX	1	R	0x00
0x0914	I^2C1MTX	1	W	0x00
0x0918	I^2C1CNT	1	R/W	0x00
0x091C	I^2C1ADR	1	R/W	0x00
0x0924	I^2C1BYTE	1	R/W	0x00
0x0928	I^2C1ALT	1	R/W	0x00
0x092C	I^2C1CFG	1	R/W	0x00
0x0930	I^2C1DIV	2	R/W	0x1F1F
0x0938	I^2C1D0	1	R/W	0x00
0x093C	I^2C1D1	1	R/W	0x00
0x0940	I^2C1D2	1	R/W	0x00
0x0944	I^2C1D3	1	R/W	0x00
0x0948	I^2C1CCNT	1	R/W	0x01
0x094C	I^2C1FSTA	2	R	0x0000

SPI 基址＝0xFFFF0A00

	名　称	字　节	访问方式	默认值
0x0A00	SPISTA	1	R	0x00
0x0A04	SPIIRX	1	R	0x00
0x0A08	SPIITX	1	W	0x00
0x0A0C	SPIDIV	1	R/W	0x1B
0x0A10	SPICON	2	R/W	0x0000

PLA 基址＝0xFFFF0B00

	名　称	字　节	访问方式	默认值
0x0B00	PLAELM0	2	R/W	0x0000
0x0B04	PLAELM1	2	R/W	0x0000
0x0B08	PLAELM2	2	R/W	0x0000
0x0B0C	PLAELM3	2	R/W	0x0000
0x0B10	PLAELM4	2	R/W	0x0000
0x0B14	PLAELM5	2	R/W	0x0000
0x0B18	PLAELM6	2	R/W	0x0000
0x0B1C	PLAELM7	2	R/W	0x0000
0x0B20	PLAELM8	2	R/W	0x0000
0x0B24	PLAELM9	2	R/W	0x0000
0x0B28	PLAELM10	2	R/W	0x0000

续表

	名　称	字　节	访问方式	默认值
0x0B2C	PLAELM11	2	R/W	0x0000
0x0B30	PLAELM12	2	R/W	0x0000
0x0B34	PLAELM13	2	R/W	0x0000
0x0B38	PLAELM14	2	R/W	0x0000
0x0B3C	PLAELM15	2	R/W	0x0000
0x0B40	PLACLK	1	R/W	0x00
0x0B44	PLAIRQ	4	R/W	0x00000000
0x0B48	PLAADC	4	R/W	0x00000000
0x0B4C	PLADIN	4	R/W	0x00000000
0x0B50	PLAOUT	4	R	0x00000000
0x0B54	PLALCK	1	W	0x00

外部存储器基址＝0xFFFFF000

	名　称	字　节	访问方式	默认值
0xF000	XMCMG	1	R/W	0x00
0xF010	XM0CON	1	R/W	0x00
0xF014	XM1CON	1	R/W	0x00
0xF018	XM2CON	1	R/W	0x00
0xF01C	XM3CON	1	R/W	0x00
0xF020	XM0PAR	2	R/W	0x70FF
0xF024	XM1PAR	2	R/W	0x70FF
0xF028	XM2PAR	2	R/W	0x70FF
0xF02C	XM3PAR	2	R/W	0x70FF

GPIO 基址＝0xFFFFF400

	名　称	字　节	访问方式	默认值
0xF400	GP0CON	4	R/W	0x00000000
0xF404	GP1CON	4	R/W	0x00000000
0xF408	GP2CON	4	R/W	0x00000000
0xF40C	GP3CON	4	R/W	0x00000000
0xF410	GP4CON	4	R/W	0x00000000
0xF420	GP0DAT	4	R/W	0x000000XX
0xF424	GP0SET	4	W	0x000000XX
0xF428	GP0CLR	4	W	0x000000XX
0xF42C	GP0PAR	4	W	0x00000000
0xF430	GP1DAT	4	R/W	0x000000XX
0xF434	GP1SET	4	W	0x000000XX
0xF438	GP1CLR	4	W	0x000000XX
0xF43C	GP1PAR	4	W	0x00000000
0xF440	GP2DAT	4	R/W	0x000000XX
0xF444	GP2SET	4	W	0x000000XX

续表

	名 称	字 节	访问方式	默认值
0xF448	GP2CLR	4	W	0x000000XX
0xF450	GP3DAT	4	R/W	0x000000XX
0xF454	GP3SET	4	W	0x000000XX
0xF458	GP3CLR	4	W	0x000000XX
0xF45C	GP3PAR	4	W	0x00222222
0xF460	GP4DAT	4	R/W	0x000000XX
0xF464	GP4SET	4	W	0x000000XX
0xF468	GP4CLR	4	W	0x000000XX

FLASH/EE 基址＝0xFFFFF800

	名 称	字 节	访问方式	默认值
0xF800	FEESTA	1	R	0x20
0xF804	FEEMOD	2	R/W	0x0000
0xF808	FEECON	1	R/W	0x07
0xF80C	FEEDAT	2	R/W	0xXXXX
0xF810	FEEADR	2	R/W	0x0000
0xF818	FEESIGN	3	R	0xFFFF
0xF81C	FEEPRO	4	R/W	0x00000000
0xF820	FEEHIDE	4	R/W	0xFFFFFFFF

PWM 基址＝0xFFFFFC00

	名 称	字 节	访问方式	默认值
0Xfc00	PWMCON	2	R/W	0x0000
0xFC04	PWMSTA	2	R/W	0x0000
0xFC08	PWMDAT0	2	R/W	0x0000
0xFC0C	PWMDAT1	2	R/W	0x0000
0xFC10	PWMCFG	2	R/W	0x0000
0xFC14	PWMCH0	2	R/W	0x0000
0xFC18	PWMCH1	2	R/W	0x0000
0xFC1C	PWMCH2	2	R/W	0x0000
0xFC20	PWMEN	2	R/W	0x0000
0xFC24	PWMDAT2	2	R/W	0x0000

参考文献

[1] 任哲，潘树林，房红征. 嵌入式实时操作系统基础 μC/OS－II 和 Linux. 北京：北京航空航天大学出版社，2006.
[2] Labrosse Jean J. 嵌入式实时操作系统 μC/OS－II (第 2 版)[M]. 邵贝贝等译. 北京：北京航空航天大学出版社，2003.
[3] μC/OS－II and μC/Probe and the Analog Devices ADμC7026(ARM7). http://www.micrium.com/analog/index.html.